粉煤灰基硅酸钙高加填造纸技术与应用

张美云　宋顺喜　著

科学出版社

北　京

内 容 简 介

  矿物填料在改善成纸性能、降低生产成本与能耗方面的优势使其广泛应用于造纸工业中。近年来，以固体废弃物为主要原料制备环境友好型低成本造纸填料已经成为制浆造纸领域的研究热点之一。本书主要介绍了以高铝粉煤灰为原料制备的新型硅酸钙造纸填料的理化特性，从填料湿部化学特性、纸张性能和印刷适性等方面分析了粉煤灰基硅酸钙造纸填料的特点与应用性能。在此基础上，从填料特性出发，阐明了填料对纸张性能的影响机理，并介绍了填料改性与复合等加填技术和相关应用情况，以期为优化填料的生产工艺、开发高填料纸提供参考和借鉴。

  本书可供制浆造纸、化工、矿物加工、环境保护、复合材料、固废利用等领域及相关学科的研究和技术人员参考，也可作为高等院校相关专业师生教学参考用书。

图书在版编目（CIP）数据

粉煤灰基硅酸钙高加填造纸技术与应用 / 张美云，宋顺喜著. —北京：科学出版社，2020.12

 ISBN 978-7-03-067239-1

 Ⅰ. ①粉… Ⅱ. ①张… ②宋… Ⅲ. ①造纸－填料－研究 Ⅳ. ①TS753.9

中国版本图书馆 CIP 数据核字(2020)第 251320 号

责任编辑：杨新改 / 责任校对：杜子昂
责任印制：吴兆东 / 封面设计：东方人华

科 学 出 版 社 出版

北京东黄城根北街 16 号
邮政编码：100717
http://www.sciencep.com

北京中石油彩色印刷有限责任公司 印刷

科学出版社发行 各地新华书店经销

*

2020 年 12 月第 一 版 开本：720×1000 1/16
2020 年 12 月第一次印刷 印张：14 3/4
字数：288 000

定价：118.00 元

（如有印装质量问题，我社负责调换）

前　言

我国是世界第一燃煤大国，全国火力发电每年产生粉煤灰已超过 5 亿吨。作为火力发电厂的固体废弃物，粉煤灰质轻、高碱、化学成分复杂，对土壤、水源以及人类健康造成严重威胁。提高粉煤灰资源化利用率，使其"化害为利，变废为宝"，对我国乃至世界具有重要意义。与此同时，我国是世界第一造纸大国，每年进口纸浆占比 55%以上，纤维原料短缺一直是制约我国造纸工业发展的主要瓶颈。无机矿物填料作为造纸工业仅次于植物纤维的第二大原材料，在提高纸张光学性能、改善印刷适性、节约能耗、降低生产成本方面发挥着重要作用。当前形势下，原材料价格上涨导致造纸企业成本空间大幅压缩，在满足纸机运行和纸张性能要求的前提下提高纸张中的填料含量对于降低产品成本、提升企业竞争力方面具有重要意义。

本书将粉煤灰资源化利用与造纸工业对高填料纸的需求相结合，在总结国内外相关研究与应用成果的基础上（第 1 章），介绍了以高铝粉煤灰为原料制备的新型硅酸钙造纸填料的理化特性，从填料湿部化学特性、纸张性能和印刷适性等方面分析了粉煤灰基硅酸钙作为造纸填料的优势与不足（第 2～4 章）。从填料特性出发，阐明了填料对纸张性能的影响机理（第 5、6 章）。在此基础上，介绍了填料改性与复合等高加填技术和相关应用情况，以期为优化填料的生产工艺、开发高填料纸提供参考和借鉴（第 7～9 章）。相关内容对提高我国粉煤灰高值利用率、推动造纸工业可持续发展具有一定的理论意义和应用价值。本书共 9 章，由张美云组织撰写、统稿和定稿。第 1 章 1.1 节由张美云撰写、1.2～1.8 节由宋顺喜撰写，第 2～5、7 章由宋顺喜撰写，第 6、8、9 章由张美云撰写。本书相关研究内容得到"863"计划项目（2011AA06A101）、国家自然科学基金（31170560、31670593、31700513）、陕西省创新能力支撑计划（2020KJXX-082）等的支持。同时，也要特别感谢"863"计划项目组人员以及笔者课题组博士研究生李琳，硕士研究生吴盼、郝宁、李秋梅、李钦宇等对项目的实施与成果的总结做出的重要贡献。

本书内容体现了矿物加工与制浆造纸学科的交叉，由于研究的不断深入、成果的不断涌现加之作者的学识和水平有限，不足与疏漏之处在所难免，恳请读者批评指正。

作　者
2020 年 6 月

目　　录

第1章　绪论 ……………………………………………………………………… 1

1.1　造纸填料的应用现状 ………………………………………………………… 1

1.2　加填对成纸性能的影响 ……………………………………………………… 8

1.3　填料对纸料留着与滤水性能的影响 ………………………………………… 11

1.4　纸张灰分的快速检测研究动态 ……………………………………………… 12

1.5　粉煤灰在造纸工业中的潜在应用及其存在的问题 ………………………… 16

1.6　新型造纸填料的研究进展 …………………………………………………… 21

1.7　高填料纸开发所面临的挑战与发展趋势 …………………………………… 24

1.8　本书主要内容 ………………………………………………………………… 28

参考文献 …………………………………………………………………………… 28

第2章　粉煤灰基硅酸钙造纸填料的理化特性 ……………………………… 36

2.1　粉煤灰基硅酸钙填料的制备工艺流程 ……………………………………… 36

2.2　填料的基本理化特性 ………………………………………………………… 39

2.3　X射线衍射分析 ……………………………………………………………… 40

2.4　表面形貌 ……………………………………………………………………… 42

2.5　热稳定性 ……………………………………………………………………… 45

参考文献 …………………………………………………………………………… 46

第3章　粉煤灰基硅酸钙的湿部化学特性与纸张性能 ……………………… 47

3.1　填料加填量对湿部化学特性的影响 ………………………………………… 47

3.2　助留体系对FACS加填浆料湿部化学特性的影响 ………………………… 49

3.3　阳离子淀粉对FACS加填浆料湿部化学特性的影响 ……………………… 55

3.4　水洗FACS填料对淀粉的吸附特性 ………………………………………… 56

3.5　酸洗FACS填料对浆料湿部化学特性的影响 ……………………………… 62

参考文献 …………………………………………………………………………… 67

第4章　粉煤灰基硅酸钙加填纸物理性能与印刷适性评价 ………………… 69

4.1　FACS加填纸物理性能与微观结构 ………………………………………… 69

4.2　FACS加填纸的施胶特性 …………………………………………………… 76

4.3　FACS加填纸的施胶工艺优化 ……………………………………………… 79

4.4　烷基烯酮二聚体在FACS加填纸中的施胶机理 …………………………… 87

4.5　FACS加填纸的印刷适性 …………………………………………………… 89

　　　参考文献 ·· 95
第 5 章　填料分布对纸张性能的影响 ··· 98
　5.1　填料对纤维键合能力的影响 ·· 98
　5.2　填料的堆积指数 ·· 104
　5.3　加填对成纸匀度的影响 ·· 106
　5.4　填料的 Z 向分布对纸张结构与性能的影响 ································ 108
　　　参考文献 ·· 120
第 6 章　纸张中填料聚集体特性对纸张性能的影响 ···························· 122
　6.1　纸张中填料聚集体的表征方法 ·· 122
　6.2　纸张中填料聚集体的分布特征 ·· 134
　6.3　纸张中填料聚集体形态特征对纸张性能的影响 ························· 142
　6.4　填料聚集体特征调控及其对纸张性能的影响 ·························· 150
　　　参考文献 ·· 159
第 7 章　造纸填料的改性与复合技术 ·· 162
　7.1　热改性填料及其对加填纸张性能的影响 ··································· 162
　7.2　淀粉-硬脂酸钠改性填料及其对加填纸张性能的影响 ·················· 171
　7.3　盐酸改性 FACS 制备核壳结构复合填料及其对纸张性能的影响 ······· 179
　7.4　FACS/细小纤维/CPAM 共絮聚加填对纸张性能的影响 ·················· 184
　7.5　FACS/纤维共磨复合对纸张结构与性能的影响 ························· 190
　7.6　填料复合/改性的其他方法 ·· 201
　　　参考文献 ·· 204
第 8 章　加填纸张灰分的快速测定方法 ·· 207
　8.1　卡式炉作为热源的快速测定成纸灰分方法研究 ························· 207
　8.2　富氧燃烧快速测定加填纸张灰分方法研究 ····························· 216
　　　参考文献 ·· 222
第 9 章　粉煤灰基硅酸钙高填料造纸生产实践 ································· 223
　9.1　高填料文化用纸中试 ·· 223
　9.2　高填料文化用纸规模化生产 ··· 226
　9.3　高填料文化用纸印刷效果 ·· 229

第1章 绪   论

1.1 造纸填料的应用现状

1.1.1 加填的目的

加填就是向纸料中加入不溶于水或微溶于水的矿物质微细颜料（通常是白色），以改进纸张性质，满足纸张使用要求和节省纸浆，降低生产成本。造纸过程中添加填料的最初目的是改善纸张的光学性能并降低纸张制造成本。然而，随着机制纸技术水平的提高、企业产品质量与成本竞争的加剧、木材资源的紧缺与环保意识的增强，加填除了最初的两个目的外，还增加了以下几个方面作用：

（1）为了满足印刷需要，加填除了改善纸张光学性能外，还可改善纸张的表面性能（如平滑度）和印刷油墨吸收性。

（2）填料粒子通过填充在纤维之间的微孔中以改善纸张成形性能。

（3）赋予纸张一定的功能性，如偏三角面体的沉淀碳酸钙（又称轻质碳酸钙，precipitated calcium carbonate，PCC）可提高纸张的松厚度，另外一些具有特殊性质的填料，如镁铝水滑石、四角氧化锌晶须等，还可赋予纸张阻燃、除臭等功能。

（4）提高纸幅干度，改善纸张尺寸的稳定性，有利于缓解由于植物纤维吸潮而带来的尺寸变形的问题。

（5）降低生产成本。除了填料价格比纤维低而带来原料成本降低外，加填在改善纸料滤水、增加纸幅干度而带来的在烘干部的蒸汽用量的节约也大幅度地降低了生产过程成本。

（6）减少碳足迹[1]。造纸填料对碳足迹的减少主要体现在填料可替代天然生物质资源（木材与非木材）的消耗，一方面有利于减少制浆过程中的碳足迹，另一方面在一定程度上可提高自然界的碳封存作用。

1.1.2 造纸填料的应用情况

在造纸工业中，矿物粉体主要用于涂布颜料和造纸填料两大方面。造纸工业的高速发展带动了造纸工业的矿物粉体，尤其是碳酸钙需求和消费量的快速增长。如图 1-1 所示，2010 年全球造纸工业消耗约 3170 万吨矿物粉体[2]，其中约有 1360 万吨用于造纸填料。其中，沉淀碳酸钙（PCC）约占总消耗的 43%，已成为造纸工业中广泛使用的填料;研磨碳酸钙(又称重质碳酸钙,ground calcium carbonate,GCC),约占总消耗量的 33.5%,高岭土占全球矿物填料消耗量的 12.5%。另外,滑石粉约占总消耗量的 10%,主要用于造纸填料和用作胶黏物的控制剂。除常用填料外,还有约 1%的矿物粉体用于造纸填料或颜料,以改善纸和纸板的某些特殊性能。

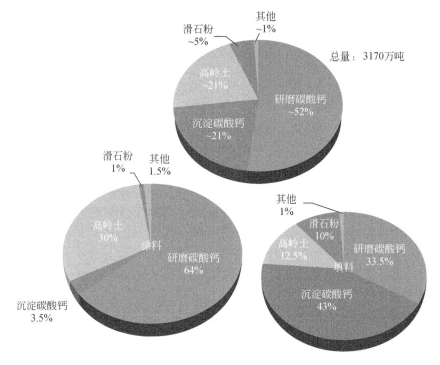

图 1-1 2010 年全球用于纸和纸板的矿物粉体消耗量[2]

我国造纸工业的快速发展带动了纸张的产量和消费量的高速增长,这也拉动了国内造纸填料需求量的高速增长。2018 年,全国纸和纸板的产量为 10435 万吨,消费量为 10439 万吨[3],而纸和纸板产品中有约 9%的组分为矿物填料。目前,我国已经应用的非金属矿物粉体材料超过 50 种,其中有 20 多种应用较广泛,需求量和消费量最大的为碳酸钙、滑石粉和高岭土[4]。

大宗纸品中,文化用纸对填料的消耗量最大,其填料含量一般控制在 20%～30%。然而,进一步提高纸张填料含量会导致纸张强度显著下降、白水负荷增加、施胶障碍等问题,严重影响纸机运行和纸品质量。因此,开发和研究新型造纸填料和加填技术、丰富填料种类、改善纸张性能,对于推动造纸工业的可持续发展、实现行业的节能减排具有重要意义[5, 6]。

1.1.3 填料含量的变化趋势

提高纸张填料含量所带来的好处不言而喻，国内外各造纸企业和科研机构都在通过各种技术来提高纸品中的填料含量。如表 1-1 所示，从 1970 年到 2000 年，文化用纸填料含量几乎翻了一番，这说明提高填料用量已成为企业追求的目标之一。但是，由于各国在原料、技术水平方面的差异，即使是同一纸种，其填料含量也有一定差别。某调查[8]从全球不同地区共随机选择了 52 种复印纸，纸样中填料全部为碳酸钙（除印度纸样中填料为滑石粉外），其填料含量如表 1-2 所示。该调查还表明欧洲和北美的复印纸主要采用 PCC，中国新上线的纸机制造的纸张多以 GCC 为主，而印度所使用的填料正在由滑石粉向 PCC 和 GCC 转变。总体看来，世界范围内机制纸填料含量在逐年提高，并且碳酸钙已经成为主要的造纸填料。

表 1-1 不同纸种填料含量变化趋势[7]

纸种	年份	平均填料含量/%
60 g/m² 印刷用纸	1970 年	12
	1996 年	18
	2000 年	20～25
80 g/m² 复印纸	1980 年	15
	1990 年	>22
	2000 年以后	>30

表 1-2 世界不同地区办公用纸的填料含量范围比较[8]

地区	纸张定量/（g/m²）	纸张填料含量大致范围/%
北美	75	13～24
南美	75	13～20
欧洲	80	14～29
亚洲	75～80	6～25

1.1.4 造纸常用填料特性及选择

在造纸工业中，填料是仅次于纸浆纤维的第二大造纸原料。最常用的填料主要包括研磨碳酸钙（GCC）、沉淀碳酸钙（PCC）、高岭土、滑石粉和二氧化钛。不同的填料由于组分和物理结构的不同通常会表现出不同的物理和化学特性。

1. 高岭土/黏土

高岭土/黏土是造纸工业常用的一种颜料，高岭土的使用主要是因其价廉、适用性良好和白度较高。高岭土的分子结构式为 $2SiO_2 \cdot Al_2O_3 \cdot 2H_2O$，理论化学组成为 SiO_2：46.54%，Al_2O_3：39.5%，H_2O：13.96%。高岭土是一种八面体硅酸盐矿物粉体，具有典型的 1:1 型层状结构，其形貌及层状晶体结构如图 1-2 和图 1-3 所示。高岭土的主要组成单元是 Si—O 四面体和 Al—O 八面体，在 Al—O 八面体结构中羟基取代了其中的 4 个 O 原子，内外羟基比为 1:3，高岭土主要通过氢键和范德瓦耳斯力进行层间连接[9]。由于高岭土矿石中杂质含量较高，涂布颜料用高岭土都要通过干法或者湿法精选加工处理而成。高岭土通过亮度进行等级划分，可以分为 1、2、3 号土。提高高岭土白度的方法主要是高温煅烧，煅烧得到的高岭土主要分为以下两类。一类是部分煅烧高岭土，主要是在 650~1000℃条件下热处理进行脱羟基，但其缺陷在于黏度高。当固含量较高的涂料用于高速涂布纸机时会受到很大限制，但在涂料中少量添加可以明显增加成纸松厚度和改善成纸的不透明度。另一类是完全煅烧高岭土，是在 1000~1050℃条件下热处理，完全煅烧高岭土具有更高的白度和光散射性质。涂布高岭土粒子能赋予成纸平滑度和光泽度，通常涂料用高岭土比滑石粉的粒径大，但是径厚比更高（更扁薄），空隙更少，在使用时更加容易处理和分散，产生的泡沫较少。涂布后的纸张中的高岭土可以赋予纸张较高的密度，这将有利于减少涂料液向原纸的渗透。

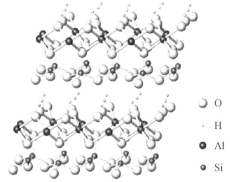

O
H
Al
Si

图 1-2　高岭土表面形貌 SEM 图　　　　图 1-3　高岭土层状晶体结构示意图[9]

2. 滑石粉/滑石

滑石粉/滑石是造纸工业常用的一种白色有滑腻感的无色无味不溶于酸碱的软质矿物粉体，具有如下特性：层状结构、亲油疏水性、低硬度、化学稳定性[10]。滑石粉的分子结构式为 $Mg_3Si_4O_{10}(OH)_2$，理论化学组成为 MgO：31.72%，SiO_2：

63.52%，H$_2$O：4.76%。滑石粉是一种硅酸盐矿物粉体，呈八面体，具有层状结构，其形貌和层状结构如图 1-4 和图 1-5 所示。滑石粉的结构中，中间层是一个具有八面体结构的 Mg—O 层，上下层组成为呈四面体结构的 Si—O 层，层间主要通过范德瓦耳斯力联结，此种形式的结合力较弱，在热处理或者机械研磨处理时容易分裂为薄片结构[11]。滑石粉所具有的两个羟基处在结构内部，因此表现出疏水性能，这也是滑石粉既可以用作造纸填料、涂布颜料，也可以用作纸浆中油墨、树脂、胶黏物等有机物质吸附剂和脱墨助剂的原因。图 1-6 是滑石粉钝化处理制浆和造纸过程中树脂沉淀物的示意图，在制浆和造纸段滑石粉的加入量分别控制在1%和 0.3%～0.6%左右，可以起到钝化、清除树脂、清除污泥、提高白度的作用，从而可有效缩短停机清洗时间、提高产品性能。另外，提高滑石粉/树脂的比例以及减小滑石粉粒径可以加强改善处理效果。作为涂布颜料时，涂布后可以在纸面形成平滑、柔顺的涂层，减少涂层断裂，同时滑石粉软质结构具有较低的摩擦系数可以减弱对成形网、压榨毛毯等造纸设备的磨耗，延长设备的使用寿命[12]。针对滑石粉吸油值过高的缺点，其最佳的改进措施就是采用高温煅烧。经过高温煅烧，滑石粉吸油值明显降低，并且其强度和硬度都相应地得到加强，最重要的是煅烧后滑石粉的遮盖能力会远远超过天然的滑石粉甚至可以与钛白粉相媲美[13]。

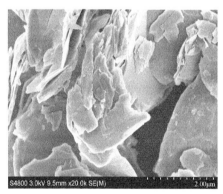

图 1-4 滑石粉表面形貌 SEM 图

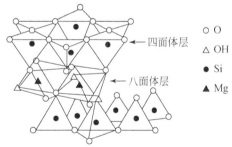

○ O
△ OH
● Si
▲ Mg

←四面体层

←八面体层

图 1-5 滑石粉层状晶体结构示意图[14]

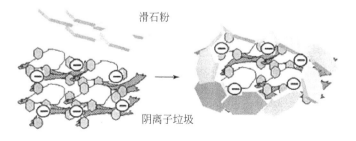

滑石粉

阴离子垃圾

图 1-6 滑石粉钝化处理树脂沉淀物的示意图

3. 碳酸钙

在纸和纸板的生产中，添加的矿物粉体中碳酸钙占比超过 70%[15]。根据来源以及加工方式的不同，造纸中常用的碳酸钙主要包括研磨碳酸钙（GCC）和沉淀碳酸钙（PCC）。

GCC 的生产方式主要是通过湿法或者干法研磨对方解石、大理石等矿物原料进行处理，最终得到的 GCC 颗粒特征形貌呈现不规则形态，其形貌如图 1-7 所示。PCC 的生产方式主要是通过化学沉淀合成制得，国内最常用的方法是将石灰用作原料，经过石灰窑高温煅烧、消化后在特定条件下进行炭化反应而成，颗粒特征形貌可呈现纺锤形、片形和四角柱形等多种形态[16]。PCC 在生产过程中可以根据下游产品应用需求，有目的地控制化学沉淀合成过程，进而使 PCC 具有多种晶型种类、高比表面积以及粒度分布可控的特点[17]，在造纸过程中加填填料或者涂布颜料有着明显的优势，成纸抄造过程具有以下优势：①纸页有较高的不透明度、松厚度；②纸页有较低的吸水值；③在纸浆流送、上网、成形、涂布等过程中减少对设备的磨损以及毛毯的沾污；④表面电荷的 Zeta 电势高、填料粒径大，有利于填料在纸页中均匀分布以及填料的留着[18]。但是 PCC 的吸油值以及比表面积都要高于 GCC，在进行中性施胶的纸机系统中加入 PCC 会造成耗胶量大的问题，影响施胶效果，且会增加生产成本以及产生阴离子垃圾在白水系统中累积等。过去与 PCC 相比，GCC 最大劣势在于粒径分布不均、遮盖能力差，但随着球磨分级技术的发展以及研磨过程相关助剂的添加，GCC 微细化处理的技术越来越成熟，粒径小于 1.5 μm 所占比例可以达到 90%以上，整体平均粒径小于 2 μm，从而在品质方面大幅度提高，这也在很大程度上扩展了其在造纸领域的应用范围[19]。

填料 PCC 的表面形貌如图 1-8 所示，其表面形貌主要是通过细而长的微细结晶聚集而成，最后围绕着核心颗粒呈放射状排列，这种纺锤状结构使 PCC 填料颗粒具有更大的比表面积、更高的光散射性能，进而使纸页拥有更高的白度和不透明度。但是，这种纺锤状结构会使 PCC 颗粒中或颗粒之间存在大量空隙，进而减弱纤维间的结合，导致成纸强度下降。一般情况下成纸中 PCC 的加填量是有限的，当填料含量超过某一值时，成纸强度就会明显降低，纸幅纤维间会产生空隙，脱水速率降低，进而被迫降低纸机车速。将 PCC 和滑石粉复配后进行浆内加填可以克服上述问题。目前，PCC 正在朝着开发菱面体的方向发展，以补偿纺锤状结构 PCC 加填量过高时的限制[20]。

与 PCC 相比，GCC 填料占比相对小一些，过去在涂布时使用的颜料基本上是单一的滑石粉或者高岭土，随着技术的发展，逐步开发出涂料级 GCC 来部分代替价格较高的 TiO_2、煅烧高岭土。生产中为满足不同纸厂生产需要，提高成纸的性价比，最常用的方式是将两种及以上不同特性的填料进行复配，如 PCC 与 GCC

复配或者 GCC 同滑石粉、煅烧高岭土等复配，这样可以使多种填料的性能互补。GCC 的复配方法主要是在对 GCC 进行湿法研磨处于加工后期时将纳米级 TiO_2、滑石粉、高岭土或 PCC 复合到 GCC 粒子表面，这样可以使 GCC 块状表面上出现孔隙结构，以及具有更高的白度和比表面积的特征，该种复配填料用作造纸颜填料，可进一步提高成纸的光学性能、透气性能和印刷适性[21]。

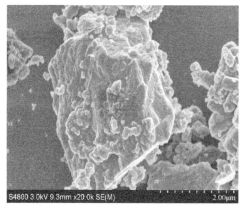 

图 1-7 重质碳酸钙（GCC）表面形貌 SEM 图　图 1-8 沉淀碳酸钙（PCC）表面形貌 SEM 图

填料的选择通常需要考虑所生产纸张的特定要求和级别、纸厂综合配置条件、填料的可得性以及填料的成本和相应的物流成本等因素。随着各国造纸工业产能过剩、企业竞争压力的增加，优化填料使用成本、综合权衡填料性能与成纸性能就显得尤为必要。这种情况下，单独使用某一种填料并不能完全满足所有要求。因此，填料的复配使用开始逐渐广泛应用于各种纸种中。表 1-3 中列出了不同纸品中所使用的填料类型。

表 1-3 不同纸品常用填料种类[2]

纸品类型	常用填料类型
化学浆未涂布纸 　复印纸、办公用纸、胶版印刷纸	PCC、GCC、PCC/GCC、滑石粉/GCC
化学浆涂布原纸 　单面、双面、三面涂布	GCC、PCC、白垩
含有磨木浆未涂布纸 　超级压光纸、杂志纸等	高岭土、高岭土/GCC、高岭土/PCC、二次填料、煅烧高岭土
含有磨木浆原纸 　低/中/高定量涂布纸（LWC，MWC，HWC）	GCC、滑石粉、PCC、白垩

续表

纸品类型	常用填料类型
新闻纸	二次填料、白垩、GCC、PCC、煅烧高岭土、无定形硅酸盐、二氧化钛、无定形PCC
高不透明度纸（薄型印刷纸）	二氧化钛、硫化锌、PCC、煅烧高岭土、无定形硅酸盐
装饰纸（壁纸）	二氧化钛、滑石粉/二氧化钛、煅烧高岭土、硅酸盐/二氧化钛、PCC
卷烟纸	PCC
白卡纸	GCC、PCC，白垩、煅烧高岭土

另外，在填料种类和规格的选择上，还需要考虑填料与纸机湿部化学品的相互作用与效果、填料与光的相互作用、加填对纸机运行性以及对纸料脱水、干燥等的影响。同时，根据填料的物理化学性质，可能还需要合理调整纸机湿部参数以满足产品性能和产品成本的要求。

1.2　加填对成纸性能的影响

造纸填料性质的差异对纸机运行性、纸料的湿部化学特性和最终成纸性能有重要影响。通常，造纸填料的基本性质主要包括填料的光学性能（白度、颜色、光散射性能以及光泽度）、粒径大小与形状、比表面积、磨蚀性、pH、表面化学性质以及填料的纯度等[22]。填料的来源、后续加工处理、化学成分，以及合成原料、方法、条件的不同都会造成填料性质的千差万别[23-29]，也就造成了加填纸的性能各不相同。

1.2.1　强度性能

目前，有关填料对成纸强度性能的影响主要得出了以下结论。

1）不同填料对成纸强度的损伤具有差异性

由于传统造纸填料为无机矿物粉体，填料与纤维之间并没有化学结合，因此加填通常会降低成纸强度。通过对多种填料的研究发现，高岭土对成纸性能的负面影响要低于碳酸钙类填料。在相同填料含量下，不同填料对纸张耐破强度的影响顺序为：高岭土＞滑石粉＞研磨碳酸钙[30]。即使同一填料，填料的形貌也会影响其成纸强度，研究[31]表明，菱形PCC填料对成纸性能的影响要小于偏三角面体填料。

2）填料粒径越小对成纸强度的影响越大[32-34]

填料粒径与粒径分布对成纸强度有着重要的影响。当填料类型相同时，填料粒径的不同会造成粒子数目的不同，从而对成纸强度的影响也就不同。采用高岭土作为填料，当成纸填料含量固定时，纸张耐破强度随着填料粒径的减小而降低[30]。因此，也有人提出通过填料粒子之间的絮聚来降低填料对成纸性能的负面影响[35]，并取得了一定的效果。

3）填料在纸张厚度方向（Z 向）分布的不均一性造成强度性能的差异

填料在纸张 Z 向的分布受到了纸机类型、成形脱水条件[36, 37]以及湿部化学控制技术[38, 39]的影响。对加填纸 Z 向分布的分析结果表明，填料在纸张中的分布并非均匀分布[40]。当成纸填料含量固定时，随着纸张表面填料含量的提高，纸张抗张强度增加的同时[41]，纸张的挺度会有所下降，从而会影响撕裂强度[42]；当填料集中在纸张 Z 向中间部分时，有利于提高纸张挺度[43]。

4）当纸张成形后，填料在纸张中的粒径大小并非等于原始填料粒径

虽然目前还尚未报道填料在成纸前后粒径的变化，但由造纸湿部化学相关理论可推断出，填料粒子是以填料聚集体、填料与细小纤维复合体等形式存在于成形的纸页中，因此由填料粒径效应所带来的对成纸强度性能的影响，可能更大程度上取决于填料聚集体粒径的大小和形态。由于填料在物理化学性质上的不同，造成所形成絮聚体在形貌和化学性能上的差异，使得在研究填料性质与成纸性能的相关性时变得更加复杂[44]。

1.2.2　光学性能

填料对纸张光学性能的影响较为复杂，因为加填纸的光学性能不仅取决于填料本身的物理性质，还取决于填料在纸张中的分布情况及填料粒子与纤维之间的相互作用方式。目前，填料对成纸光学性能的影响主要有以下结论。

1）加填可以改善纸张的光学性能，填料不同其改善作用也不同

加填通常可以改善纸张白度和不透明度，这种作用随着填料用量的增加而增加。在固定抄造条件下，不同种类的填料对成纸白度的改善作用主要受填料本身白度影响[45]。由于填料的折射率通常比纤维大，加填后纸张结构中所形成的填料-空隙-纤维界面有利于增加光在纸张内部的散射和折射，因此加填纸的不透明度随着填料含量的增加而提高。即使填料类型相同，形貌不同对成纸不透明度的影响也不同。相关研究表明，与菱形 PCC 填料相比，偏三角面体的 PCC 填料在高填料含量下具有更好的不透明度，并且随着填料含量的增加，偏三角面体的 PCC 对成纸光学性能的改善程度也高于菱形 PCC 填料[46]。

2）较小粒径的填料有利于改善成纸不透明度[46]

纸张的不透明度主要取决于加填纸的光散射系数和光吸收系数。光散射系数并不是固定的，因为它取决于填料的折射率和粒径。理论上讲，若填料粒子为球形，当粒径在 0.2～0.3 μm（即光波长的一半）时其光散射效率最高，对于一些折射率较低的填料粒子，其最佳粒径可能会更大些，如 0.4～0.5 μm[22]。但是，考虑到填料制备成本以及粉体自身易团聚等原因，造纸工业中实际使用填料的粒径

通常都会大于最佳粒径。另外，由于造纸填料形状并非都为球形，所以不同形状的填料达到最佳光散射能力时的粒径就有所差别[47]。有研究表明滑石粉填料的粒径在 1.0～1.2 μm 时，填料的光散射能力最佳[48]。当然，若填料具有多孔结构或者聚集体结构时光散射效率也可能会有所提高。当多孔填料或者聚集体填料粒子之间的微孔粒径在最佳光散射范围时，也有利于提高填料的光散射性能[22]。所以，即使填料种类相同、形貌不同，其最佳粒径也有可能不同。

3）填料在纸张中的分布会影响成纸光学性能

填料在纸张中的分布决定了填料与填料之间、填料与纤维之间的界面变化，从而影响到成纸的光学性能。相关研究表明，提高纸张表面的填料含量有利于提高纸张的白度。但是纸种不同，对填料在纸张表面分布的要求也有所不同。例如，复印纸需要纸张表面的填料含量低于整体纸张的平均含量，这样有利于降低掉毛掉粉，而超级压光纸、喷墨打印纸等却希望纸张表面填料含量较高，以提高成纸表面性能和光学性能[40]。另外，由于加填纸的不透明度受填料与纤维之间界面的影响，因此，添加化学助剂在促进填料粒子絮聚的同时，也减少了纸张内部填料-空气-纤维之间的界面数量，导致填料光散射效率的降低[22]。

4）提高填料的比表面积有利于提高成纸光散射性能

填料比表面积通常与填料的形貌和粒径有关。当填料化学成分和物理形貌相同时，粒径越小比表面积就越大，此时光散射效果的改善主要是由粒径效应导致的。当填料种类不同而粒径相近时，比表面积较高的填料通常意味着其表面形貌较为复杂，填料粒子之间在堆积或者与纤维吸附形成一定的复合结构时，会形成具有很多空隙的聚集体，这些空隙的产生增加了填料-空隙-纤维界面，从而改善了光学性能。偏三角面体 PCC 和具有多孔结构的填料[49]都证明了该观点。

1.2.3 施胶性能

施胶的目的是赋予纸张一定的抗液体渗透性能，施胶分为浆内施胶和表面施胶。加填通常会降低浆内施胶的效果[50]。在采用浆内加填时，由于造纸填料的比表面积大于纸浆纤维，填料会优先吸附施胶剂，并使施胶剂主要吸附在填料表面；另一方面，填料由于粒径较小，若留着率不高，容易流失进入网下白水，最终使得纸张施胶效果下降，造成施胶障碍，当加填量较高时尤为明显。填料对施胶效果的影响主要与填料的比表面积和亲水性有关。比表面积越大，其成纸的施胶效果也会越差[49]；当然，有些填料对施胶性能影响不大，如滑石粉。由于滑石粉具有一定的疏水性，所以加填时，也会促进纸张的施胶[51]。为了减轻施胶障碍问题，从填料自身角度出发，一方面通过优选较为适合的填料并控制加填量，另一方面也可通过对填料进行改性处理[52-54]，以增加填料的疏水性或者留着率从而改善施胶效果。从施胶剂的使用效果出发，通过合理控制施胶条件以及使用更加有效的施胶剂，也可以达到改善施胶效果的目的。

1.3 填料对纸料留着与滤水性能的影响

1.3.1 填料特性对留着性能的影响

填料的留着效果不仅影响纸张各项性能，还涉及生产成本的高低。通常，造纸填料的粒径约在 0.5～47 μm，而成形网单个网孔尺寸约为 198～246 μm，所以填料很容易穿过成形网而流失到网下白水中。填料的化学性质以及粒径、比表面积都会强烈地影响留着效果。填料留着率的高低通常可根据其颗粒电荷与 Zeta 电位来判断。

目前填料在纸页中的留着主要受机械截留和胶体吸附共同作用。机械截留作用主要强调的是纸料的过滤作用，因此，填料的留着与填料的粒径关系密切，即粒径越大，粒子被纤维截留的可能性就越高，因此其留着率也就越高。在过滤作用发生的同时，填料与纤维之间也会有一定的化学吸附作用。例如，TiO_2 填料虽然粒径较低，但在未加助留剂时，其留着率远高于粒径相近的 GCC、PCC 以及高岭土，其原因可能是钛原子配位数的不饱和性使其与水发生水解反应，在填料表面产生大量羟基并与纤维形成氢键，产生化学吸附从而提高了留着[51, 54]。另外，在不加助留剂条件下，当填料和浆料性质一定时，填料的留着与其 Zeta 电位有关，Zeta 电位越高，其留着率也越高[55]。

然而，随着造纸技术朝着低定量、高车速、高加填的方向的发展，这种机械过滤作用对填料留着的影响在逐渐降低。此外，加填量的增加还会降低填料的留着率。因此，填料要实现较高的留着率，必须使用性能较好的助留剂，通过胶体吸附作用来达到留着的目的，而这种胶体吸附作用主要靠纸料的凝聚和絮聚作用来实现。为了改善留着，研究人员把大量精力放在了开发新型高效的助留剂和助留系统上，而对系统地研究填料性质对留着性能的影响较少。国内程金兰等[56]研究了填料物理化学特性对留着的影响，发现填料与纤维结合力的大小与其比表面能有关，比表面能越大，吸附能力越强，越有利于提高留着；另外，阳离子聚丙烯酰胺（CPAM）对粒径较小的填料表现出更好留着效果，说明当填料化学组成相同时，高分子聚合物的架桥作用与填料粒子的比表面积关系密切，而与粒子表面电荷关系不大；从加填方式上讲，与传统浆—填料—淀粉加填方式相比，采用浆—淀粉—填料方式可提高填料在纤维上的吸附效率。

1.3.2 填料对纸料滤水性能的影响

有关填料是否可促进纸料的滤水性能还尚未形成统一结论。有文献表明，加填可以促进纸料的滤水性能，其中粗大颗粒的填料尤为明显[57]。填料粒径远小于纤维，当固定纸料质量时，用填料部分替代纤维，填料粒子更容易通过成形网，与纤维相比，降低了过滤阻力，从而可改善纸料的滤水性能。而与此同时，填料由于具有较高的比表面积，增加了水与纤维网络的接触面积，导致过滤阻力增大，所以填料粒子对纤维网络脱水性能又会产生不利影响[58]。研究发现，在脱水过程中，未与纤维吸附的填料粒子有堵住滤水通道[57]和通过填充在纤维之间而压缩纤维滤层的趋势[59]。另外，填料形态与性质对纸料滤水也有一定影响。与具有离散结构的填料相比，具有聚集体结构的填料粒子，其较高的比表面积和填料粒子之间的空隙会降低滤水速度，造成纸页在进入压榨部前干度较低[49]。阳离子型的PCC可更加有效地吸附在带有负电荷的纤维表面，导致浆料整体的比表面积降低，有利于降低过滤阻力，从而提高了滤水效率[60]。

1.4　纸张灰分的快速检测研究动态

国内外针对纸张灰分快速检测方法的研究主要集中在了测定装置的改进和测定方法研究两大方面。

1.4.1　马弗炉装置的改进

1）TM 系列陶瓷纤维马弗炉

耐高温陶瓷纤维具有良好的绝热性能，通过固态纤维丝和气孔能够阻碍热量的散失。某公司基于陶瓷纤维上述特性开发出 TM 系列陶瓷纤维马弗炉（简称 TM炉）以克服普通马弗炉升温缓慢、能耗高的问题。TM 炉升温较快，容积为 6 L，1.6 kW 的 TM 炉，由室温升至 900℃不到 20 min，2 kW 的 TM 炉仅需 10 min，而由常规耐火材料制作的功率为 3～4 kW 的马弗炉升温却需约 100 min[61]。

2）微波快速灰化马弗炉

美国 CEM 公司和上海屹尧微波化学技术有限公司利用电磁场微波能量加热时升温速率快且容易控制的特点，分别开发出 PHOENIX 微波马弗炉和 EUWM-2型微波快速灰化马弗炉来代替普通马弗炉，测定纸张灰分时不需要进行纸样炭化等预处理过程就可以直接放入炉内，具有操作简单、测定时间短的特点。PHOENIX微波马弗炉主要是利用吸微波能力强、发热效率高的材料来取代传统电阻丝作为发热元件，优点在于升温速率快且温度容易控制，几分钟就可以由室温升温至1000℃以上，不需放入马弗炉前的炭化过程，大部分样品 10 min 就可以灰化完全。同时，冷却速率快，灰化完成后 1 min 内就可以冷却到室温，但缺点在于容积太小、价格偏高。贺冰等[62]采用该种马弗炉对卷烟纸进行了 7 次平行测定，结果表明：日内相对标准偏差为 0.38%，日间相对标准偏差为 0.52%，t 检验结果表明微波灰化法和常规方法的测定结果相符合，精密度优于常规方法。EUWM-2 型微波马弗炉在克服 PHOENIX 微波马弗炉容积太小、价格偏高的同时又创新性地设计了专用微波炉腔，磁控管被放置在炉腔的底部，形成聚能辐射灰化腔，同时将吸微波能力强、发热效率高的小块拼接材料作为加热体，这些拼接加热体可以进行自由组合来满足不同实验需求[63]。

表 1-4 对比了国内外微波马弗炉性能。微波马弗炉在保持和常规马弗炉测定卷烟纸灰分的结果一致性的前提下，克服了常规马弗炉升温慢、灰化时间长、能耗大等缺点，且提高了检测人员的安全性，在实际检测工作中有推广价值。

表 1-4　国内外微波马弗炉主要性能对比[63]

项目	EUWM-2 型微波马弗炉	PHOENIX 微波马弗炉	国产普通马弗炉
温度操作范围	0～1000℃	0～1200℃	0～1000℃
控温精度	±3℃	±2℃	±3℃
升温速率（室温至 550℃）	<20 min	<20 min	<30 min
功率输入	1.1 kW	1.2～1.4 kW	2～4 kW
排风系统	100CFM	100～130CFM	选配
加热腔系统	2.1 L	1.8～3.3 L	2～6 L

1.4.2　纸张炭化和灼烧工艺的改进

1）减少纸张取样量

纸张灰分标准测定方法（GB/T 742—2018）要求用于测定样品的质量必须满足灼烧后所得到的灰分质量在 10 mg 以上，通常纸样取样量在 2～3 g。当前加填纸张中填料含量基本都在 5%～35% 之间，所以减少取样量至 0.5～1 g 完全满足灰分测定方法的要求，这样有利于扩大灰化容积[64]、减少纸样炭化时间和于马弗炉内的灼烧时间，有利于加速灰化过程。

2）添加灰化辅助剂

纸样在炭化和灼烧过程中，植物纤维中的纤维素、半纤维素发生热降解，炭化前在纸样中添加 H_2O_2 可分解产生羟基自由基（HO·）促进纤维素、半纤维素的降解，而在纸样灼烧时添加 H_2O_2 可使未被氧化的焦炭得到充分氧化。另外，研究发现[65]高温灼烧时通氧可以显著降低灼烧温度、灼烧时间以及减少飞灰烟量。纸样灼烧一段时间取出冷却后再加入一定量的$(NH_4)_2CO_3$可以有效降低样品灰化时间。这是因为$(NH_4)_2CO_3$受热分解会释放 NH_3 和 CO_2，在气体的作用下纸样结构变得疏松，并且样品中纤维素热降解产生的焦炭不容易被包裹。

1.4.3　纸张灰分的快速检测

1）射线快速定量分析

洪传真等[66]将加入内标物氯化钠后的纸样采用 D/max-3BX 射线衍射，对衍射图中衍射角采用布格拉定律和 K 值法快速准确地推算了纸张中填料的种类和含量百分比，其结果如表 1-5 所示，采用 X 射线法测定的灰分含量与标准方法测定值的偏差小于 0.5%，在误差允许的范围内。欧绪贵[67]根据物质对低能 X 射线的吸收系数与吸收物质的原子序数的三次方成正比的关系，利用可发射 X 射线的 X 荧光管制成的纸张灰分计测定了 $CaCO_3$ 和滑石粉加填的 28 种不同类型纸的灰分含量。结果显示，28 种纸的灰分含量为 0.48%～24.37%（定量为 33.58～260.30 g/m^2），并且 28 个数据有 26 个数据与标准灰分偏差小于 0.5%，满足使用要求。德国 Greiner und Gabner GmbH 公司研制出的一种利用 X 射线进行灰分含量快速测定分析仪，如图 1-9 所示，其测试时间约 10～20 s，测量精度约±1%，可用来测定碳酸钙、高岭土、TiO_2、滑石粉、硅酸钙等加填纸张的填料含量。该种灰分快速测定分析仪测试时间短，特别适合实验室手抄片灰分的快速检测，也完全可以满足某些纸厂在生产中对纸卷灰分一轴一测的要求。

表 1-5　X 射线衍射和标准方法测量结果对比[66]

纸样	填料	X 射线法	灼烧法
A	滑石粉	17.07%	16.86%
B	TiO_2	24.72%	24.45%
C	滑石粉	13.08%	28.22%
	高岭土	8.88%	
	$BaSO_4$	6.33%	

图 1-9　纸张灰分测定分析仪

纸张的生产是一个连续过程，根据实时获取的纸张灰分含量数据及时调节纸浆流量和填料浆液的流量控制阀对保证纸张质量、降低成本、增加合格率等方面具有重要意义。郭伟华等[68]利用填料对 γ 射线的吸收系数比纤维、水等高出 4～10 倍的特点，研制出纸张灰分在线检测仪。该灰分检测仪灰分测量范围为 1%～30%，测量精度为±0.5%，所用纸张定量为 20～150 g/m^2，测定时间小于 50 ms。肖中俊[69]利用某公司生产的装有 ^{55}Fe 射线发射装置的在线灰分检测传感器实时测定了某造纸厂在生产定量为 60 g/m^2 的纸时的实时灰分含量，在补偿了仪器测量误差和纸张中纤维以及水中氢、氧、碳元素对于射线吸收误差后测得的灰分数据间偏差小于 1%，说明通过该种灰分在线检测设备可以及时调节控制填料的添加量进而提高成纸灰分的稳定性。

2）纸样直接燃烧法

因成本和纸机投产年限，一些中小造纸企业的集散控制系统（distributed control system，DCS）在控制设备上并不具备成纸灰分在线检测的功能，生产人员主要是根据实际生产探索简单易行的灰分测定方法。殷之梅等[70]造纸企业工作者根据车间纸种工艺相对固定的特性，通过长期的生产实践摸索出一种用时短、数据相对稳定的纸张灰分测定方法。该方法首先将纸样裁切成长约 10 cm，宽约 3 cm 的纸条，在保证一定空隙的情况下，穿在铁丝上通过燃烧后质量变化来获得灰分数据，在多个快速测定的灰分数据与标准灰分数据之间拟合回归，通过回归式根据快速测定值计算出成纸灰分含量，最终推算值与标准灰分相对误差小于 3.3%，用于指导生产效果显著。顾秀梅等[71]通过对比滑石粉、研磨碳酸钙加填纸张的标准灰分与快速灰分值得出了二者存在的系数关系，进一步简化了这种快速测试方法，显著提高了纸张中灰分测定的准确程度。李艳梅等[72]采用炭化系数法进行新闻纸的灰分快速测定，该方法在特制的快速测定装置中将纸样炭化、灼烧后，计算纸样炭化物与灼烧质量之比，即所谓的"炭化系数"，并求得随机抽取的批量纸样炭化系数的算术平均值。根据同一时期实际生产的炭化系数相对稳定的原理，仅需将被测纸样炭化后便可直接测定出其灰分含量，化验操作步骤大大减少，使测定时间从 5 h 减少到 10 min 以内。

3）指示剂滴定法

测定碳酸钙加填纸灰分除了高温灼烧法外，利用 $CaCO_3$ 与盐酸反应也是一种行之有效的快捷测定方法。曾远见[73]研究了酚酞指示剂滴定法来快速测定纸张中灰分。将 2 g 纸样裁成长宽约 1 cm 并放入塞有直行玻璃冷凝管的 250 mL 锥形瓶内，然后与盐酸在电炉上共沸 1 min，再滴加酚酞指示剂，最后根据到达滴定终点时消耗的氢氧化钠体积来确定纸张中 $CaCO_3$ 含量。滴定法避免了灼烧带来的元素损失，但滴定法测定的灰分只是能与盐酸反应的部分，所以在数值较纸张中真实灰分含量偏低。但由于数据稳定性好，操作时间短，可以满足生产、科研中的灰分快速测定要求。

4）电位滴定法

由于采用指示剂滴定法确定带色纸或混浊试液时存在终点难以辨认的困难，为了弥补指示剂滴定法的缺陷，彭丽娟等[74]研究了 pH/ISE 测试仪测定法和自动电位滴定法。这两种方法测定步骤与指示剂滴定法大致相同，只是利用仪器确定滴定终点取代了依靠指示剂变色确定滴定终点。数据对比发现，pH/ISE 测定法和自动电位滴定法的最大变异系数分别为 0.62% 和 0.96% 时，当置信区间为 95%，两种测试方法与指示剂滴定法检测结果的精密度和均值无显著差异。

5）络合滴定法

指示剂滴定法和电位滴定法都是根据酸碱滴定原理测定纸张中的灰分含量，但纸张中除了 $CaCO_3$ 外可能含有其他可溶于酸的物质（如 MgO 以及其他碱金属盐等），导致灰分数据产生误差。周明松等[75]采用络合滴定法来克服指示剂滴定法和电位滴定法的缺点。络合滴定法首先采用适量盐酸来溶解纸中的碳酸钙，待反应完全后，加入 $2\sim3$ 滴可以遮蔽 Mg^{2+} 等金属离子的三乙醇胺，以一定浓度的 $EDTANa_2$ 进行滴定，在 pH=12 的条件下选用钙指示剂确定滴定终点。由于遮蔽剂消除了 Mg^{2+} 等金属离子的影响，所以最后通过钙指示剂计算得到的纸张中 $CaCO_3$ 含量更接近 $CaCO_3$ 真实含量。

1.5 粉煤灰在造纸工业中的潜在应用及其存在的问题

1.5.1 粉煤灰的来源、性质与危害

粉煤灰是火力发电厂的一种固体废弃物，是煤炭中的灰分经过分解、烧结、熔融及冷却等过程后形成的固体颗粒，表面呈球形，具有质轻、粒细、比表面积大、吸水性强的特点[76]，其白度通常低于30%ISO，颜色可从灰色至黑色之间变化。粉煤灰含有大量的 Si、Al、Fe、Ca 等元素，同时还含有一定量的 Ti、Mg、Na、K 元素，以及少量的 S、Mn 等其他元素，这些元素通常是以氧化物的形式存在。表 1-6 列出了我国粉煤灰成分的相对含量，不同成分含量的变化主要取决于煤的来源、种类以及燃烧过程的不同。

表 1-6 我国粉煤灰的化学成分[77]

化学成分	百分比含量/%	化学成分	百分比含量/%
SiO_2	$40\sim60$	Na_2O, K_2O	$0.5\sim4$
Al_2O_3	$17\sim35$	SO_3	$0.1\sim2$
Fe_2O_3	$2\sim15$	TiO_2	$0.5\sim4$
CaO	$1\sim10$	P_2O_5	$0.4\sim6$
MgO	$0.5\sim2$		

近年来，我国能源工业进入发展快速期，造成粉煤灰的排放量也随之快速增加。如不妥善处置粉煤灰，将占用大量土地资源，并严重污染环境[78]。作为火力发电厂的固体废弃物，粉煤灰通常以湿法方式排进储灰池沉淀储放，或者以干法方式堆放在储灰场。粉煤灰质轻、粒细、化学成分复杂，若在储存过程中封存措施不完善，在有风的情况下容易飘散，造成空气污染，对附近的居民和牲畜产生危害；同时，粉煤灰高盐高碱，大量放置在储灰场时若管理不当还可能污染周围水源，或导致土地盐碱化，对土壤、水源和人类健康造成威胁，如图 1-10 所示[79]。全球性环保组织"绿色和平"于 2010 年公开了一份调查报告《煤炭的真实成本——粉煤灰调查报告》[79]，该组织对全国各地 14 家火电厂粉煤灰进行了调

研和检测，表明我国粉煤灰实际利用率在当年仍低于 60%，多数粉煤灰仍堆存在储灰场。

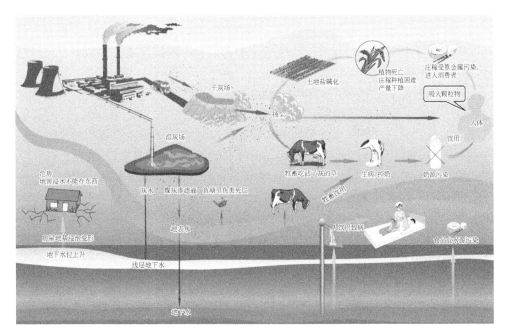

图 1-10　粉煤灰污染示意图[79]

1.5.2　粉煤灰的潜在应用

鉴于粉煤灰对环境所造成的危害，对粉煤灰进行综合利用，使其变废为宝成为国内外研究的热点。随着我国对固废整治力度的加大，中华人民共和国生态环境部于 2019 年 12 月发布的《2019 年全国大、中城市固体废物污染环境防治年报》相关数据表明，2018 年，我国粉煤灰产生量为 5.3 亿吨，综合利用量为 4.0 亿吨（其中利用往年储存量为 320.5 万吨），综合利用率提升至 74.9%[78]。然而，也有统计表明，由于我国粉煤灰余量较高，总堆积量超过 20 亿吨，且 2020 年将达到 30 亿吨左右。每年仍有上亿吨的粉煤灰需要在灰场进行处置储存。因此，提高固体废弃物粉煤灰的资源化利用率对我国乃至世界而言仍是一项重要的任务。

根据粉煤灰的物理和化学性质以及利用率和应用技术水平，粉煤灰的利用可分为以下三类[79]：

（1）高容量/低技术利用，包括粉煤灰回填、筑堤、填方、灌浆、路面填层、造地和改良土壤以及固化垃圾等，这类应用不需要深加工，就可以直接利用。利用粉煤灰粒径适中、密度小、渗透性好、稳定性较好、压缩系数较小的优点，其可部分替代传统的砂、土或其他填筑材料，用在道路、机场等工程建设中[80]。

（2）中容量/中技术利用，主要是指在建筑材料方面的应用，包括水泥代用品、混凝土掺料、砌块、粉煤灰砖、化雪剂以及路面防滑材料等。目前，粉煤灰可用来制造粉煤灰水泥、普通水泥、硫酸铝酸钙水泥、低体积质量油田水泥、早强水泥等，粉煤灰掺入量可高达 75%。

（3）低容量/高技术利用，利用粉煤灰中的化学成分，制备灰熔合金，或者作为橡胶、塑料、涂料等的填料，或者提取其中的有价元素（如 Al、Si、Ti 等）制造高附加值产品。这类应用大多具有较好的经济效益，即实现粉煤灰的高附加值利用。例如，对粉煤灰进行加工后，填充橡胶制品有一定的增强和补强、硫化和替代炭黑的作用[81]。粉煤灰由于含有大量的 Al、Si 等元素，还可以提取氧化铝或者制备 SiC 或者玻璃陶瓷等[82]。此外，相关文献还表明，由于粉煤灰中还含有 Ba、Sr、Cr、Mo、Ni、Mn、Ge 等微量元素，采用物理或者化学方法，可分离、置换、还原其中的稀有金属[83, 84]。例如，镓可采取还原熔炼-萃取、碱熔-碳酸化等方法回收[85]。

1.5.3　粉煤灰在造纸领域中利用及研究现状

目前，粉煤灰在造纸工业中的潜在应用主要集中在两大方面：一是作为造纸填料；二是用于废水处理。

1. 粉煤灰作为造纸湿部填料的应用研究进展

1）粉煤灰的物理化学特性

表 1-7 对比了粉煤灰和滑石粉的填料性能。从填料结构上来看，除去部分没有燃烧充分的煤粒，粉煤灰主要呈多孔蜂窝状结构，而滑石粉呈片状结构。从填料粒径来看，所用粉煤灰的平均粒径较大，但是通过筛选等后加工处理，可以降到适宜的粒度。此外，粉煤灰较高的折射率可赋予加填纸张较好的不透明度。将粉煤灰作为潜在的造纸填料，不仅能够节约造纸成本，而且也有益于环境保护，同时也为粉煤灰的综合利用做出新的尝试。但是粉煤灰的白度相对较低，这使得粉煤灰在造纸填料领域的使用有较大的局限性。

表 1-7　粉煤灰、滑石粉的填料性能对比[86]

填料	形貌	平均粒径/μm	比表面积/（m²/g）	相对密度/（kg/m³）	折射率	白度/（% ISO）	pH
粉煤灰	多孔蜂窝状	30	1.45	897	1.7	28.5	8.5
滑石粉	片状	10	9~20	2700	1.57	87~90	9.2

考虑到粉煤灰的结构特性，研究发现粉煤灰用作造纸填料时，其吸附机理包

括物理吸附和化学吸附，并且两种作用同时存在。粉煤灰中含有多孔性玻璃体，纤维可以吸附在粒子之间的孔隙中，这大大增加了纤维和填料的留着。此外，粉煤灰对浆料中的细小纤维具有较强的吸附性，可以减少白水中细小纤维的流失，同时能够减轻白水负荷。

2）粉煤灰加填工艺研究

利用细小级粉煤灰作为造纸填料时，纸张白度随着加填量的增加而降低，但是纸张不透明度却随之显著提高，并且高于高岭土；从强度性能来看，加填粉煤灰纸张的强度变化趋势与高岭土相当，但是强度明显优于高岭土加填纸张[87]。考虑到粉煤灰加填纸张的白度偏低，付建生等[88]将粉煤灰应用于对白度要求不高的瓦楞纸。研究表明，在不影响纸张使用性能的前提下，粉煤灰在瓦楞原纸中的添加量可达 10%，并且阳离子淀粉的添加能显著改善粉煤灰加填纸张的强度性能。

与常规造纸填料相比，利用粉煤灰作为造纸填料，具有以下两个优点：第一，粉煤灰是一种价格低廉、排放量较大的固体废弃物，比常规造纸填料来源更加广泛，用于纸张加填可以节约纤维原料，降低生产成本，而且可以减轻对环境的污染；第二，从粉煤灰加填纸张的性能来看，粉煤灰具有较高的折射率，能够显著改善加填纸张的不透明度，并且研究表明粉煤灰加填纸的强度优于高岭土。

3）粉煤灰作为湿部填料的挑战和前景

粉煤灰较低的白度使其应用范围受限，可应用于对于不透明度要求较高，而白度要求不高的纸张，如箱板纸、瓦楞原纸和新闻纸等棕褐色、灰色及其他深色纸品。造成粉煤灰白度不高的主要原因是含有未燃烧的碳。因此，通过加强粉煤灰的燃烧效率来控制粉煤灰的质量，同时研究高效的有色碳粒的分离技术也有一定意义。范玉敏等[89]利用筛分、浮选的方法去除部分杂质，同时将其与碳酸钙填料混合作为填料使用，结果表明，使用混合填料时，填料含量的增加虽然有利于提高不透明度，但其纸张白度仍有所下降。Fan 等[90]采用 $Ca(OH)_2$-H_2O-CO_2-粉煤灰体系，在粉煤灰颗粒表面沉淀生成碳酸钙以制备粉煤灰基复合填料。研究结果表明，粉煤灰颗粒经改性后，表面能产生有效的包覆层，其包覆层厚度可达 1.61 μm；相比于原始粉煤灰填料，粉煤灰基复合填料的白度提高了 50%以上。与 GCC 填料相比，加填粉煤灰基复合填料的纸张具有较高的不透明度、松厚度以及抗张强度与耐破度，但加填纸的白度稍差。张明等[91]研究了利用粉煤灰制备碳酸钙用作造纸填料的工艺。首先加入稀盐酸与粉煤灰反应充分，过滤得到滤液，再在滤液中加入碳酸钠溶液，反应完全即可得到碳酸钙。通过这种方法制得的碳酸钙，用于加填时纸张表现出较好的强度，白度也得到了很大改善，但是成本较高。同时，粉煤灰中含有少量的有色金属离子，如铜离子和铁离子，其在反应过程中会生成溶出物，使得碳酸钙的亮度不高，从而对加填纸张产生负面影响。尽管在改善粉煤灰白度方面开展了大量工作，但通过物理或化学方式提高粉煤灰白度使其达到满足正常填料要求仍存在巨大挑战。

2. 粉煤灰用于造纸废水处理

将粉煤灰应用于造纸废水处理，这种以废治废的方式具有成本低、工艺简单、易推广等优势[92]。粉煤灰呈蜂窝状结构，具有较大的比表面积，并且含有多孔玻璃体和碳粒，这些特点使得粉煤灰具有较强的吸附性。将粉煤灰直接应用或者改性后应用于造纸废水处理[93-95]，可以代替成本较高的水处理化学品。

粉煤灰处理造纸废水主要包含三个过程：吸附过程、絮凝过程和助凝过程。其中，吸附过程包含了化学吸附和物理吸附。物理吸附是粉煤灰与污染物间的分子间的引力。吸附的速度是由粉煤灰的多孔性和比表面积决定的。孔隙率和比表面积越大，吸附量越大，吸附速率越快。吸附能够在低温下自发进行，对污染物没有选择性，因此对污染物的去除能力较强，应用范围较广。化学吸附产生的原因与粉煤灰的组成和结构有关。粉煤灰粒子表面存在活性点，这些活性点能够与吸附质产生化学键结合；粉煤灰粒子带有较强的正电荷，可与阴离子形成离子吸附和交换，但这个过程具有不可逆的选择性。有研究表明，粉煤灰的吸附包括：颗粒的外部扩散、孔隙扩散、吸附反应。吸附过程受粉煤灰粒度、温度、pH等因素的影响[96]。絮凝过程中，粉煤灰中含有的铁盐和铝盐能够形成带正电的络合物，这些络合物能够吸附水中带负电的胶体微粒。为了提高絮凝的效果，还需要加入助凝剂，生成易于沉降的絮聚体。

目前国内外利用粉煤灰处理造纸废水的应用研究大多停留在实验室阶段，实际应用中的工艺、设备、运行方式的研究还不成熟，对其处理废水的机理及规律也有待深入。因此有必要寻找经济有效的活化方法，解决实际应用中存在的问题，使粉煤灰应用于处理方废水得到推广和应用。

3. 粉煤灰超细纤维在造纸上的应用

粉煤灰纤维是由粉煤灰加工成的一种无机纤维材料。粉煤灰纤维可以深加工为附加值更高的粉煤灰超细纤维。它和玄武岩纤维、玻璃纤维一样，都可用于特种纸的生产[97]。

1）粉煤灰超细纤维的生产工艺

粉煤灰超细纤维的生产包括以下几个阶段：

（1）成纤阶段：粉煤灰经过预压后加入到冲天炉中，在此过程中添加氧化钙作为助熔剂。混合物在冲天炉中熔融后喷成纤维。

（2）纤维收集阶段：在纤维收集室里，利用吸风机将呈纤阶段漂浮的粉煤灰纤维送至传送带，同时喷洒一定的表面处理剂或者冷却剂。

（3）产品纤维：将收集室收集的粉煤灰纤维压实，再添加黏合剂并焚烧。最后裁切至需求的尺寸。

2）粉煤灰超细纤维的造纸特性

粉煤灰纤维的粒度对其抄造性能有较大的影响。粉煤灰超细纤维的长度在 1～6 cm 之间，比造纸用植物纤维长。同时粉煤灰纤维中含有一定量的渣球，因此上述方法制得的粉煤灰纤维还需经过切短和除渣处理。处理后的纤维为丝状，粒度分布均匀，长度约为 5～30 mm，直径为 4～7 μm，但是具有较大的脆性，易折断，抄造性能较差。粉煤灰纤维的形状和大小与植物纤维相近，可以与植物纤维混合抄造。同时，粉煤灰纤维还具有一些特殊的优点，如导热系数小、不燃、防蛀、耐腐蚀等，适宜于特种纸的生产。因此，当前对于粉煤灰纤维的研究重点为寻找克服其脆性和光滑不易附着的方法。目前主要通过对粉煤灰纤维进行改性和软化来满足工艺要求。

3）粉煤灰超细纤维的造纸工业应用及前景

利用粉煤灰纤维生产的纸张，除能保证纸张的强度性能，如耐折度、耐破度等外，还能够获得一些特殊的性能。通过添加一定量的表面改性剂、分散剂和软化剂，将粉煤灰纤维和有机纤维按照一定比例配抄，可使纸张具有与植物纤维相当的物理性能，同时还具有较好的防火、防腐和耐水性[98]。祝国英等[99]研究发现，添加少量的粉煤灰超细纤维配抄文化用纸时，对纸张的成纸强度影响不大，而且留着率有显著提高。但随着添加量的增加，配抄后的纸张出现掉毛掉粉现象，对纸张的印刷性能有负面影响。由于粉煤灰纤维较大的脆性和刚性，使它与植物纤维结合困难，从而纸页强度出现下降。苏芳等[100]添加阳离子聚乙烯醇改性粉煤灰超细纤维，将改性粉煤灰纤维与植物纤维配抄后，抄造性能得到明显改善，纸张的性能也显著提高。

粉煤灰纤维在特种纸及特种纸板的生产上有较广阔的应用前景。由于粉煤灰纤维具有良好的隔音性能、绝缘性能和防震性能，因此，利用粉煤灰纤维生产出工农业需要的特殊用纸，也是重要的研究方向。

1.6 新型造纸填料的研究进展

受政府政策、市场以及原料成本的影响，造纸企业竞争压力越来越大。造纸企业一方面通过开发新产品优先占有市场份额，另一方面也会从各方面降低成本，以使其利润空间最大化。由于填料在降低成本、改善成纸性能方面具有较大的优势，因此新型造纸填料的开发成为造纸工业中的研究热点之一。从造纸填料的发展趋势可以看出，造纸填料主要朝着低成本、高加填、功能化以及绿色化的方向发展。低成本主要体现在填料的制备成本低；高加填主要是指填料与其他普通填料相比，在制备的纸张性能相近时，成纸填料含量明显高于传统填料加填纸；功能化是指填料的加入可显著改善纸张某方面的性能或者赋予纸张新的功能；绿色化，是指对环境友好型填料，即制备填料的过程中所采用的原料对环境无污染或者以固体废弃物为原料,以减少环境污染。因此,新型填料的开发主要体现在以下四个方面。

1. 以固体废弃物为主要原料制备环境友好型低成本造纸填料

白泥是碱回收工段的副产物,属高碱性的二次污染物,若采用填埋的方式处理会造成环境污染,而回用苛化的 PCC 作为造纸填料不仅可减轻环境污染,且由于其成本不到商品 PCC 的二分之一,作为造纸填料还可降低生产成本[101]。国内对白泥回收制备 PCC 在粒径与晶型控制[102]、光学性能[103]、施胶性能以及湿部化学性能方面做了大量研究,并实现了产业化应用[101]。

粉煤灰作为电厂固体废弃物,作为造纸填料时其白度和粒径成为其在应用过程中的主要障碍。为了更加充分利用粉煤灰中的宝贵资源,大唐国际高铝煤炭资源开发利用研发中心以粉煤灰为原料,从粉煤灰提取氧化铝工艺中将非晶态氧化硅转化为硅酸钙[104, 105],并用作造纸填料,其白度可高达 90%ISO 以上,产品平均粒径为 11~30 μm,较好地解决了粉煤灰作为造纸填料白度较低、粒径不均一的问题,使其在造纸工业中的应用成为可能。

另外,为了使填料更加环保,国外也有淀粉基填料的报道[106, 107]。该填料可回收、可降解、可燃烧,并可改善成纸光学性能和印刷适性。同时,淀粉基填料还可与植物纤维产生结合,对成纸强度性能几乎没有影响。回收的填料还可直接用于燃烧产热,有利于保护环境。但是由于该填料成本较普通填料相比成本较高,目前还仅停留在实验室阶段。

2. 以改善纸张性能为目的,通过优化填料结构设计制备新型造纸填料

酸性造纸到碱性造纸的转变,使得资源丰富的碳酸钙填料的应用成为可能。碳酸钙从传统天然研磨碳酸钙到目前已广泛使用的人工合成的沉淀碳酸钙的变化,说明了人工合成填料,即工程填料具有优势。由于工程填料具有可控的粒径及粒径分布和填料结构,使得许多研究人员开始关注新型填料结构设计对成纸性能的改善作用。

研究表明,与其他形貌的 PCC 填料相比,偏三角面体 PCC（s-PCC）填料在改善成纸松厚度方面具有较大的优势,而在偏三角面体 PCC 表面引入 3.5%的 $SrCO_3$ 和 1%的 SrO 后制备的新型结构的造纸 PCC 填料,如图 1-11（b）所示,可显著改善成纸光散射性能和白度[108]。而当把碳酸钙填料设计为针状时 [图 1-11（c）],加填纸具有更好的强度性能[109]。

除碳酸钙填料外,硅酸盐基填料也引起了一定的关注。国外报道了一类硅酸盐基填料[110],其形貌如图 1-12 所示。其中纤维状硅酸盐基纳米填料（silicate nano-fiber, SNF）具有超高不透明度,可替代二氧化钛填料,并且加填纸还具有很好松厚度、平滑度以及光学性能;另一种硅酸盐基大粒径填料（silicate macro-

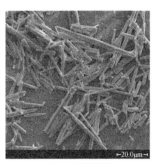

(a) s-PCC[108]　　　　　　(b) s-PCC (含3.5%SrCO₃)[108]　　　　　　(c) PCC晶须[109]

图 1-11　不同 PCC 填料形貌

particles，SMP）可赋予纸张超高的松厚度。与偏三角面体 PCC 相比，在相同填料含量下，成纸松厚度可提高 100%；而微细纤维状硅酸盐基填料（silicate micro-fibers low drying demand，SMF-LDD）可达到有效降低干燥能耗的目的。

3. 以赋予纸张功能性或改善湿部性能为目的的功能性造纸填料

除了常用的造纸填料的外，还有一部分填料由于可赋予纸张特定的功能或者可改善纸机湿部性能也引起了广泛的关注。例如，利用镁铝水滑石（Mg-Al hydrotalcites，HT）作为造纸填料可提高纸张的阻燃性能，当其添加量为 40%时，纸张的氧指数为 25%以上，达到难燃级[111]。同时，该填料对造纸过程中的阴离子垃圾还有较好的捕集作用[112]，其效果甚至优于沸石和蛋白石等多孔填料。另

图 1-12　新型硅酸盐基填料与 s-PCC 填料形貌[110]

外，许多无机晶须由于具有高强度、耐热、防腐蚀、导电、吸波、阻燃和绝缘等特性，将其作为造纸填料应用于纸张中，还可赋予纸张特殊的功能性。例如，四角状氧化锌晶须加填纸张具有较好的广谱抑菌性[113]，碱式硫酸镁晶须加填纸具有很好的阻燃效果[114]。所以，结合市场动向，探索或开发可赋予纸张功能性的新型填料，并制备特种纸，也有利于提高企业的经济效益和市场竞争力。

4. 以提高纸品填料含量为目的新型改性填料

由于填料含量的提高会降低成纸强度，所以国内外对以提高纸品填料含量为目的的新型改性填料的研究主要是以减弱填料对纤维结合的破坏为原则对填料进行改性。

对填料改性方法之一是采用淀粉对填料进行包覆，以改善填料和纤维之间的结合能力，国内外对此做了大量研究[115-117]。Zhao 等[118]采用淀粉包覆高岭土制备的新型填料可将成纸填料含量提高 5%～10%而对成纸强度性能几乎没有影响。另外，Lourenco 等[119]采用溶胶-凝胶方法将二氧化硅包覆在 PCC 填料表面后，加填纸张的强度性能得到改善，而纸张的结构性能和白度并无影响，该方法为提高造纸填料含量打开了新的空间。除了对填料表面进行化学改性外，也有报道将填料与细小纤维进行复合制备复合填料[120, 121]，以期改善填料与纤维之间的结合能力。Subramanian 等[122]制备的细小纤维-填料复合填料加填后可显著改善填料的留着和成纸强度，在相近的成纸抗张强度下，其填料含量可提高近 10%，其形貌如图 1-13 所示。

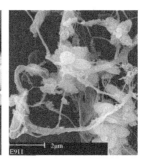

图 1-13　细小纤维-填料复合填料形貌

1.7　高填料纸开发所面临的挑战与发展趋势

1.7.1　高填料纸的定义与开发现状

通常所指的高填料纸应该是以机制纸范畴为对象，其纸张中的无机矿物粉体含量超过传统同类纸张中填料含量范围的纸。世界造纸工业强国早已开始进行有关提高纸张填料含量的研究，并出台了一些导向性的规划。2010 年，美国制定的林产品工业技术规划中对未来林产品工业的研究需求提出了开展功能性高填料纸的研究，并将此作为中期研究目标。最终目标是进一步提高纸幅进入烘干部的干度到 65%（该指标还需要其他方法共同实现），其成纸紧度不能提高，最好能提高松厚度，并且在提高填料含量的同时对成纸平滑度和其他物理强度性能以及对纸机运行性能方面不能有负面影响。加拿大、芬兰等国家在近几年也纷纷开展了有关高填料纸技术的研究。例如，加拿大林产品创新研究中心（FPInnovations）所制造的新一代高填料印刷纸（next generation paper），其填料含量可达 50%。一些著名的化学品公司，如美国 NALCO（纳尔科）公司的 FillerTEK 技术可使成纸填料含量提高 5%而对纸张强度、光学性能以及印刷适性等重要性能没有负面影响[123]。该技术通过填料的预絮聚控制絮聚体粒径与分布以及絮聚体稳定性来降低填料对成纸的负面影响。美国特种矿物公司的 Fulfill 技术，通过调控填料表面形态和聚集体形态（图 1-14），开发出了多套加填技术，在原有生产条件下使纸张中的填料含量有不同程度的提高，同时成纸的物理性能、纸料的留着性能、滤水性能及纸机的运行性等方面也得到了改善。虽然我国许多纸厂通过各种方法来提高纸张填料含量，但只有少数纸厂可使纸张中的填料含量达到 30%以上。

 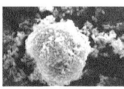 

A系列   E系列   F系列

图 1-14 美国特种矿物公司的 Fulfill 技术中不同系列的填料表面形貌

1.7.2 开发高填料纸需要解决的矛盾

1）提高填料含量与成纸性能的矛盾

提高纸张中的填料含量通常可改善纸张光学性能、表面性能以及印刷适性，但填料在粒径与粒径分布、微观形貌、比表面积等物理性质方面的差异，对最终纸产品性能的影响也不尽相同。例如，使用偏三角面体 PCC 有利于提高成纸松厚度和挺度，而滑石粉可降低成纸的透气度等。另外，纸张的裂断长、表面强度会随着填料用量的提高而大幅降低，在高填料含量下尤其明显。有时为了保证填料的高留着率而提高了助留剂用量，又易造成纤维-填料、填料-填料之间过度絮聚导致成纸匀度下降的问题；另外，由于填料比表面积通常高于纤维，所以提高填料用量还需要考虑施胶障碍的问题。因此，在提高填料用量的同时，如何减少填料对成纸性能的负面影响，尤其是对成纸强度性能的影响是制约高填料纸发展的主要瓶颈，这也是开发高填料纸的关键之一。

2）提高填料含量与附加成本增加的矛盾

虽然用填料取代纤维可显著降低成本，但为维持高填料纸的纸张强度，浆料的打浆度必定要高于常规浆料打浆水平，并且为保证填料的留着率，可能还需要采用质量和性能更好的化学品，这些附加成本的增加与用填料替代部分纤维所造成的成本和能耗的降低需要权衡和评价，开发高填料纸时应给予必要重视。

3）提高填料含量（加填量）与湿部化学控制的矛盾

在相同留着水平下，要增加纸张填料含量必然要提高加填量，但加填量的提高意味着更多的填料会流失到白水中。由于填料的比表面积通常比纤维大，所以更多的施胶剂和染料等化学助剂会被填料粒子优先吸附，即使是现有的留着水平（60%～70%），也会流失大量的化学品，这些化学品随白水在纸机湿部循环，导致白水负荷提高，从而产生湿部控制的问题。另外，白水的负荷过大，对白水的处理也是需要关注的问题。因此提高填料含量的关键在于提高填料的留着率，这不仅要通过优化助留体系来实现，而且可能还需要通过其他技术方法，如填料的预絮聚技术、改变填料的加填方式等进一步改善填料的留着，从而降低白水负荷、稳定纸机湿部参数。

4）提高填料含量与纸机运行性能的矛盾

在现有纸机运行条件下，提高填料含量会造成纸幅湿强度降低，影响纸机的运行性能。过度提高纸张中填料含量，还可能会造成更多的填料粒子粘在压榨部的毛毯上，增加了毛毯的清洗难度，同时还有可能在烘缸处（表面施胶前）出现掉粉问题。所以，开发高填料纸时应充分考虑现有纸机装备水平，并需要通过多方面技术创新来达到提高填料含量的目的。

5）提高填料含量与废纸和损纸回用的矛盾

文化用纸填料含量的逐渐提高使得废纸中的填料含量相应地提高，而废纸回用过程中涉及碎浆、除渣、浮选等工艺流程，在此过程中填料以污泥的形式与其他杂质大量流失在废纸制浆系统之外，从而增加工厂排污成本并给环境带来压力。在浮选流程中添加抑制剂虽可以减少填料的流失，但是在废纸浆料中保留过多的填料又需要考虑废纸成纸性能、纸机湿部与纸机运行性能等问题，所以纸张填料含量逐步提升的空间还需要依靠未来废纸回用技术的进一步发展，以满足生产成本、环境压力的要求。另一方面，高填料纸的生产可能还需要考虑造纸系统损纸的处理。损纸的处理通常还要经过碎浆、除渣等流程，此过程又会造成填料的损失，导致废弃固体排放量的升高。从维持生产稳定性方面讲，高填料纸的生产更需要注重纸机的运行性能，否则上述问题可能又会抑制填料含量的提高。

1.7.3　高填料纸技术的发展趋势

提高纸张中的填料含量意味着对填料种类、加填方式、工艺条件等方式的改变，结合笔者的理解，认为今后高填料纸会朝着以下三方面发展。

1）填料类型由天然填料向工程填料转变

与天然填料不同，工程填料通常是指采用化学反应合成的具有可控形貌、粒径与粒径分布以及表面化学性质的一类填料，如沉淀碳酸钙（PCC）、合成硅酸钙等。与天然填料相比，工程填料不仅可以实现改善成纸性能的目的，而且能在造纸厂内独立合成生产，这既能降低生产成本，又能满足纸品要求。另外，通过对传统填料进行物理或化学改性，改变填料的物理化学性质，减弱填料对成纸强度的负面影响，甚至使填料能像纤维一样产生结合（即 bonding filler，可键合填料），这些都为提高纸张填料含量提供了条件。工程填料在填料物理化学性质的控制方面可操作性更强，国内外许多科研机构对此进行了大量研究，并取得了丰硕的成果[118, 124, 125]。

2）纸张制备由单纯制造高填料纸向制造功能纸转变

毋庸置疑，提高纸张中的填料含量确实能降低生产成本，但是高填料纸的开发不应该仅仅局限于提高纸张中的填料含量来降低生产成本为目的，而应该考虑到利用不同填料自身的特性，开发出具有一定功能性的高填料纸，以满足市场需求，提升纸品的利润空间。例如，多孔硅酸钙填料[126]在提高纸张松厚度方面具有明显的优势，在纸张填料为 20%时，与未加填纸张相比，纸张的松厚度可提高50%以上，并且工厂中试表明纸张中填料含量可以达到 40%以上，这为高填料轻型纸的开发提供了新的技术方案。当然，许多填料本身还具有很多特殊的性质，如抗菌[113, 127]、阻燃[111, 128]、除臭[129, 130]、光催化性[131-133]、导电[134, 135]等功能，将这些能够赋予纸张功能性的填料应用于高填料纸，开发出新型功能性纸基材料，具有更大的应用潜力。

3）加填技术向操作易、适应广的方向发展

由于各种填料在化学组成和物理性质（粒径与粒径分布、比表面积、形貌等）的不同，加填后其成纸性能必然存在很大差异，根据对成纸性能的影响程度来优选填料的种类和性质是开发高填料纸不可忽视的一部分。但我们不能仅仅局限于优选填料，因为填料的性质不同，开发高填料纸时所采用的处理方式就可能存在差别，而且不同纸厂选用填料也是根据填料的成本以及对纸张性能的要求来选择的，也许最佳填料对某些工厂并不适合。由于我国各个纸厂的纸机技术装备、生产纸种的不同，仅仅靠一套高填料纸技术（方法）不一定对大部分纸厂奏效，甚至有些纸厂的实际条件在使用某一套高填料纸技术方面存在难度。所以，高填料纸的开发应该要考虑到实际应用过程的可操作性。高填料纸要应用于实践还需依靠多种技术的创新和融合，并完善相应的配套技术，这需要我们对纤维-填料-聚合物的相互作用关系进一步加深理解，并通过改进现有方法来提高我国不同纸种填料用量水平，以提升我国纸品的竞争力。

1.8　本书主要内容

我国是世界第一造纸大国，纸和纸板产量和消费量均居世界第一，纤维原料短缺已成为限制我国造纸工业可持续发展的主要瓶颈。矿物填料作为造纸原料的第二大组分在改善产品性能、降低生产成本方面发挥了重要作用。同时，我国也是世界第一燃煤大国，粉煤灰作为火力发电厂的固体废弃物，年产生量已超过 5 亿吨，数亿吨粉煤灰堆置在储灰场，严重威胁着环境与人类健康。项目团队针对粉煤灰中大量非晶态氧化硅资源未得到高值化利用，造纸工业寻求高填料造纸技术尚未突破，造成大量植物纤维资源消耗的问题，将二者有机结合，以火力发电厂固体废物粉煤灰为原料制备的硅酸钙作为造纸填料应用于造纸行业，对于促进煤炭-电力-造纸新兴循环经济发展具有重要意义。

因此，本书首先以粉煤灰基硅酸钙的制备方法及其物理化学特性为基础，与常规填料对比，从湿部化学特性、纸张性能与印刷适性等方面阐述了该填料的特点及应用领域；其次，介绍了常用造纸填料及粉煤灰基硅酸钙填料对纸张结构与性能的影响机理及表征方法；最后，以填料对纸张性能的影响机理为基础，介绍了提高硅酸钙造纸填料含量的方法和硅酸钙高加填纸的生产应用情况。

参 考 文 献

[1] 沈静. 沉淀碳酸钙填料的改性及其在造纸中的应用研究 [D]. 哈尔滨：东北林业大学，2010.

[2] Laufmann M，Hubschmid S. Handbook of Paper and Board：Volume 1 [M]. Regensburg：Wiley，2013：109-127.

[3] 中国造纸工业 2018 年度报告 [R]. 北京：中国造纸协会，2019.

[4] 宋宝祥，王妍. 造纸非金属矿粉体材料消费现状与发展趋势 [J]. 中国非金属矿工业导刊，2007，26（9）：58-62.

[5] 邝士均. 造纸工业若干重要前沿研究课题 [J]. 中国造纸，2003，22（1）：55-56.

[6] 沈静，宋湛谦，钱学仁. 造纸填料工程及新型填料的研究进展 [J]. 中国造纸学报，2007，22（4）：113-119.

[7] Baker Colin. The latest technology in fillers [R]. Pira International，2004.

[8] Laufmann M，Hummel W. Calcium carbonate fillers in wood-free uncoated paper [C]. Paperex International Conference & Exhibition. New Delhi：Tappi，2009.

[9] 孟玲，徐淑娟，桂玉梅. 焙烧高岭土微球特性的研究 [J]. 中国西部科技，2012，（11）7：62-64.

[10] 狄宏伟，宋宝祥. 造纸涂料级滑石的应用与发展概况 [J]. 中国造纸，2010，29（4）：62-66.

[11] 田春丽，董荣业. 滑石粉在造纸工业中的应用 [J]. 黑龙江造纸，2010，(3)：39-41.

[12] 危志斌，钟红霞，张瑞杰. 滑石粉的发展现状及其在造纸工业中的应用 [J]. 造纸化学品，2013，25 (3)：1-9.

[13] 宋海兵. 煅烧滑石微粉的超细加工及应用研究 [J]. 中国非金属矿工业导刊，2001，(1)：19-22.

[14] 吴迪. 滑石粉基耐高温复合阻燃剂的制备及应用研究 [D]. 大连：大连理工大学，2012.

[15] 宋顺喜. 多孔硅酸钙填料的造纸特性及其加填纸结构与性能的研究 [D]. 西安：陕西科技大学，2014.

[16] 张德，杨海涛，沈上越. 轻质碳酸钙与重质碳酸钙比较 [J]. 非金属矿，2001，(增刊)：27-51.

[17] 谢玮. 沉淀碳酸钙 (PCC) 的植物胶交联表面改性及其作为造纸填料的性能研究 [D]. 哈尔滨：东北林业大学，2017.

[18] 王保，周小凡，曹云锋，等. 轻质碳酸钙在低定量双胶纸中的应用 [J]. 造纸化学品，2007，19 (3)：33-34.

[19] 杨江红，雷江波，王喜鸽. 轻质碳酸钙与重质碳酸钙在造纸加填中的效果比较 [J]. 造纸化学品，2007，19 (2)：36-38.

[20] 王保，周小凡，曹云锋，等. 轻质碳酸钙在低定量双胶纸中的应用 [J]. 造纸化学品，2007，19 (3)：32-34.

[21] 吴士波，钱学仁，沈静，等. 造纸颜填料的开发动向 [J]. 造纸化学品，2008，27 (2)：43-49.

[22] Gullichsen J，Paulapuro H. Papermaking Science and Technology. Book 4：Papermaking Chemistry [M]. Helsinki：Finnish Paper Engineers' Association and TAPPI，1999.

[23] Shen J，Song Z，Qian X，et al. A review on use of fillers in cellulosic paper for functional applications [J]. Industrial & Engineering Chemistry Research，2011，50 (2)：661-666.

[24] Shen J，Song Z，Qian X，et al. Carbohydrate-based fillers and pigments for papermaking：A review [J]. Carbohydrate Polymer，2011，85 (1)：17-22.

[25] Laufmann M，Forsblom M，Strutz M，et al. GCC *vs*. PCC as the primary filler for uncoated and coated wood-free paper [J]. Tappi Journal，2000，83 (5)：75-77.

[26] Nanri Y，Konno H，Goto H. A new process to produce high-quality PCC by the causticizing process in a kraft pulp mill [J]. Tappi Journal，2008，5：19-24.

[27] Järnström L，Wikström M，Rigdahl M. Porous mineral particles as coating pigments[J]. Nordic Pulp and Paper Research Journal，2000，15 (2)：88-97.

[28] 李向清，陈强，张林鄂，等. 微米级硫酸钙晶须的制备 [J]. 应用化学，2007，24 (8)：945-948.

[29] 刘峰. 精制碱回收白泥的制备及其作为造纸填料的研究 [D]. 西安：陕西科技大学，2012.

[30] Beazley K M，Petereit H. Effect of China clay and calcium carbonate on paper properties [J].

Wochenblatt fur Papierfabrikation，1975，103（4）：143-147.

［31］Fairchild G H. Increasing the filler content of PCC-filled alkaline papers［J］. Tappi Journal，1992，75（8）：85-90.

［32］Adams J M. Particle size and shape effects in materials science：Examples from polymer and paper systems［J］. Clay Minerals，1993，28：509-530.

［33］Han Y R，Seo Y B. Effect of particle shape and size of calcium carbonate on physical properties of paper［J］. Journal of Korea Tappi，1997，29（1）：7-12.

［34］Bown R. Particle size，shape and structure of paper fillers and their effect on paper properties［J］. Paper Technology，1998，39（2）：44-48.

［35］Chauhan V S，Bhardwaj N K. Preflocculated talc using cationic starch for improvement in paper properties［J］. Appita Journal，2013，66（3）：220-228.

［36］Odell M. Paper structure engineering［J］. Appita Journal，2000，53（3）：371-377.

［37］Szikla Z，Paulapuro H. Z-directional distribution of fines and filler material in the paper web under wet pressing conditions［J］. Paperi Ja Puu-Paper and Timber，1986，68（9）：654.

［38］Tananka H，Luner P，Cote W. How retention aids change the distribution of filler in paper［J］. Tappi Journal，1982，65（4）：95-96.

［39］龚木荣，毕松林. 填料分布对纸的光学性能的影响［J］. 上海造纸，1997，28（4）：167-171.

［40］Puurtinen A. Controlling filler distribution for improved fine paper properties［J］. Appita Journal，2004，57（3）：204-208.

［41］Puurtinen A. A laboratory study on the chemical layering of WFC base paper［J］. Professional Papermaking，2003，1（1）：22-23.

［42］陈有庆，石淑兰，陈佩容. 纸的性能［M］. 北京：中国轻工业出版社，1985：305-307.

［43］Bristow J A，Pauler N. Multilayer structures in printing papers［J］. Svensk Papperstidning，1983，86（15）：164-172.

［44］Li L，Collis A，Pelton R. A new analysis of filler effects on paper strength［J］. Journal of Pulp and Paper Science，2002，28（8）：267-273.

［45］Doelle K，Amaya J J. Application of calcium carbonate for uncoated digital printing paper from 100% eucalyptus pulp［J］. Tappi Journal，2012，11（1）：51-59.

［46］Gill R，Scott W. The relative effects of different calcium carbonate filler pigments on optical properties［J］. Tappi Journal，1987，70（1）：93-99.

［47］Alince B. Effect of different types of clay on optical properties of filled TMP papers［R］. Pulp and Paper Research Institute of Canada Internal Research Report，1990.

［48］龚木荣，毕松林. 滑石粉最佳粒径的研究［J］. 中国造纸，1998，（2）：20-23.

［49］Thorn I，Au C O. Applications of wet-end paper chemistry，2nd edition［M］. New York：Springer，2009：113-135.

［50］Karademir A，Chew Y S，Hoyland R W，et al. Influence of fillers on size efficiency and hydrolysis of alkyl ketene dimer［J］. The Canadian Journal of Chemical Engineering，2005，83（3）：603-606.

［51］程金兰. 填料物理化学特性对留着性能的影响［D］. 南京：南京林业大学，2009.

［52］Kurrle F L. Process for enhancing sizing efficiency in filled papers［P］. United States：5514212，1996-05-07.

［53］Gill R A. Surface modified fillers for sizing paper［P］. United States：6126783，2000-08-03.

［54］郑水林. 粉体表面改性（第二版）［M］. 北京：中国建材工业出版社，2003.

［55］Unbehend J. E. Pulp and Paper Manufacture，3rd edition［M］. Montreal：Tappi & CPPA Joint Textbook Committee of Paper Industry，1992：119.

［56］程金兰，翟华敏，谢承俊. 填料颗粒粒度对留着率的影响［J］. 中国造纸，2010，29（1）：1-4.

［57］Britt K W，Unbehend J E，Shridharan R. Observations on water removal in papermaking［J］. Tappi Journal，1986，69（7）：76-79.

［58］Liimatainen H. Interactions between fibers，fines and fillers in papermaking：Influence on dewatering and retention of pulp suspensions［D］. Oulu：University of Oulu，2009.

［59］Dodds J A. The porosity and contact points in multicomponent random sphere packing calculated by a simple statistical geometric model［J］. Journal of Colloid and Interface Science，1980，77（2）：317-327.

［60］Liimatainen H，Kokko S，Rousu P，et al. Effect of PCC filler on dewatering of fiber suspension［J］. Tappi Journal，2006，5（11）：11-17.

［61］可人. 盈安美诚公司 TM 陶瓷纤维马弗炉介绍［J］. 现代科学仪器，2004，（8）：72.

［62］贺冰，孔维松. 微波灰化重量法测定卷烟纸中灰分［M］. 理化检验-化学分册，2013，49（6）：754.

［63］杜荣庆，王斌. 自主创新微波快速灰化马弗炉［J］. 现代科学仪器，2007，（8）：116.

［64］张淑平，李萍. 灰分快速测定方法探究改进［J］. 粮油仓储科技通讯，1998，（5）：33.

［65］张大猛. 空气富氧及燃烧的研究［D］. 天津：天津大学，2012.

［66］洪传真，阮锡根，曾石祥. 用 X 射线衍射定量分析纸张中的无机填料［J］. 中国造纸，1991，（1）：44-47.

［67］欧绪贵. 纸张灰分计的研究［J］. 自动化仪表，1998，19（7）：4-5.

［68］郭伟华，王蓉屏，黄兴彬，等. 纸张灰分在线检测仪［J］. 黑龙江自动化技术与应用，1996，（2）：35-36.

［69］肖中俊. 纸张灰分的在线检测和控制［J］. 中国造纸，2012，31（9）：45-47.

［70］殷之梅，李淑英. 成纸灰分的快速测定在生产中的应用［J］. 天津造纸，1990，3（4）：63-65.

［71］顾秀梅，刘永顺. 灰分快速测定法在生产中的应用［J］. 造纸化学品，2011，（23）：29-31.

［72］李艳梅，王齐，吴学栋. 新闻纸灰分的快速测定［J］. 纸和造纸，1996，（2）：53.

[73] 曾远见. 碳酸钙加填纸的灰分快速测定法 [J]. 中华纸业, 2001, 22 (2): 45-46.

[74] 彭丽娟, 王淑华, 李岑, 等. 电位滴定法测定卷烟纸灰分 [J]. 烟草科技, 2008, (3): 40-42.

[75] 周明松, 孙章建, 周莉莉, 等. 卷烟纸中 $CaCO_3$ 的定量方法比较及形貌表征研究 [J]. 分析测试学报, 2012, 31 (2): 200-205.

[76] 张顺成, 王胜春, 曾武. 我国粉煤灰高值利用及研究进展 [J]. 化工技术与开发, 2010, 39 (9): 26-28.

[77] 2010 中国粉煤灰调查报告 [EB/OL]. http://www. greenpeace. org/china/zh/pu blications/ reports/climate-energy/2010/coal-ash2010-rpt/, 2012-02-28.

[78] 中华人民共和国生态环境部. 2019 年全国大中城市固体废弃物污染环境防治年报[R]. 2019. http://www. mee. gov. cn/ywgz/gtfwyhxpgl/gtfw/201912/P020191231360445518365. pdf.

[79] 沈志刚, 李策镭, 王明珠, 等. 粉煤灰空心微珠及其应用 [M]. 北京: 国防工业出版社, 2008: 2-3.

[80] 王亮. 粉煤灰综合利用研究 [D]. 天津: 天津大学, 2006.

[81] 张浩, 许荣华. 粉煤灰资源化利用及其展望 [J]. 山西能源与节能, 2008, 49 (2): 21-23.

[82] 王祝堂. 高铝粉煤灰提取氧化铝 [J]. 轻金属, 2009, (8): 47.

[83] Font O, Querol X, Juan R, et al. Recovery of gallium and vanadium from gasification fly ash [J]. Journal of Hazard Materials, 2007, 139 (3): 413-423.

[84] Okada T, Tojo Y, Tanaka N, et al. Recovery of zinc and lead from fly ash from ash melting and gasification melting process of MSW-comparison and applicability of chemical leaching methods [J]. Waste Management, 2007, 27 (1): 69-80.

[85] 何佳振, 胡晓莲, 李运勇. 从粉煤灰中回收金属镓的工艺研究 [J]. 粉煤灰, 2002, (5): 23-26.

[86] 许跃, 张继颖. 煤粉粉煤灰作为湿部填料在造纸中的作用 [J]. 国际造纸, 2009, 28 (1): 6-13.

[87] Sumio H, Masato K, Kazuya Y. Effective use of fly ash slurry as fill material [J]. Journal of Hazardous Materials, 2000, (76): 301-337.

[88] 付建生, 张军礼, 李杨, 等. 粉煤灰在瓦楞原纸中的应用 [J]. 湖北工业大学学报, 2007, 22 (6): 5-6.

[89] 范玉敏, 钱学仁. 粉煤灰用作造纸填料的研究 [J]. 中国造纸, 2012, 31 (4): 22-26.

[90] Fan H M, Qi Y N, Cai J X, et al. Fly ash based composite fillers modified by carbonation and the properties of filled paper [J]. Nordic Pulp and Paper Research Journal, 2017, 32 (4): 666-673.

[91] 张明, 王威, 袁广翔. 粉煤灰制备填料碳酸钙及其在造纸中的应用 [J]. 江苏造纸, 2011, (4): 42-44.

[92] 张哲, 杨敏, 刘军海, 等. 粉煤灰在造纸废水处理中的应用研究现状 [J]. 纸和造纸, 2014,

33（7）：52-55.

[93] 王维，田庆华，王恒，等. 粉煤灰去除竹浆造纸废水中挥发酚的应用[J]. 中国造纸，2012，31（6）：36-41.

[94] 田淑卿，时鹏辉. 利用活化粉煤灰处理造纸废水的研究[J]. 电力环境保护，2009，25（15）：55-57.

[95] 何文丽，桂和荣，苑志华，等. 改性粉煤灰联合高铁酸钾处理造纸废水的试验研究[J]. 环境科学与技术，2010，33（5）：154-158.

[96] 刘延湘，汤媛玲，胡德文，等. 粉煤灰在废水处理中的应用[J]. 江汉大学学报，2002，（4）：80-83.

[97] 史振萍，孟俊焕. 粉煤灰纤维的生产及应用[J]. 粉煤灰，2008，2：41-43.

[98] 陈建定. 一种新型粉煤灰纤维纸浆及其造纸方法[P]. 中国：CN1580391A，2005-02-16.

[99] 祝国英. 用粉煤灰无机纤维配抄文化用纸[J]. 中华纸业，2010，（11）：74-75.

[100] 苏芳，陈均志. 粉煤灰纤维的改性及其对纸张性能的影响[J]. 中华纸业，2010，31（6）：45-47.

[101] 王玉珑，陈金山，詹怀宇，等. 碱回收白泥精制碳酸钙的应用实践[J]. 造纸科学与技术，2013，32（3）：87-89.

[102] 王进，危鹏，刘鹏，等. 苛化轻质碳酸钙晶型的影响因素研究[J]. 造纸科学与技术，2013，32（1）：63.

[103] Wang J，Liu L，Wang Z，et al. AKD sizing efficiency of paper filled with CaCO$_3$ from the kraft causticizing process[J]. BioResources，2014，9（1）：143-149.

[104] Song S，Zhang M，He Z，et al. Investigation on a novel fly ash based calcium silicate filler: Effect of particle size on paper properties[J]. Industrial & Engineering Chemistry Research，2012，51：16377-16384.

[105] 魏晓芬，孙俊民，王成海，等. 新型硅酸钙填料的理化特性及对加填纸张性能的影响[J]. 造纸化学品，2012，24（6）：24-30.

[106] Mikkonen H，Kataja K，Qvintus-Leino P，et al. Development of novel starch based pigments and fillers for paper making[EB/OL]. http：//www. vtt. fi/liitetiedostot/ cluster5_metsa_kemia_ymparisto/PIRA7. pdf，2013-01-02.

[107] Raukola J，Peltonen S. Novel starch derivatives for paper and board application. Symposium of Finnish Paper Research Community Serving Europe，2007[EB/OL]. http：//www. kcl. fi/tiedostot/Raukola. pdf，2013-01-02.

[108] Koivunen K，Paulapuro H. Papermaking potential of novel structured PCC fillers with enhanced refractive index[J]. Tappi Journal，2010，9（1）：4-11.

[109] Chen X，Qian X，An X. Using calcium carbonate whiskers as papermaking filler[J]. BioResources，2011，6（3）：2435-2447.

[110] Fibrous fillers to manufacture ultra-high ash/performance paper[EB/OL]. URL: http：//www.

eere. energy. gov/industry/forest/pdfs/fibrous_fillers. pdf，2011-10-20.

[111] 李贤惠，钱学仁. 镁铝水滑石用作造纸阻燃填料的研究 [J]. 中国造纸，2008，27（12）：16-19.

[112] 李贤惠，钱学仁. 镁铝水滑石用作造纸填料对阴离子垃圾捕集的影响 [J]. 中国造纸，2009，28（5）：26-29.

[113] 陈晓宇，钱学仁. 四角氧化锌晶须在抑菌纸制备中的应用研究 [J]. 中国造纸，2010，（5）：30-35.

[114] 陈晓宇，钱学仁. 以碱式硫酸镁晶须为填料制备阻燃纸的研究 [C]. 特种纸委员会第五届年会论文集. 丹东：全国特种纸技术交流会暨特种纸委员会，2010：1-13.

[115] 韩晨. 淀粉包覆 PCC 在造纸中的制备与应用研究 [D]. 南京：南京林业大学，2009.

[116] Yoon S Y，Deng Y. Experimental and modeling study of the strength properties of clay-starch composite filled papers [J]. Industrial & Engineering Chemistry Research，2007，46：4883-4890.

[117] 张光华，王慧萍，来智超，等. 研磨碳酸钙复合填料的制备及其应用 [J]. 中华纸业，2009，30（22）：31-34.

[118] Zhao Y，Kim D，White D，et al. Developing a new paradigm for linerboard fillers [J]. Tappi Journal，2008，7（3）：3-7.

[119] Lourenco A F，Gamelas J A，Zscherneck C，et al. Evaluation of silica-coated PCC as new modified filler for papermaking [J]. Industrial & Engineering Chemistry Research，2013，52：5095-5099.

[120] 冯春，陈港. 制备温度对碳酸钙-细小纤维复合填料性能的影响 [J]. 造纸科学与技术，2010，29（1）：33-37.

[121] 冯春，陈港，柴欣生，等. CaCO_3-细小纤维复合填料对纸张物理性能的影响 [J]. 中国造纸，2010，29（2）：14-17.

[122] Subramanian R，Fordsmand H，Paulapure H. Precipitated calcium carbonate （PCC）-cellulose composite fillers：Effect of PCC particle structure on the production and properties of uncoated fine paper [J]. BioResources，2007，2（1）：91-105.

[123] Nalco case study：FillerTEK Technology helps achieve fiber reduction of 840 ton kraft/yr and energy conservation of 5600 tons steam/yr [EB/OL]. http：//www. nalco. com/document-library/5485. htm，2013-05-07.

[124] Yoon S Y，Deng Y. Clay-starch composites and their application in papermaking [J]. Journal of Applied Polymer Science，2006，100（2）：1032-1038.

[125] Shen J，Song Z，Qian X，et al. Filler engineering for papermaking：Comparison with fiber engineering and some important research topics [J]. BioResources，2010，5（2）：510-513.

[126] Zhang M，Song S，Wang J，et al. Using a novel fly ash based calcium silicate as a potential paper filler [J]. BioResources，2013，8（2）：2768-2779.

[127] Kim C H，Cho S H，Park W P. Inhibitory effect of functional packaging papers containing grapefruit seed extracts and zeolite against microbial growth［J］. Appita Journal，2005，58（3）：202-207.

[128] 安显慧，钱学仁，龙玉峰. 基于镁铝水滑石原位合成制备阻燃纸［J］. 中国造纸，2007，26（8）：1-5.

[129] Tsuru S，Yokoo A，Sakurai T，et al. A functional paper and its use as a deodorant，filtering medium or adsorbent［P］. Europoean：0393723，1997-07-16.

[130] 戴红旗，高兰敏. 多孔磷酸钙除臭纸及其制备方法［P］. 中国：101235609，2008-08-06.

[131] Matsubara H，Takada M，Koyama S，et al. Photoactive TiO$_2$ containing paper：Preparation and its photocatalytic activity under weak UV light illumination ［P］. Chemistry Letters，1995，24（9）：767-768.

[132] Ko S，Pekarovic J，Fleming P D，et al. High performance nano-titania photocatalytic paper composite. Part I：Experimental design study for TiO$_2$ composite sheet using a natural zeolite microparticle system and its photocatalytic property［J］. Materials Science and Engineering B，2010，166：127-131.

[133] Ko S，Fleming P D，Joyce M，et al. High performance nano-titania photocatalytic paper composite. Part II：Preparation and characterization of natural zeolite-based nano-titania composite sheet and study of their photocatalytic activity［J］. Materials Science and Engineering B，2009，164：135-139.

[134] Anderson R E，Guan J，Ricard M，et al. Multifunctional single-walled carbon nanotube-cellolose composite paper［J］. Journal of Materials Chemistry，2010，20：2400-2407.

[135] Agarwal M，Xing Q，Shim B S，et al. Conductive paper from lignocellulose wood microfibers coated with a nanocomposite of carbon nanotubes and conductive polymers ［J］. Nanotechnology，2009，20：215602.

第2章　粉煤灰基硅酸钙造纸填料的理化特性

有关粉煤灰基造纸填料的报道并不多见，但现有文献资料[1-3]表明，采用粉煤灰直接作为造纸填料时，其白度低、粒径分布不均一、对造纸网部磨损大的缺点限制了粉煤灰作为造纸填料的应用范围。然而，以粉煤灰为原料进行资源化利用，通过在提取氧化铝工艺中以非晶态氧化硅为原料得到的副产品硅酸钙不仅白度得到改善，其粒径、形貌等物理特性也容易控制，为其在造纸领域的应用开辟了新的空间。

填料的物理化学特性对造纸湿部与成纸性能影响有显著影响。本章主要对粉煤灰基硅酸钙（fly ash based calcium silicate，FACS）新型填料进行表征，通过对填料制备工艺的了解，从造纸工业对填料的特性要求出发，表征了硅酸钙的物理特性、化学成分、微观形貌以及热稳定性等方面，对 FACS 填料的潜在优势和劣势进行分析与评价，为产品工艺的改进和产品性能的改善提供参考。

2.1　粉煤灰基硅酸钙填料的制备工艺流程

FACS 填料的制备工艺流程如图 2-1 所示。为了提取高铝粉煤灰中的氧化铝，首先将高铝粉煤灰与一定浓度的氢氧化钠溶液在调配槽混合配制成粉煤灰浆液，采用离心泵送至脱硅套管，通过蒸汽加热和保温发生脱硅反应，使其中的硅以钠盐的形式存在于液相中。在反应过程中，需要严格控制氢氧化钠溶液与高铝粉煤灰的配比及反应温度，以防止氢氧化钠溶液与高铝粉煤灰中的氧化铝反应，导致粉煤灰中的氧化铝损失。该过程发生的主要化学反应如下：

$$2NaOH + SiO_2（非晶态）\xlongequal{\quad\quad} Na_2SiO_3 + H_2O$$
$$2NaOH + Al_2O_3（非晶态）\xlongequal{\quad\quad} 2NaAlO_2 + H_2O$$

经过滤，使固液相分离，固相为脱硅后的粉煤灰，用于后续提取附加值较高的氧化铝，而脱硅后的溶液与石灰乳（SiO_2：$CaO=0.95\sim1$：05）充分混合后，生成硅酸钙和氢氧化钠，再经过滤后，得到含水硅酸钙。氢氧化钠则经过浓缩后可重新回用，其回收率约为 95%。该工艺应在尽量减少铝硅比的条件下降低脱硅氢氧化钠溶液的浓度，从而实现减少硅酸钙洗涤水量、降低硅酸钙残余碱含量的目的。

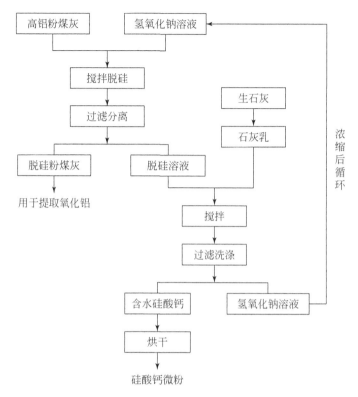

图 2-1　粉煤灰基硅酸钙填料的制备流程[4]

经过工厂工艺优化，高铝粉煤灰中的 Al/Si（Al_2O_3/SiO_2 的质量比）由脱硅前的 1.18 达到脱硅后的 2.02，总 SiO_2 脱除率为 41.6%。生产获得的脱硅液中，SiO_2 浓度可达 70 g/L，而脱硅液中的 Al_2O_3 的平均浓度仅为 1～2 g/L，预脱硅过程中 Al_2O_3 脱除率小于 1.5%。高铝粉煤灰样品中非晶态硅含量约占总硅量的 50%。经预脱硅处理后，粉煤灰中非晶态 SiO_2 脱除率在 83%左右。

在制备硅酸钙的过程中，钙硅比、反应温度、反应时间、搅拌速率等因素对硅酸钙粒度及比表面积均有影响。研究结果表明，增加搅拌转速可阻碍粒子团聚，因而硅酸钙粒径变小，但堆积密度呈增大趋势；延长反应时间，会增加硅酸钙粒子平均粒径；此外，石灰乳品质是影响硅酸钙品质的重要因素，而石灰消化时间直接决定着石灰乳的活性，且随着反应温度的升高，颗粒比表面积逐渐增加。为保证硅酸钙的孔隙结构发育程度和比表面积，考虑生产实际，硅酸钙的最佳合成工艺条件为：钙硅比（Ca/Si）0.95～1.05，反应温度 85～95℃，反应时间 60～90 min，合成搅拌速率 90 r/min 以上，生石灰消化时间 120 min。

经过干燥处理后，便可得到硅酸钙粉末。当然，也可不经干燥，将硅酸钙分散后制成泥浆形式使用。该工艺制备出的硅酸钙作为提取氧化铝的副产品，既可用作保温材料，也可作为添加剂应用于造纸、涂料、塑料和橡胶等工业中，实现了粉煤灰的高效利用，减轻了粉煤灰排放造成的污染问题。

由于硅酸钙在制备过程中添加了 $Ca(OH)_2$，所以在硅酸钙产品中难免会存在一部分 $Ca(OH)_2$，导致填料 pH 可高达 13～14，如此高 pH 的填料在使用过程中会对造纸湿部产生严重影响。对于木素含量较高的浆料，如磨木浆，填料的高碱性会与木素发生反应，导致浆料白度降低。因此，在分离出含水硅酸钙后，对其进行脱碱洗涤，除去残留的 $Ca(OH)_2$，然后采用一定浓度的硫酸进行浸泡处理，以降低产品 pH，其流程图如图 2-2 所示。最终使硅酸钙填料的 pH 降低至 10 以下，以满足造纸填料酸碱性的要求。

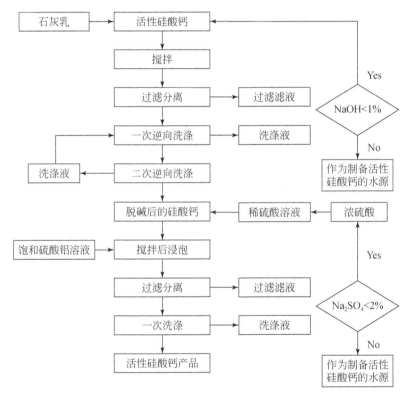

图 2-2　降低粉煤灰基硅酸钙填料 pH 工艺流程图[5]

经工艺优化后，工厂制备的硅酸钙形貌体现为由纳米片状体聚集形成蜂窝状微米级颗粒，孔隙发育较好，表现出很强的吸附性；在晶体结构上，斜托勃莫来石晶体结构中硅氧骨干以八方环为基本结构单元，以 Ca、O、OH 形成的配位多面体存于环与环之间，水分子位于八方环中心和八方环层间位置，硅氧八方环平面（与 c、b 组成的面平行）沿 a 轴方向堆砌成八方管孔状，八方管孔结构又以似层形式排列成斜托勃莫来石。据报道，所生产硅酸钙产品白度可高达 95%，比表面积 219.2 m²/g，堆积密度 0.23 g/cm³，平均粒径约 20 μm。

2.2　填料的基本理化特性

表 2-1 列出了 FACS 填料与造纸工业常用填料 GCC 和 PCC 的物理特性。FACS 样品为酸化后的样品。采用马尔文 Matersizer-2000 激光粒度仪测定了填料平均粒径，由表可知，FACS 填料与 GCC 和 PCC 相比，平均粒径较大，为 21.6 μm，但其粒径分布较窄，介于 GCC 与 PCC 之间。填料的粒径与粒径分布对成纸性能有一定影响。普通造纸填料的粒径一般为 2~8 μm，较窄的粒径分布有助于改善成纸的光学性能，而粒径分布较宽时，由于提高了粒子之间的包裹能力，故有利于改善成纸强度性能[6]；当填料种类和表面形貌相似时，较大的粒径会对纸张的不透明度和白度产生负面影响[7-9]。较大粒径的填料用于高速纸机还可能造成湿部设备和成形网的磨损。有研究表明，FACS 填料的磨耗值约为 1.2~6.0 mg/2000 次[9]，其磨耗值低于 GCC 填料。较低的磨耗有利于减少填料粒子对设备和管路的磨损，可使其应用于高速造纸机。另外，该填料的筛余值约为 2.8%~2.95%[9]，远高于造纸填料 325 目筛余物含量要求上限（≤0.2%），这可能是填料样品粒径偏大或含有难以解离的团聚大粒子所致。

表 2-1　硅酸钙填料与碳酸钙填料的物理特性

填料特性	FACS	GCC	PCC
平均粒径/μm	21.6	4.4	2.7
粒径分布*	1.41	4.3	1.29
相对密度/（g/cm³）	1.3~1.4	2.4~2.6	2.6~2.9
堆积密度/（g/cm³）	0.31	1.10	0.52
比表面积/（m²/g）	121	2.4	11.6
吸油值/（g/g）	2.178	0.789	0.924
白度/（%ISO）	91.5	92.4	96.4
pH	9.7	9.2	9.7
水分/%	7.23	0.04	1.45
灼烧损失/%（525℃）	10.17	0	0
沉降体积/（mL/g）	5.6	1.6	2.8

*填料的粒径分布（particle size distribution，PSD）＝ $(D_{90}-D_{10})/D_{50}$，数值越小表示粒径分布越窄

FACS 填料区别于其他普通填料的另一个重要特征是填料的密度。传统造纸填料，如碳酸钙、高岭土、滑石粉等，其密度在 2.6~2.9 g/cm³ 之间，而 FACS 填料的密度只有约 1.3 g/cm³，远低于常规造纸填料。当纸张填料含量相同时，若填

料的粒径不变，选用更高密度的填料有利于提高纸张的强度性能，因为填料粒子数目减少了，意味着填料粒子对纤维键合的破坏能力有所减弱。然而，粒径相同时，低密度的填料由于在相同填料含量下提高了填料粒子的数目，产生了更多的纤维-空气-填料界面，有利于提高纸张的光散射性能。如果为了改善低密度填料对纸张强度的负面影响，提高填料粒径是一种选择，但却会以损失纸张的不透明度和印刷适性为代价。填料的堆积密度的不同主要与填料粒径、粒径分布和表面形貌有关。当填料密度相近时，平均粒径越大，粒径分布越窄，其堆积密度就越小，反之亦然。从表 2-1 中可以看出，硅酸钙填料的堆积密度低于碳酸钙填料，仅为 0.31 g/cm³。较低的堆积密度意味着填料的包裹能力较弱，因而有利于成纸松厚度和光散射性能的提高。

高比表面积是 FACS 填料的显著特征。采用日本 BEL 公司的 Belsorp-Max 比表面积测定仪测定填料的比表面积。测定前，将样品在 150℃预处理 6 h，采用 BET 氮气吸附法测定样品比表面积。结果表明，FACS 的比表面积为 121 m²/g，明显高于常规造纸填料（约 2～15 m²/g）。填料比表面积高有利于改善加填纸的光散射系数和加填纸张的油墨吸收性，但是却会破坏纤维与纤维的结合，同时增加施胶剂等化学品的用量[10]。虽然 FACS 具有较大的粒径，但是其高的比表面积对纸张光散射的贡献会对大粒径对光散射造成的负面影响做出补偿。

填料的白度对成纸白度的影响很大。硅酸钙的白度为 91.5%ISO，达到作为造纸填料白度标准的要求。对比可知，FACS 填料与 GCC 填料的白度相近，但却低于 PCC 填料。这可能是因为合成硅酸钙时所用的 CaO 的白度和纯度不高。然而，作为粉煤灰提取氧化铝后得到的副产物，FACS 填料的白度明显高于粉煤灰白度（通常低于 30% ISO），这就使得粉煤灰转化为造纸填料用于文化用纸成为可能。

由于一般粉体填料的水分含量（约 0.1%～2%）低于纯纤维抄造的纸张的水分含量（约 5%～8%），所以添加造纸填料有利于改善最终成纸的干度。与 PCC 和 GCC 相比，硅酸钙填料游离水含量高达约 7%，远高于常规填料，可能与填料表面的多孔性及化学组成有关。当纸张中 FACS 填料含量较高时，可能会造成纸张返潮问题。另外，硅酸钙在 525℃下的灼烧损失为 10.17%，这主要与填料所含的结合水有关。

填料的沉降体积关系到实际生产过程中填料的分散与输送性能。通过对比可知，硅酸钙的沉降体积高于 GCC 和 PCC 填料，说明该填料的分散性能较好，并且有利于填料的均匀输送。

2.3　X 射线衍射分析

硅酸钙样品粉末 X 射线衍射采用 Bruker D8 Advance 光谱仪进行测定。采用 Bruker Eva 和 MDI Jade 软件对物相组成进行了分析。FACS 填料样品的晶体衍射谱图如图 2-3 所示。结果显示，$2\theta=30°$ 附近有较为明显的弥散峰，说明测定样品的结晶程度很低，含有无定形态或结晶度较差的水化硅酸钙（C-S-H）凝胶[11-13]，C-S-H 中的 $[SiO_4]^{4-}$ 为层状结构，每个 $[SiO_4]^{4-}$ 单链为一层，每层之间通过 Ca 原子相连最终形成多层的结构[14]。除此之外，FACS 填料中还含有少量的 $CaSO_4 \cdot 2H_2O$、$CaSO_4 \cdot 0.5H_2O$ 和 $CaCO_3$ 等成分。根据上述所介绍的生产工艺流程可知，$CaSO_4 \cdot 2H_2O$、$CaSO_4 \cdot 0.5H_2O$ 等成分主要由降低硅酸钙产品 pH 的处理过程所致。由于在降低 pH 过程中采用了硫酸溶液，其一方面与硅酸钙中残留的少量氢氧化钙反应生成了硫酸钙，另一方面，硅酸钙相当于缓冲剂，其结构中的钙离子可与硫酸提供的氢离子发生质子交换[15]，一部分硅酸钙也会转化为硫酸钙。而样品中存有的微量碳酸钙，一方面可能是来自于所用原料 CaO 中的部分杂质，也可能来自于 CaO 溶解后形成的 $Ca(OH)_2$ 与反应体系中少量的 CO_2 反应所致。

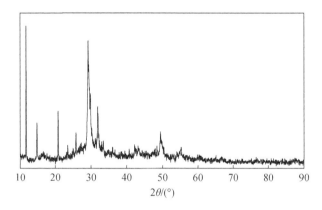

图 2-3　FACS 填料的 XRD 衍射图谱

因此，可以看出，采用硫酸虽可达到降低填料浆液 pH 的目的，但会引入部分杂质硫酸钙。当然，也可以说该产品更像是一种复合填料。由于样品中的水化硅酸钙结晶程度不高，很难分析样品中水化硅酸钙与硫酸钙的比例。在生产制备较为纯净的水化硅酸钙样品时，有研究报道[15]采用盐酸来降低填料浆液 pH。但需要注意的是，采用盐酸降低 pH 时，对填料物理化学特性也会产生一定的影响。研究表明[15]，水化硅酸钙悬浮液中 Ca^{2+} 的溶出率、填料吸油值以及比表面积会随着 pH 的降低而升高。如果采用清水对合成的水化硅酸钙进行多次洗涤，虽然可避免各种离子的影响，但却会消耗大量水，导致生产成本的提高。由于研究过程中，工业化硅酸钙产品的性能也在不断调整，因此本书部分实验结果是基于水洗硅酸钙得出的结论，与酸洗硅酸钙有所不同。

2.4　表　面　形　貌

填料粒子的形态通常可以分为两类，即离散体与聚集体。采用扫描电子显微镜（SEM）可对填料表面形貌进行观察（加速电压为 15 kV，电子束电流范围为 0.02 nA）。GCC、PCC 与 FACS 填料的表面形貌如图 2-4 所示。GCC 填料显示出了单个粒子离散、块状的特点，而 PCC 填料粒子呈现由许多粒径约为 0.5 μm 的偏三角面体的碳酸钙粒子组成的聚集体形态。相对而言，硅酸钙填料存在离散针形颗粒与表面多孔聚集体两种形态。多孔聚集体表面具有明显的层状结构，而层与层之间的相互搭接形成蜂窝多孔的表面。该填料的低密度以及疏松多孔结构特性降低了晶体结构刚性可能是导致填料磨耗值较低的主要原因。聚集体填料粒子间通常存在间隙，而这些间隙有利于提高加填纸的松厚度和光散射效率。同时，该多孔表面是导致填料比表面积较大的主要原因。但是，硅酸钙填料的聚集体结构以及较高的比表面积造成网部滤水速度较低，从而影响其进入压榨部的干度。表 2-2 能谱测定结果表明，硅酸钙填料主要含有 Ca、Si、O、S 等元素，而含有少量的 Al、Mg 等金属元素，可能来源于粉煤灰中的金属氧化物与碱反应过程中金属离子的溶解。若样品主要成分为水化硅酸钙和硫酸钙，按照原子数比例计算，样品中所含的水化硅酸钙（C-S-H）的 Ca/Si 约为 1.0。

图 2-4　GCC、PCC 和 FACS 填料表面形貌 SEM 图

表 2-2 FACS 填料能谱测定结果

元素	质量百分比/%	原子百分比/%
O K	51.63	69.49
Mg K	0.32	0.28
Al K	0.40	0.32
Si K	16.64	12.79
S K	2.99	2.01
Ca K	28.02	15.10

由 XRD 和 SEM 结果可知，FACS 填料存在两种形貌的粒子，主要含有水化硅酸钙和石膏晶体。为了进一步分析各粒子元素的分布情况，采用面扫描模式对样品进行了元素分布分析，结果如图 2-5 所示。结果表明，Ca 元素和 O 元素分布在球状聚集体粒子和针状粒子上，而 Si 元素大部分分布在球状粒子上，S 元素主要分布在针状粒子上，Mg 元素和 Al 元素都较为均匀地分布在两种粒子上。因此，多孔球状聚集体粒子的化学成分主要为水化硅酸钙，而针状粒子的化学成分主要为含水硫酸钙。

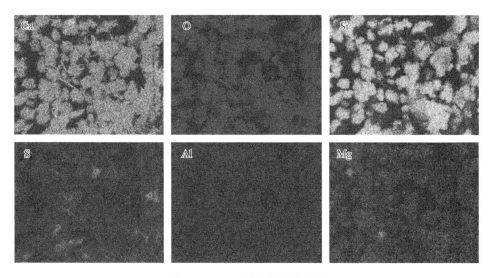

图 2-5 FACS 填料的元素地图

仔细观察也可发现，有少量的 S 元素分布在球状粒子表面，也有少部分 Si 元素分布在针状粒子表面。为此，采用透射电镜（TEM）进一步分析 FACS 填料粒子的微观形貌。由图 2-6 可知，球状粒子表面由许多厚度和大小不等片状物组成，这种形貌主要与硅质原料中 $[SiO_4]^{4-}$ 的聚合结构以及反应时水溶液的 pH 有关[16]。这种片状结构的不均一性也是该硅酸钙的结晶程度较低的原因。还可发现，在球状粒子中，还穿插了部分的针状粒子，这可能是在酸化过程中，Ca^{2+}的溶解破坏了硅酸钙的部分结构，从而生成了硫酸钙。另外，从两种粒子形态的电子衍射花样图谱中也可以看到，针状粒子具有一定的晶体结构，而球状粒子的衍射花样为边界较为模糊的光环，说明其结晶不良，多以无定形结构存在，从而从另一方面证实了 XRD 的测试结果。

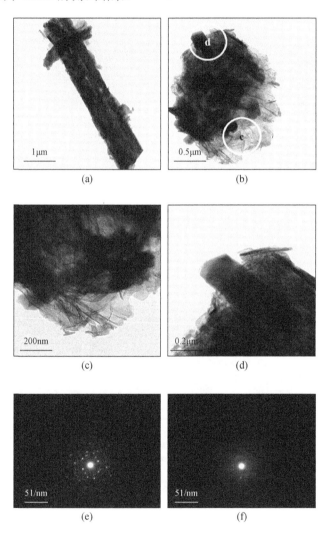

图 2-6　FACS 填料 TEM 及衍射花样图

（a）针状粒子的 TEM 图像；（b）球状粒子的 TEM 图像；（c）、（d）球状粒子圈出区域的 TEM 图像；

（e）针状粒子的衍射花样图；（f）球状粒子的衍射花样图

2.5　热稳定性

采用同步热分析仪测定填料的热稳定性能,并获取 FACS 填料样品的 TG-DSC 曲线图。结果表明, 随着温度升高, FACS 的质量在逐渐下降, 在 700~900℃期间质量损失稳定在 19.5%左右, 如图 2-7 所示。从 TG 曲线可以看出, FACS 的质量变化主要分为四个阶段: 即室温至 200℃、200~600℃、600~700℃、700~950℃。结合 DSC 结果可知, 在 200℃之前, 存在较宽的吸热谷, 这主要是由水分子的脱除造成的。相关研究表明, 在 100~120℃左右水化硅酸钙中的游离水会完全失去[11], 而样品中所含有的石膏加热至 150~170℃时会脱除大部分的结晶水而成为熟石膏 ($CaSO_4 \cdot 0.5H_2O$)。因此, 该阶段质量的变化主要来自于水化硅酸钙与石膏水分的脱除。在 200~600℃时, FACS 质量变化较为缓慢, 这是由于在 220℃时, 半水石膏继续脱水变为 α 可溶性的无水石膏[17]; 另外, 在 350~400℃及 450~500℃时, 水化硅酸钙中 Si—OH 以及 Ca—OH 键断裂[18]。在 400℃左右时, 质量损失约 83.8%, 说明大部分水已经脱除。当温度进一步升高至 600~700℃时, 约有 2.3%的质量损失, 这主要是由碳酸钙的热分解产生的 CaO 和 CO_2 所致[19]。在第四阶段, 即 700~950℃, FACS 质量变化较为稳定, 而 DSC 曲线中在 850℃出现了放热峰, 说明在该温度下 FACS 中的物质发生了晶型的转变。研究表明[11-12], 在该温度下, 水化硅酸钙会转化为 β-硅酸钙 (β-wollastonite)。

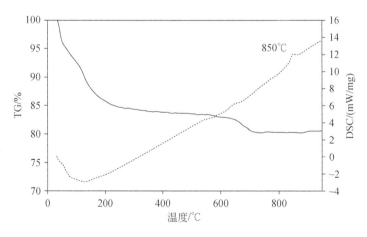

图 2-7　FACS 填料的 TG-DSC 图 (TG 为实线, DSC 为虚线)

由此可知, 由于含有水化硅酸钙以及含有结晶水的硫酸钙, 使得 FACS 填料的热稳定性较差。在测定成纸填料含量时, 须考虑到填料的热稳定性, 以避免在不同灼烧温度下填料的质量变化带来的分析误差。考虑到测定效率和现有国内外测定标准, 测定 FACS 加填纸成纸填料含量时, 选择 525℃较为合适。

参 考 文 献

[1] Sinha A S K. Effects of pulverized coal fly-ash addition as a wet-end filler in papermaking [J]. Tappi Journal，2008，7（9）：3-7.

[2] 付建生，张军礼，付丹，等. 粉煤灰的利用 [J]. 湖北造纸，2008（1）：45-48.

[3] 付建生，张军礼，李杨，等. 粉煤灰在瓦楞原纸中的应用 [J]. 湖北工业大学学报，2007，22（6）：5-6.

[4] 张战军，孙俊民，曹慧芳. 一种高铝粉煤灰制备硅酸钙微粉的方法 [P]. 中国：200810112618. 1，2008-05-26.

[5] 张战军，陈刚，孙俊民，等. 降低活性硅酸钙 pH 的方法 [P]. 中国：201110083559. 1，2011-04-02.

[6] Velho J. How mineral fillers influence paper properties：Some guidelines [C]. Iberoamerican Congress on Pulp and Paper Research，2002.

[7] Chauhan V S，Bhardwaj N K，Chakrabarti S K. Effect of particle size of magnesium silicate filler on physical properties of paper [J]. Canadian Journal of Chemical Engineering，2012，91：1-7.

[8] Brown R. Particle size，shape and structure of paper fillers and their effect on paper properties [J]. Paper Technology，1998，39（2）：44-48.

[9] 孙德文，宋宝祥，王成海. 合成硅酸钙特性及其在造纸废水处理中的应用 [J]. 纸和造纸，2011，30（6）：52-54.

[10] Thorn I，Au C O. Applications of wet-end paper chemistry. 2nd edition [M]. New York：Springer，2009：113-135.

[11] 俞淑梅. 水化硅酸钙脱水相及其再水化特性研究 [D]. 武汉：武汉理工大学，2012.

[12] Baltakys K. Influence of gypsum additive on the formation of calcium silicate hydrates in mixtures with C/S=0. 83 or 1. 0 [J]. Materials Science-Poland，2009，27（4/1）：1091-1101.

[13] 赵晓刚. 水化硅酸钙的合成及其组成、结构与形貌 [D]. 武汉：武汉理工大学，2010.

[14] 何永佳，胡曙光. ^{29}Si 固体核磁共振技术在水泥化学研究中的应用 [J]. 材料科学与工程，2007，25（1）：150-153.

[15] McFarhane A J. The synthesis and characterization of nano-structured calcium silicate [D]. Victoria：Victoria University of Wellington，2007，85-99.

[16] 彭小芹，杨巧，黄滔，等. 水化硅酸钙超细粉体微观结构分析 [J]. 沈阳建筑大学学报（自然科学版），2008，24（5）：823-827.

[17] 张坚，张薇. 石膏脱水热分解动力学研究 [J]. 中国陶瓷，2013，49（10）：29-31.

[18] Grutzeck M W，Larosa T J，Kwan S. Characteristic of C-S-H gels [A]. Proceedings of the 10th International Congress on the Chemistry of Cement. 1997，Vol Ⅱ. Gothenburg，Sweden，1997.

[19] Koivunen K，Paulapuro H. Papermaking potential of novel structured PCC fillers with enhanced refractive index [J]. Tappi Journal，2010，9（1）：4-11.

第3章 粉煤灰基硅酸钙的湿部化学特性与纸张性能

随着造纸过程纸页的形成和脱水，纸料中的细小纤维和填料等组分一部分留在纸页中，而另一部分则随着白水进入循环系统，对纸机的白水封闭循环带来负面影响[1]。而纸张质量的好坏、生产成本的高低与填料在纸机湿部的滤水留着有着密切的关系。与传统填料相比，FACS 填料作为一种新型造纸填料，其粒径大、白度高、比表面积大、堆积密度低以及具有多孔结构的特点使得添加 FACS 填料对成纸松厚度的改善具有潜在的优势，但同时也可能存在着增加湿部化学品消耗量的问题。因此，为了考察加入 FACS 填料后浆料的留着滤水性能、电荷特性，本章通过与传统填料对比，主要研究了 FACS 填料在不同助留体系下滤水、留着以及加填浆料的电荷特性，同时研究了填料粒度对湿部化学的影响，以寻求适宜于 FACS 填料的助留助滤体系及加填环境，为今后该产品性能的改进和新一代产品的研发提供参考。

3.1 填料加填量对湿部化学特性的影响

3.1.1 加填量对细小组分留着率和滤水时间的影响

将不同比例的 FACS 填料（水洗，泥浆状）加入浆料中，采用动态滤水仪（dynamic drainage jar，DDJ）测定了加填后浆料滤水时间和留着率。实验所用浆料的打浆度为 40°SR（针叶木：阔叶木=1：4），在浆料中加入一定比例填料后以750 r/min 搅拌 1 min，混合均匀后加入到动态滤水仪中，其结果如图 3-1 所示。FACS 加填量的增加会导致浆料滤水时间的延长，这主要与 FACS 填料表面的多孔结构有关。填料表面大量的孔隙一方面容易保水，另一方面也延长了滤水通道，从而增加了水的通过时间。在纸机抄造过程中，添加大量的硅酸钙可能会增加脱水成本，从而降低纸页的湿纸幅强度。此外，浆料中的细小组分留着率也随着加填量的增加呈下降趋势。这主要是由于当助留剂用量不变时，浆料中填料含量越高，助留剂对填料与纤维之间的架桥作用减弱，这也是制备高填料纸所面临的共性关键问题之一。

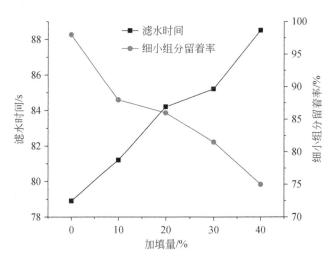

图 3-1　加填量对滤水时间和细小组分留着率的影响

3.1.2　加填量对纸料电荷性能的影响

如图 3-2 所示，由于 FACS 填料本身具有较负的 Zeta 电位，因此随着加填量的增加，浆料的 Zeta 电位呈负增长的趋势。Zeta 电位的降低有利于填料在浆料中的分散，但会造成湿部系统过阴离子化，增加阳离子化学品的消耗。

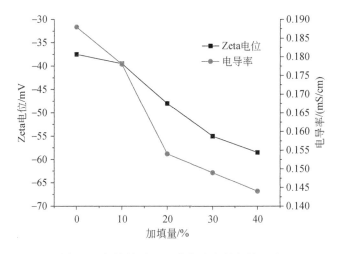

图 3-2　加填量对 Zeta 电位和电导率的影响

纸机湿部的阴离子垃圾是溶解的阴离子聚合物和阴离子胶体物质的总称。阳离子需求量反映的是体系中阴离子垃圾的含量，由于阴离子垃圾电负性较高，因此会降低阳离子助剂的作用和使用效率。如图 3-3 所示，随着加填量的增加，白水中阳离子需求量增长较快，这主要是因为纸料的留着率随着加填量的增加而降低，导致白水中细小纤维和填料含量增加，而细小纤维和 FACS 填料表面都带负电荷，造成阳离子需求量的增加。然而，白水滤液的阳离子需求量却随着加填量的增加而明显降低。滤液中的阳离子需求反映了体系中的溶解物质的阴离子电荷的含量。这是由 FACS 填料本身具有多孔蜂窝结构，其较大的比表面积造成较强的吸附特性导致。有研究表明[2]，FACS 可作为一种高效吸附剂应用废水处理。因此，FACS 对浆料体系中的阴离子垃圾等物质具有很强的吸附性，使得白水滤液中阴离子溶解电荷量含量大大降低，填料用量越大，吸附量也越大。因此，使用硅酸钙作为造纸填料时，在白水循环过程中也具有净化白水的作用。

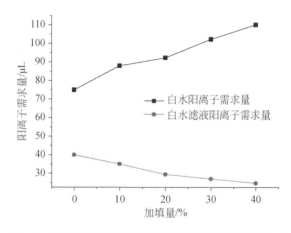

图 3-3　加填量对白水和白水滤液阳离子需求量的影响

3.2　助留体系对 FACS 加填浆料湿部化学特性的影响

3.2.1　CPAM 单元助留体系

1. 留着与滤水特性

采用阳离子聚丙烯酰胺（CPAM）作为助留剂，该单元助留体系下 FACS 填料动态留着性能和滤水性能（加填量固定 30%）如图 3-4 所示。动态留着主要反映了胶体吸附机理对填料留着的影响。可以看出，随着 CPAM 用量的增加，填料的留着呈上升趋势。FACS 填料的留着率略高于 GCC 填料。此外，在相同的工艺条件下，与 GCC 加填浆料相比，加填 FACS 浆料的滤水时间较长；当 CPAM 的用量低于 0.04%时，FACS 和 GCC 加填浆料的滤水性能都得到改善。

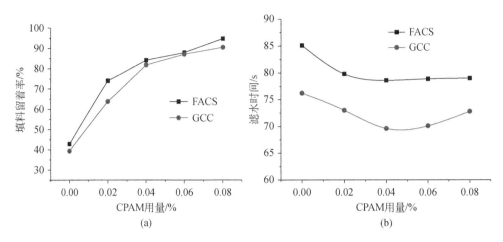

图 3-4　CPAM 用量对 FACS 填料的留着（a）与浆料的滤水性能（b）的影响

2. 浆料电荷特性

　　加填硅酸钙样品的浆料的 Zeta 电位负值较大，这与 FACS 填料自身 Zeta 电位较低有关。图 3-5 表明，随着 CPAM 用量的增加，纸料的 Zeta 电位不断增加。当 Zeta 电位接近于 0 时，GCC 加填浆料的 CPAM 用量约为 0.04%，而 FACS 加填浆料的 CPAM 用量较高，说明 FACS 填料高的比表面积在实际应用中会增加化学品的消耗。

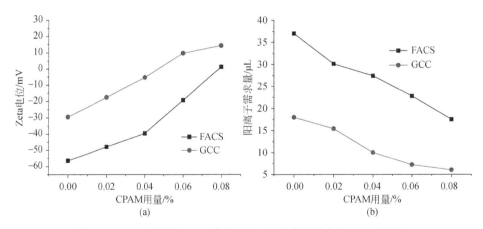

图 3-5　CPAM 用量对 Zeta 电位（a）和阳离子需求量（b）的影响

　　白水的阳离子需求量反映了白水中阴离子物质的含量。加入 CPAM 后，CPAM 与浆料体系中的阴离子物质反应，降低了白水中阴离子垃圾的含量。由于 FACS 较高的比表面积，加填 FACS 的浆料体系中白水阳离子需求量要比加填 GCC 的高，而图 3-3 中证实了 FACS 填料有助于降低白水阴离子溶解电荷，因此，提高 FACS

留着对于降低白水负荷，提高造纸用水的封闭循环有重要作用。

3. 纸张性能

在 CAPM 助留体系下，FACS 与 GCC 填料加填纸张的性能对比如表 3-1 所示。在光学性能方面，FACS 加填纸白度与 GCC 加填纸相当，但是不透明度比 GCC 加填纸高，这是由于 FACS 表面多孔，在光线的照射下更易产生漫反射，能较好地改善纸页的不透明度；在相同加填量下，FACS 加填纸的灰分值比 GCC 高 2.2%，这是由于硅酸钙具有密度较低、粒径大的特性，在抄造过程中沉降较慢，在脱水前期流失量少，机械截留效果显著，脱水期间被大量截留在纸页当中。同时，FACS 加填浆料的 Zeta 电位呈负电性，在阳离子助留剂作用下通过架桥作用使浆料产生的絮聚效果更好，提高了填料留着率[3]。在强度性能方面，FACS 加填纸的抗张指数比 GCC 加填纸低 19.11%，但是撕裂指数比 GCC 加填纸略高；重要的是，FACS 的高孔隙结构和聚集体结构使得填料粒子在纸张中堆积时产生大量孔隙，因而有利于提高纸张松厚度[4]。与 GCC 加填纸相比，FACS 加填纸张的松厚度可提高 33.3%，在轻型纸领域具有较好的应用前景。

表 3-1　FACS 和 GCC 加填纸张物理性能对比

填料种类	白度/ （%ISO）	不透明度/ %	抗张指数/ （N·m/g）	撕裂指数/ （mN·m²/g）	松厚度/ （cm³/g）	灰分/ %
FACS	83.4	89.1	27.4	7.2	2.88	14.9
GCC	82.1	84.3	31.4	6.6	2.16	12.7

注：工艺条件：浆料→填料（加填量30%）→CPAM（0.04%），750 r/min 剪切 30 s 后滤水抄片

由图 3-6 可见，FACS 填料由于粒径较大，能够较好地填充在纤维之间的缝隙中，且与纤维的交织作用效果好，而 GCC 粒径较小，主要分布在纤维表面和纤维

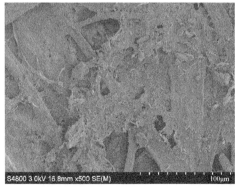

(a) FACS加填纸(×500)　　　　　　　　　(b) GCC加填纸(×500)

图 3-6　FACS、GCC 加填纸张表面 SEM 图

之间。FACS 颗粒由于多分布在纤维之间，填料颗粒之间及填料与纤维之间会产生大量空隙，从而有利于提高纸张孔隙率，改善纸张松厚度。

3.2.2　CPAM/膨润土微粒助留体系

1. 留着与滤水特性

在 CPAM/膨润土助留体系下，助剂用量对填料留着率与浆料滤水速度的影响如图 3-7、图 3-8 所示。当膨润土用量为 0.1%时，随着 CPAM 用量的增加，FACS和 GCC 加填纸料的留着率都呈上升趋势［图 3-7（a）］，且 FACS 的留着率明显高于 GCC 填料的留着率，说明与单元助留体系相比，CPAM/膨润土微粒留体系更适合硅酸钙填料。在相同的工艺条件下，GCC 加填纸料的滤水性能明显优于 FACS加填纸料，并且随着 CPAM 用量的增加这种差距逐渐增加［图 3-7（b）］。随着CPAM 用量的增加，GCC 加填纸料的滤水时间不断降低，滤水性能改善，但 FACS加填纸料的滤水时间却不断增加，滤水逐渐变得困难。CPAM 用量的增加对 FACS滤水产生不利的影响，可能是由于 CPAM 吸附了大量的填料、细小纤维和阴离子溶胶物质后，使浆层加厚加密，同时填料表面多孔特性也具有保水趋势，从而导致水分子经过浆层需要的时间增加，使滤水更加困难。因此，在硅酸钙加填体系下，CPAM 的用量不宜过高。

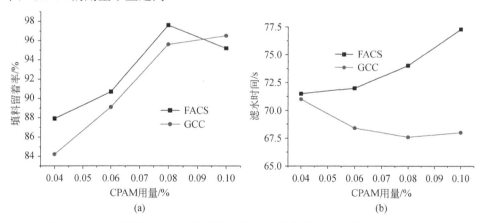

图 3-7　CPAM 用量对 FACS 填料的留着（a）与浆料的滤水性能（b）的影响

当 CPAM 用量为 0.08%时，膨润土用量对填料留着和浆料滤水速度的影响如图 3-8 所示。添加膨润土可显著改善 GCC 填料的留着率，但对 FACS 填料而言改善效果较弱。但是，加入膨润土有利于提高 FACS 加填浆料的滤水速度，这是由于膨润土与初始絮聚体的碎片架桥，同时依靠静电吸附及短距离的桥联，形成了尺寸更小、更均匀的、结构更致密的和水分更低的网状絮聚物，使所形成的湿纸幅具有大量的微空隙，促进了浆料的滤水[5]。

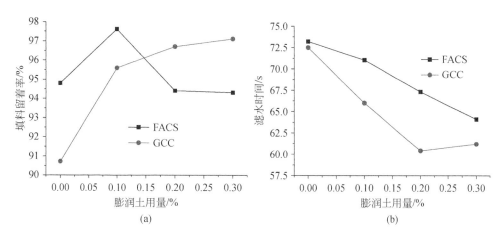

图 3-8　膨润土用量对 FACS 填料的留着（a）与浆料的滤水性能（b）的影响

2. 浆料电荷特性

从图 3-9 可以看出，与 GCC 加填浆料相比，FACS 加填浆料的 Zeta 电位负值较大，随着 CPAM 用量的增加，纸料的 Zeta 电位不断增加。当 Zeta 电位接近于 0 时，GCC 加填浆料的 CPAM 用量约为 0.04%，而 FACS 加填浆料的 CPAM 用量约为 0.08%。这表明 CPAM/膨润土双元体系应用于 FACS 加填纸中须消耗更多的 CPAM。随着膨润土用量的增加，FACS 和 GCC 加填纸料的 Zeta 电位逐渐降低。这是由于膨润土本身呈负电性，但是 FACS 加填纸料的下降趋势明显高于 GCC，这可能是由于添加的 CPAM 被 FACS 填料吸附，使得带正电荷的 CPAM 对 FACS 加填纸料体系的负电荷的中和作用减弱，因此 Zeta 电位降低比 GCC 加填纸料更快。

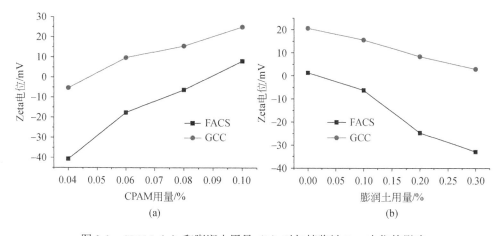

图 3-9　CPAM（a）和膨润土用量（b）对加填浆料 Zeta 电位的影响

3. 成纸性能

表 3-2 列出了 CPAM/膨润土微粒助留体系下 FACS 与 GCC 加填纸张性能的对比情况。由图可知,在相同加填量下,FACS 加填纸比 GCC 加填纸的灰分提高 2.1%,且白度和不透明度均优于 GCC 加填纸;在强度性能方面,FACS 加填纸的撕裂指数与 GCC 加填纸相当,但抗张指数比 GCC 加填纸低 11.25%,这是由填料含量较高对纤维结合破坏作用更强所致;此外,由于 FACS 的高孔隙结构和聚集体结构,FACS 加填纸张的松厚度比 GCC 加填纸高 41.7%,因此,在微粒助留体系下,FACS 加填纸张松厚度优势仍较突出。

表 3-2　FACS 和 GCC 加填纸张物理性能

	白度 /（%ISO）	不透明度/%	抗张指数 /（N·m/g）	撕裂指数 /（mN·m²/g）	松厚度 /（cm³/g）	灰分/%
FACS 加填纸	83.9	90.8	28.6	6.4	2.82	16.0
GCC 加填纸	82.3	86.1	32.2	6.7	1.99	13.9

注:工艺条件:浆料→填料(加填量 30%)→CPAM(0.08%),以 750 r/min 剪切 10 s→膨润土(0.1%),1250 r/min 剪切 20 s 后制备手抄片

由图 3-10 可知,硅酸钙能够较好地填充在纤维之间的缝隙中,可以看到黏丝状的物质将填料与纤维、填料与填料粘住,使得硅酸钙填料的粒子牢牢"抓"在纤维的表面。这种现象可能是由于助留剂 CPAM 长链上有大量的反应点,部分链段呈环状形式镶嵌地吸附在带负电荷的纤维和细小组分上,延伸的环状链和尾端与另一些带负电荷的填料颗粒桥联,形成了大的絮聚体[6, 7],添加膨润土颗粒后,由于其比表面积较大,可在吸附的阳离子聚合物链圈链尾间架桥,依靠静电吸附及短距离的桥联,形成尺寸更小、更均匀的、结构更致密的网状絮聚物,从而与纤维的交织作用效果好。另外也有研究表明,硅酸钙表面有可能存在羟基、硅氧

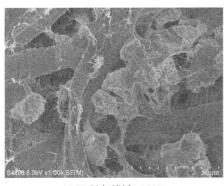

(a) FACS加填纸(×1000)

(b) GCC加填纸(×1000)

图 3-10　微粒助留体系下 FACS、GCC 加填纸张表面 SEM 图

基团，这些化学基团有可能与纤维形成氢键，使得填料粒子能够吸附在纤维上，而 GCC 与纤维没有明显的交织作用。

3.3　阳离子淀粉对 FACS 加填浆料湿部化学特性的影响

3.3.1　动态留着率与滤水特性

从图 3-11 可以看出，随着阳离子淀粉（CS）用量的增加，FACS 的留着率呈上升趋势；纸料滤水时间先略有下降后上升较快。当阳离子淀粉用量从 1.5%增加至 2.0%时，FACS 加填纸料的滤水时间从 72 s 增加至 73.7 s，滤水性能呈现较大的下降趋势。

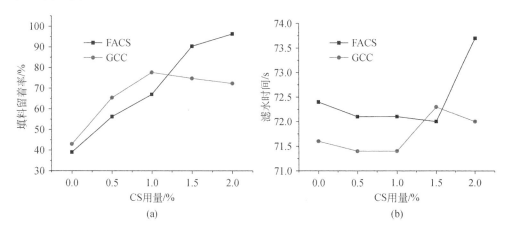

图 3-11　阳离子淀粉用量对填料留着率（a）和浆料滤水性能（b）的影响

当阳离子淀粉用量超过 1%时，GCC 的留着率和滤水速度均有所下降。阳离子淀粉带有正电荷，与带负电荷的纤维以及填料等通过静电吸附作用发生絮凝，将细小纤维和填料包裹在絮团内，形成微絮团，有利于提高留着率和滤水性能。理论上，当纤维吸附一定量的阳离子淀粉后，一方面纤维本身可提供的吸附点减少，另一方面，体系过阳离子化也会造成填料留着率和纸料的总留着率增长变缓，滤水性能降低。但对于 FACS 来说，在考察用量范围内，FACS 加填浆料的细小组分留着率一直呈增长趋势，阳离子淀粉用量超过 1.5%时滤水速度变慢，其主要原因是 FACS 加填浆料阳离子淀粉需求量大于 GCC 加填浆料，留着率降低的拐点未出现，滤水时间变慢的拐点也比 GCC 加填浆料滞后。

3.3.2　浆料电荷特性

从图 3-12（a）可以看出，未添加阳离子淀粉时，两种纸料 Zeta 电位负值均很大，总体上 FACS 加填纸料的 Zeta 电位低于 GCC 加填纸料。随着阳离子淀粉用量的增加，Zeta 电位呈递增趋势。阳离子淀粉是一种阳离子型聚合物，而纤维和填料表面带有负电荷，阳离子淀粉吸附在纤维和填料表面具有电荷中和作用，会降低其表面的电荷。当 Zeta 电位接近于 0 时，GCC 加填浆料的阳离子淀粉用量约为 1%，而 FACS 加填浆料的阳离子淀粉用量为 1.5%。这说明以 FACS 作为填料时，若使浆料体系 Zeta 电位接近于零时，需要消耗更多的阳离子物质。

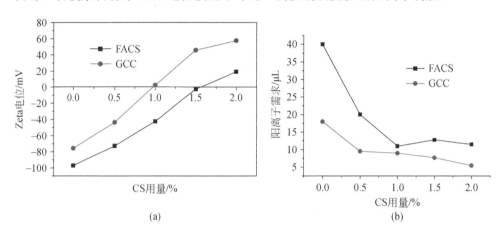

图 3-12　阳离子淀粉用量对加填浆料 Zeta 电位（a）和白水滤液阳离子需求量（b）的影响

不同填料加填的浆料中，阳离子淀粉的用量对白水阳离子需求量的影响的趋势基本一致［图 3-12（b）］。总体而言，FACS 加填浆料中的阳离子需求大于 GCC 加填浆料。随着阳离子淀粉用量的增加，白水中阳离子需求呈下降趋势。这主要是因为阳离子淀粉对体系中阴离子物质有一定的中和作用。当阳离子淀粉用量超过 1%后，浆料白水滤液中阳离子需求量基本保持不变。

3.4　水洗 FACS 填料对淀粉的吸附特性

3.4.1　填料特性对吸附量的影响

用来描述吸附特性的参数主要有吸附量、吸附率、吸附层厚度、吸附能等，其中吸附量和吸附率更加直观和简单[8,9]。采用可见光分光光度法测定了填料对淀粉的吸附量，定量地分析了水洗方法制备的 FACS 填料对淀粉吸附量的影响。

填料对淀粉吸附量的测定方法如下：

（1）I_2-KI 溶液的制备：称取 1.00 g I_2 溶于 100 mL 质量浓度为 5%的 KI 溶液中，并转移至棕色瓶中室温保存，以备后续使用。

（2）制定淀粉浓度-吸光度标准曲线：将配制好的 1%的标准淀粉溶液分别稀

释至 0.001%、0.003%、0.005%、0.01%、0.02%、0.03%，经 I$_2$-KI 溶液显色后在波长为 575 nm 下测定其吸光值，以蒸馏水经同样显色后的溶液为参比。

（3）填料对淀粉的吸附量的测定：取绝干填料 0.2 g，加入一定量的水，搅拌均匀后加入 1%淀粉溶液若干，补充蒸馏水至混合液总体积为 100 mL；用电动搅拌机缓慢搅拌 30 min 后，放入离心机中离心，离心时间为 15 min，转速为 3000 r/min。离心后取上层清液 10 mL；滴加 I$_2$-KI 指示剂显色，用分光光度计在波长为 575 nm 下测定其吸光值，以蒸馏水经同样显色处理的溶液为参比；根据吸光值和标准曲线方程计算出清液中的淀粉含量；淀粉的加入量与上清液中淀粉的残留量之差即为填料对淀粉的吸附量。

图 3-13 为阳离子淀粉和阴离子淀粉的标准工作曲线，相关系数达到了 0.99以上，因此根据拟合直线方程，可以从样品的吸光度值计算出相应的助剂浓度。

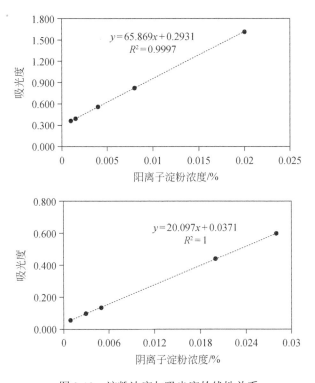

图 3-13　淀粉浓度与吸光度的线性关系

如图 3-14 所示，在考察的用量范围内，阳离子淀粉在填料上的吸附量随着其用量的增加而增加，但是增长趋势逐渐减缓。在相同阳离子淀粉用量下，FACS 的吸附量大于 PCC 和 GCC，并且随着淀粉用量的增大，这种差距越来越大。Whipple 等[10] 研究证明，在不加入填料时，阳离子淀粉主要是吸附在比表面积较大的组分上。添加填料后，阳离子淀粉则主要倾向于吸附在填料上。阳离子淀粉与造纸填料的吸附有两种反应[11]：一是，静电吸引，即带负电的填料与带正电的阳离子淀粉之间因电荷吸引而产生吸附；二是，填料表面可能会带有部分羟基，其会与阳离子淀粉中的羟基发生反应形成氢键而产生吸附。FACS 由于具有较高的比表面积导致其表面负电荷较高，因此对阳离子淀粉的吸附量较大。此外，FACS 表面的硅羟基可能也是造成其对淀粉具有较高吸附量的原因。

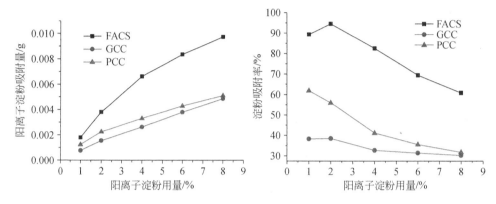

图 3-14　阳离子淀粉用量对吸附量的影响　　图 3-15　填料种类对阳离子淀粉吸附率的影响

由图 3-15 可知，填料对淀粉的吸附率随着阳离子淀粉用量的增加而降低，GCC 的淀粉吸附率在 30.29%～38.34%之间，PCC 的吸附率在 35.62%～61.92%之间，而 FACS 的吸附率则较高，在 60.81%～94.56%的范围内。当阳离子淀粉用量为 2%时，GCC 的吸附率为 38.34%，PCC 的吸附率为 56.02%，而 FACS 的吸附率高达 94.56%。随着阳离子淀粉的用量进一步增加，填料和纤维的吸附位点减少，过量的阳离子淀粉开始残留在液相中，导致其吸附率逐渐下降。对于阳离子淀粉而言，淀粉用量增大 8 倍时，填料对淀粉的吸附率仅降低三分之一左右，说明填料对阳离子淀粉的吸附属于多重吸附。总体而言，阳离子淀粉比较容易被吸附到负电性更强的 FACS 上，其吸附率远高于 GCC 和 PCC 填料。

如图 3-16 所示，随着阴离子淀粉用量的增加，三种填料对其吸附量呈递增趋势。总体上 PCC 的吸附量大于 FACS 和 GCC，当阴离子淀粉用量大于 4%时，FACS 的吸附量大于 GCC。如图 3-17 所示，PCC 和 GCC 对阴离子淀粉的吸附率随着淀粉用量的增加而明显降低，但是对于 FACS 变化不明显。GCC 的淀粉吸附率在 10%～71%之间，PCC 的吸附率在 22%～100%之间，而 FACS 的吸附率较低，在 15%～30%之间。当阴离子淀粉用量大于 6%时，FACS 和 GCC 对阴离子淀粉的吸附率呈递增趋势，这是由于其对阴离子淀粉的吸附是可逆的，即同时存在吸附和解析作用，此时解析作用变缓导致吸附率增大。

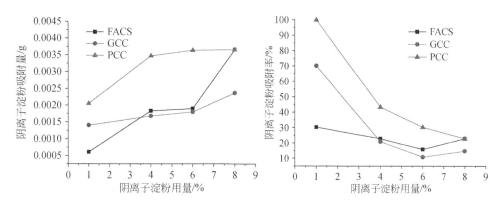

图 3-16　填料种类对阴离子淀粉吸附量的影响　图 3-17　填料种类对阴离子淀粉吸附率的影响

淀粉在填料上的吸附动力一般认为有两种，即电荷吸引产生的吸附和小颗粒在大颗粒表面的吸附。虽然，FACS 具有远高于 GCC 与 PCC 的比表面积，但从实验数据来看，淀粉用量为 1%时，对于表面带负电的 FACS，阳离子淀粉在其表面的吸附率接近 90%，而在此条件下的阴离子淀粉吸附率仅为 30%左右；对于此实验采用的带正电的 GCC，阳离子淀粉在其表面的吸附率为 39%左右，而在此条件下的阴离子淀粉吸附率为 72%左右；对于实验采用的带正电的 PCC，阳离子淀粉在其表面的吸附率为 64%左右，而在此条件下的阴离子淀粉吸附率为 32%左右。因此，可以认为，对所提供的粒度 21 μm 的 FACS 而言，正负电荷吸引是淀粉在填料上吸附的主要动力。

3.4.2　填料粒径对淀粉吸附的影响

采用 SHQM-2L 球磨机，对水洗 FACS 填料进行湿法研磨（浓度 30%）以获取 3 种不同粒径的 FACS 填料。如图 3-18 所示，研磨的 FACS 粒径越小，对阳离子淀粉的吸附量越大。从图中可以看出，当阳离子淀粉用量小于 4%，FACS 粒径对阳离子淀粉吸附量影响差异较小。而阳离子淀粉的用量越大，粒径越小，吸附量的增加越明显。由此可见，FACS 粒度越小，对阳离子淀粉的吸附越强。FACS 经过研磨前后，颗粒所带电荷量变化不大，但是研磨后比表面积增大，表面会产生更多的活性吸附点，从而导致吸附量升高。如图 3-19 所示，随着阳离子淀粉用量的增加，FACS 对其的吸附率呈降低趋势，且粒径越小吸附率越大。

FACS 填料对阴离子淀粉的吸附情况如图 3-20 和图 3-21 所示。当填料粒径为 3.82 μm 时，比表面积最大，填料对阴离子淀粉的吸附量随着淀粉用量的增加而迅速增加，因此吸附量最大。当研磨填料的粒径大于 3.82 μm 时，填料对阴离子淀粉的吸附量差别不大。总体上，在阴离子淀粉用量大于 6%时，填料对淀粉的吸附量出现较大程度的增长，这可能是由于体系中阴离子淀粉浓度较大时，对解析作用有一定的抑制。与填料对阳离子淀粉的吸附相比，比表面积对阴离子淀粉吸附量的影响较小，且总体上不同粒径的 FACS 对阳离子淀粉的吸附量远大于对阴离子淀粉的吸附量。这是由于阳离子淀粉在填料上的吸附是多层吸附，受填料比表面积的影响较大，并且阳离子淀粉与带负电的 FACS 有不可逆的静电吸附作用[12]。

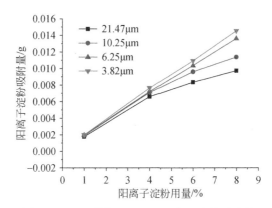

图 3-18　不同粒径 FACS 对阳离子淀粉吸附量

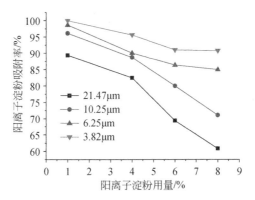

图 3-19　不同粒径 FACS 对阳离子淀粉的吸附率

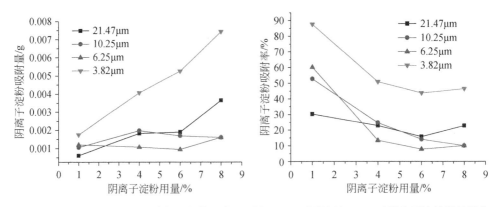

图 3-20　不同粒径 FACS 对阴离子淀粉吸附量　图 3-21　不同粒径 FACS 对阴离子淀粉的吸附率

通过对比可知，FACS 填料粒度经研磨降低到一定程度时，比表面积的吸附作用逐渐增强，最终使其对阴离子淀粉和阳离子淀粉的吸附率接近 90%。总体上，对阳离子淀粉的吸附率远大于对阴离子淀粉的吸附率。

3.4.3　吸附时间对淀粉吸附量的影响

由图 3-22 可以看出，FACS 填料对阳离子淀粉的吸附过程大致分 3 个阶段：快速阶段、慢速阶段和动态平衡阶段。在快速阶段，填料吸附是一种传质过程，其初始阶段，附着在填料表面的吸附活性点的数量在大范围浓度内是和吸附质呈正比的[12]，因此吸附时间在 5～15 min 内，填料表面存在大量的活性位点，且阳离子淀粉浓度很高，所以相互吸附传质动力大，通过静电吸引作用，迅速地吸附在填料表面，故此阶段为快速吸附，吸附量从 0.0073 g 快速增至 0.00927 g；在 15～20 min 阶段，随着时间的延长，阳离子淀粉调整自身的分子构象，这样更有利于其与填料的吸附以形成膜结构规整、重复性好的多层吸附层，这个过程相对较慢。随后，随着反应时间的延长，吸附量略微增加。此时，随着阳离子淀粉吸附量的继续增加，彼此的静电斥力也随之增大，吸附达到一个饱和状态。同时，吸附时间的增加也使得阳离子淀粉发生脱附。此过程中，由于填料表面的吸附位还没有完全饱和，吸附表现为慢速增加，对淀粉的吸附基本处于动态平衡，填料表面也基本达到了一个吸附和解析的平衡状态，所以吸附量基本保持稳定。

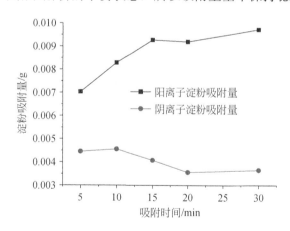

图 3-22　吸附时间对淀粉的吸附量的影响

在阴离子淀粉用量一定的情况下，FACS 对阴离子淀粉的吸附在 5～10 min 内缓慢增长，在 10～20 min 内呈降低趋势，在 20～30 min 内吸附基本达到稳定。这是由于物理作用产生的吸附在前 10 分钟内基本达到饱和，此后由于静电斥力产生脱附，直到 20 min 时脱附量达到最大。此后，吸附与脱附同时进行达到动态平衡。

3.5　酸洗 FACS 填料对浆料湿部化学特性的影响

3.5.1　干法研磨对填料物理特性及表面形貌的影响

通常填料平均粒径较大会对加填纸的表面粗糙度、印刷适性等产生负面影响。本部分实验采用的 FACS 填料为酸洗填料，由第 2 章可知，采用硫酸对 FACS 填料进行洗涤时，会产生部分硫酸钙。硫酸钙在造纸工业中也可作为造纸填料，由于硫酸钙填料形态呈针状，填料在纸张网络中可相互搭接，有利于降低填料对纸张强度的负面影响。因此，可以将硫酸溶液洗涤 FACS 填料后得到的产物看作一种复合填料。为了避免湿法研磨过程中硫酸钙部分溶解，本部分实验采用干法研磨的方式以降低 FACS 的平均粒径。在进行干法研磨时，将填料样品和研磨不锈钢球放入约 250 mL 不锈钢样品槽中进行研磨，最终平均粒径与粒径分布通过研磨速率、时间以及球料比的不同来控制。具体研磨参数见表 3-3。

表 3-3　FACS 填料研磨特性参数

样品编号	研磨速率/（r/min）	研磨时间/h	研磨球料比
FACS1	100	12	3∶1
FACS2	200	2	2∶1
FACS3	350	2	2∶1

填料粒径改变的同时也伴随着其他物理性能的改变，如表 3-4、图 3-23 和图 3-24 所示。随着研磨程度的增加，在填料的平均粒径降低的同时，其粒径分布也在逐渐变宽。另外，填料的白度随着平均粒径的降低也有一定幅度的提高，当粒径小于 8.4 μm 时，填料白度开始降低。这可能是由于填料在高速研磨过程中温度较高造成金属对填料的污染。

表 3-4　干法研磨 FACS 填料的物理特性

编号	FACS0	FACS1	FACS2	FACS3
平均粒径/μm	27.6*	12.9	8.4	6.5
粒径分布	1.36	2.11	2.35	3.48
白度/（%ISO）	91.5	92.7	93.1	91.8

*产品调试过程中，样品的粒径会有所差异

从研磨过程对填料表面形貌的影响可以看出，随着研磨程度的增加，填料表面形貌的改变有 3 个主要特点：①表面多孔形貌的消失；②大颗粒的破碎；③破碎的填料粒子进一步碎片化。这也解释了填料粒径分布逐渐变宽的原因。实验试图将其粒径进一步降低，但是结果发现当粒径下降至 6.5 μm 以下时，FACS

填料粒子会发生较为严重的团聚，在分散过程中存在很大的困难，故实验仅将填料的最低平均粒径降至约 6.5 μm。

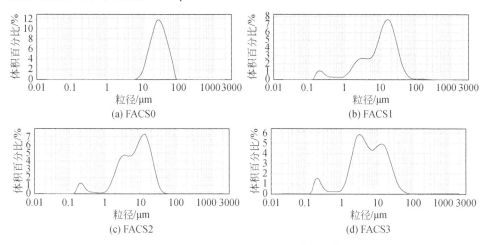

(a) FACS0　　　　　　　　　　　(b) FACS1

(c) FACS2　　　　　　　　　　　(d) FACS3

图 3-23　不同研磨填料的粒径分布曲线

(a) FACS0　　　　　　　　　　　(b) FACS1

(c) FACS2　　　　　　　　　　　(d) FACS3

图 3-24　研磨填料表面形貌的 SEM 图像

3.5.2 干法研磨填料的留着与滤水特性

填料留着性能关系到生产成本、产品质量以及白水循环系统的平衡。填料的留着越高意味着白水负荷越低，湿部系统清洁度越高，这对维持系统电荷平衡、稳定生产至关重要。采用动态滤水仪测定了不同填料的动态留着性能，所用浆料为漂白化学浆（针叶木：阔叶木=1：3），同时采用普通造纸填料 PCC 和 GCC 进行对比。结果如图 3-25 和图 3-26 所示。结果表明，未添加助留剂 CPAM 时，FACS 加填浆料的总留着率和填料留着率均高于碳酸钙加填浆料，并且留着率随填料粒径的减小而降低；添加 CPAM 可显著改善浆料总留着率和填料的留着率，FACS3 填料的留着率与 PCC 接近，且高于其他粒径的 FACS 填料。同时，CPAM 对 GCC 填料的留着率提高效果最为明显。（注：本部分所用填料的特性如下：沉淀碳酸钙（PCC）平均粒径为 2.7 μm、粒径分布 1.29、形貌为偏三角面体、比表面积为 11.6 m²/g；研磨碳酸钙（GCC）平均粒径为 4.4 μm、粒径分布 4.3、比表面积为 2.4 m²/g）

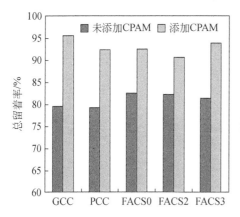 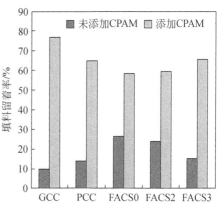

图 3-25　不同加填浆料的总留着率　　　图 3-26　不同加填浆料的填料留着率

目前，填料的留着机理主要有机械截留和胶体吸附两大学说[1]，填料的动态留着率主要反映的是填料粒子对纤维的胶体吸附性能。填料表面的化学电荷、比表面积、粒径等均可影响吸附性能[13-16]。由图 3-27 可知，在未使用 CPAM 时，加填浆料的 Zeta 电位较为接近，均在-42～-44 mV 之间，但是纸浆的电导率却完全不同，如图 3-28 所示。FACS 系列填料加填浆料的电导率远高于碳酸钙加填浆料，这可能主要来源于 FACS 填料中杂质的溶解，如硫酸钙。硫酸钙由于微溶，电离出 Ca^{2+} 和 SO_4^{2-}，使得体系中的电导率较高。在未添加助留剂时，FACS 系列填料中的溶解物电离出的离子在浆料体系中产生了一定的离子强度，通过压缩双电层，使得填料粒子产生一定的絮聚，从而改善了浆料和填料的留着率。另外，

由于 FACS 系列填料的比表面积比碳酸钙大，并且比表面积按照 FACS3、FACS2、
FACS0 的顺序逐渐增大，从而对纤维的胶体吸附能力逐渐增强，所以在未添加
CPAM 时，FACS 系列的填料留着率较高，并且随着粒径的降低，填料的留着率
也逐渐下降。

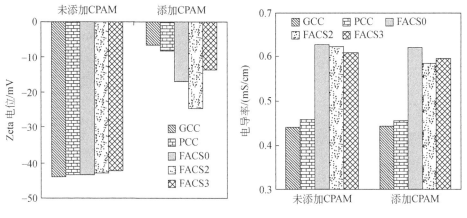

图 3-27　不同加填浆料的 Zeta 电位　　　图 3-28　不同加填浆料的电导率

　　CPAM 由于具有阳离子性，在添加后，浆料体系发生了絮聚[17]，填料粒子和
纤维通过桥联作用形成了较大的絮聚体，减少了通过滤网的可能性，从而达到改
善留着率的目的。浆料体系中引入 CPAM 也改变了体系的 Zeta 电位，如图 3-27
所示。浆料体系 Zeta 电位在接近等电位点时，填料的留着率较高[10]。除了 Zeta
电位外，填料与纤维之间、填料与填料之间所形成的絮聚体的大小和紧实程度也
可能会影响填料的留着率[7, 18]。程金兰等[13]的研究表明，CPAM 对小粒径填料
的絮聚效果较好。这就解释了在添加 CPAM 时，FACS3、PCC 和 GCC 填料的留
着率较高的原因。GCC 填料由于粒径分布较广，所以絮聚团中填料粒子的包裹能
力较好，造成留着率最高。虽然加填浆料体系中溶解的离子有助于在一定程度上
改善填料的留着，但是在 CPAM 存在的条件下，引起浆料体系较高的电导率的电
解质会降低阳离子聚丙烯酰胺的电荷密度，造成聚合物分子以卷曲的形式存于浆
料中[19]，相当于降低了 CPAM 的分子量，从而降低了聚合物的桥联作用，导致
絮聚效果变差。因此实验所用 FACS 填料的留着既受到了助留剂的影响、填料物
理性质的影响，也受到体系离子强度的影响。
　　FACS 填料在制备过程中引入的硫酸钙微溶产生的离子对填料留着以及网下
白水电荷平衡产生负面影响。因此，在填料制备过程中需调整工艺，避免杂质组
分的出现。
　　为了研究加填浆料的滤水性能，采用 Mütek DFR-05 留着滤水仪测定了 FACS
加填浆料的滤水曲线。测定时，向 600 g 浓度为 0.5%的浆料中添加 25%的填料，

并稀释至 1000.0 g±0.5 g。将待测定浆料倒入混合槽中，在 700 r/min 下均质 10 s，然后自动加入 0.05%（相对于纤维）的 CPAM，在 800 r/min 下搅拌 10 s 后，开始滤水，记录 60 s 内滤水质量和时间的变化，该转速可模拟纸机车速小于 1000 m/min 时浆料的滤水性能。为了较好地比较不同填料对浆料滤水性能的影响，对滤水时间从 10～40 s 之间的滤水数据进行自动拟合处理（$R^2 > 0.998$），结果如图 3-29 和图 3-30 所示。

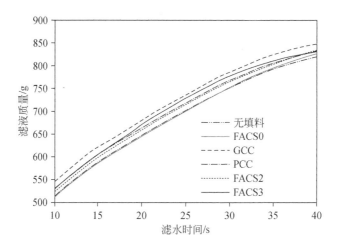

图 3-29　不同加填浆料的滤水性能对比（未添加助留剂 CPAM）

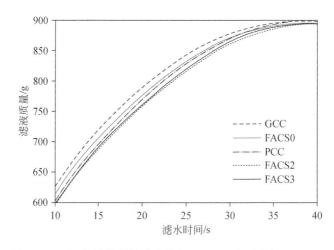

图 3-30　不同加填浆料的滤水性能对比（添加助留剂 CPAM）

图 3-29 表明，在未使用 CPAM 时，含有 FACS0 浆料的滤水性能与空白样品非常接近，说明使用填料替代纤维并不一定能够改善浆料的滤水性能。除 FACS0 外，采用填料替代纤维，都可不同程度地提高浆料的滤水性能。当未使用 CPAM

时，不同加填浆料的滤水能力为：GCC＞FACS3≈PCC≈FACS2＞FACS0。在相同的滤水时间内，添加 CPAM 均可明显提高浆料的滤水能力。使用 CPAM 后，加填浆料的滤水能力为：GCC＞FACS0＞PCC＞FACS2≈FACS3。

　　浆料滤水伴随着纤维和填料的沉积，所以滤水过程也可看作是一个过滤的过程。在滤水过程中，浆料体系过滤的通道越大、越多，滤水速度也就越快。所以，填料在滤饼中的分布、形态均会影响最终浆料的滤水能力。由于 FACS0 比表面积高达 121 m^2/g，增加了浆料整体的比表面积，造成水与纤维网络内部接触的机会增加[20, 21]，最终浆料滤水性能下降。降低 FACS 填料粒径时，比表面积降低有利于减小滤水阻力；但另一方面，小粒径的填料还有堵住脱水通道的趋势[22]，从而增加过滤阻力。两个因素会相互竞争，最终反映在滤水性能的变化上。与 FACS 相比，虽 PCC 比表面积较小利于滤水，但粒径最小，在相同填料含量下粒子数较多，这些又增加了过滤阻力，最终与 FACS2、FACS3 加填浆料的滤水能力相近，如图 3-29 所示。

　　CPAM 使填料粒子之间、填料与纤维之间、纤维与纤维之间发生絮聚，减少了游离的细小组分，降低了浆料整体的比表面积，扩大了滤水通道，减少了滤水阻力，从而改善了浆料的滤水性能。FACS0 浆料的滤水性能提升较大，这主要是因为 CPAM 对填料的絮聚作用使得原始填料 FACS0 与纤维之间形成较大絮聚体，与其他加填浆料相比，CPAM 对浆料整体比表面积的降低作用最大，造成滤水性能有较大的提高。尽管如此，GCC 填料由于其较大密度造成填料粒子数目较少，同时较宽的填料粒径分布使其絮聚时粒子包裹能力较强，加之该填料的比表面积最小，最终造成加填浆料的滤水性能最好。PCC、FACS2 与 FACS3 由于粒径小、比表面积大，导致添加 CPAM 后的滤水性能较差。因此，填料的密度、粒径分布、比表面积通过影响填料粒子数、填料絮聚体的包裹能力以及浆料整体的比表面积来影响加填浆料的滤水性能。

参 考 文 献

[1] 何北海，张美云. 造纸原理与工程 [M]. 北京：中国轻工业出版社，2012.

[2] 孙德文，宋宝祥，王成海. 合成硅酸钙特性及其在造纸废水处理中的应用 [J]. 纸和造纸，2011，30（6）：52-54.

[3] 魏晓芬，孙俊民，王成海，等. 新型硅酸钙填料的理化特性及对加填纸张性能的影响 [J]. 造纸化学品，2012，24（6）：24-30.

[4] Brown R. Particle size，shape and structure of paper fillers and their effect on paper properties [J]. Paper Technology，1998，39（2）：44-48.

[5] 雷天斌. 膨润土双元助留剂在助留助滤系统中的应用 [J]. 造纸化学品，2009，21（2）：35-37.

[6] 张桂峰. 助剂对抄纸湿部助留助滤性能的影响 [J]. 纸和造纸，2012，31（5）：24-28.

［7］刘温霞，邱化玉. 造纸湿部化学［M］. 北京：化学工业出版社，2006.

［8］罗灵芝，王立军. 湿部助剂在漂白化学热磨机械浆上的吸附［J］. 中国造纸，2010，29（3）：5-9.

［9］王忠良，叶春洪，戴路，等. 纸浆纤维对钙离子吸附行为及机理［J］. 南京林业大学学报：自然科学版，2010，34（1）：59-63.

［10］Whipple W L，Maltesh C. Adsorption of cationic flocculants to paper slurries［J］. Journal of Colloid & Interface Ence，2002，256（1）：33-40.

［11］姚献平，郑丽萍. 淀粉衍生物及其在造纸中的应用技术［M］. 北京：中国轻工业出版社，1999.

［12］李国希. 吸附科学［M］. 北京：化学工业出版社，2006.

［13］程金兰，翟华敏，谢成俊. 填料颗粒粒度对留着率的影响［J］. 中国造纸，2010，29（1）：1-4.

［14］Barnet D J，Grier L. Mill closure forces focus on fines retention，foam control［J］. Pulp & Paper，1996，70（4）：89-95.

［15］韩晨. 淀粉包覆PCC在造纸中的制备与应用研究［D］. 南京：南京林业大学，2009.

［16］王慧萍，张光华，来智超，等. 阳离子淀粉改性碳酸钙填料的制备及在高填纸中的应用［J］. 中国造纸，2010，29（1）：5-8.

［17］Britt K W，Unbehend J E，Shridharan R. Observations on water removal in papermaking［J］. Tappi Journal，1986，69（7）：76-79.

［18］Liimatainen H. Interactions between fibers，fines and fillers in papermaking：Influence on dewatering and retention of pulp suspensions［D］. Oulu：University of Oulu，2009.

［19］Peng P，Garnier G. Effect of cationic polyacrylamide adsorption kinetics and ionic strength on precipitated calcium carbonate flocculation［J］. Langmuir，2010，26（22），16949-16957.

［20］Springer A M，Kuchibhotla S. The influence of filler components on specific filtration resistance［J］. Tappi Journal，1992，75（4）：187-194.

［21］Liu X A，Whiting P，Pande H，et al. The contribution of different fractions of fines to pulp drainage in mechanical pulps［J］. Journal of Pulp and Paper Science，2001，27（4）：139-143.

［22］Hubbe M A，Heitmann J A. Review of factors affecting the release of water from cellulosic fibers during paper manufacture［J］. BioResources，2007，2（3）：500-533.

第4章 粉煤灰基硅酸钙加填纸
物理性能与印刷适性评价

造纸填料主要用于文化用纸，其中印刷用纸所消耗的填料量相对较大。纸张的印刷质量在很大程度上依赖于加填纸的性能，尤其是纸张的表面性能。除了造纸过程参数，如压光方式及条件[1]外，浆料种类[2-3]、填料种类及性能[4]等都会影响纸张的表面性能。相关研究表明，填料的种类对油性油墨印刷纸张的透印值影响较大，即使是同一种填料，填料的粒径、粒径分布也会对加填纸的印刷适性产生不同的影响[5]。FACS 粒径大、白度高、比表面积大、堆积密度低以及具有多孔结构的特点使得其对成纸松厚度、油墨吸收性的改善具有潜在的优势。因此，本章通过与传统填料对比，讨论了 FACS 填料成纸性能以及印刷适性方面的应用效果，同时提出了其作为造纸填料的优势和不足，为今后该产品性能的改进和新一代产品的研发提供参考。

4.1 FACS 加填纸物理性能与微观结构

以酸洗 FACS 和 GCC（其性质见第 2 章）为填料，以漂白硫酸盐浆板为纤维原料（针叶木：阔叶木=1：3，纸浆游离度为 450~500 mL），通过制备定量为 60 g/m² 的手抄片，探究了 FACS 填料对纸张基本物理性质的影响。

4.1.1 结构性能

松厚度对于印刷用纸而言是一项重要的性能指标，因为这类纸种对长宽与厚度有一定要求，这意味着具有更高松厚度的纸张可节约纤维原料、降低生产成本。如图 4-1 所示，空白样（不添加填料）纸张的松厚度为 1.39 cm³/g，对比填料 GCC 加填纸松厚度随填料含量的增加几乎没有明显变化，而添加新型硅酸钙填料有利于提高纸张的松厚度。当纸张填料含量为 15.5%时，其松厚度为 1.97 cm³/g，与空白样相比，松厚度增加 41%。随着 FACS 在纸张中的含量提高，纸张松厚度提高也较快。另外，可以发现，在相同填料含量下，纸张的松厚度随着填料平均粒径的减小而降低。这与 Bown[7]的研究结论"对于同种填料，加填纸张的松厚度主要取决于填料粒径的大小"相同。

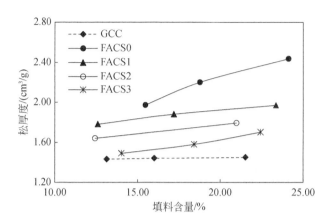

图 4-1　填料含量对手抄片松厚度的影响

　　对于同种填料而言，填料形状、粒径大小与粒径分布是决定加填纸松厚度的主要因素，而填料粒径起着主导作用[8]。较大的填料粒子可通过增大纤维之间的空隙[9]，来达到改善纸张的松厚度的目的。另外，具有聚集体结构的填料粒子之间由于存在空气空隙[10]，这也有利于纸张松厚度的提高。对于原始硅酸钙填料FACS0而言，较低的堆积密度通常意味着更多的空隙存在。此外，较大的粒径、较窄的粒径分布等都为提高纸张的松厚度提供了有利条件。然而，球磨一方面降低了填料粒径，另一方面破坏了填料的表面形貌，同时使得填料的粒径分布随着粒径的降低而逐渐变宽。较宽的粒径分布使得填料粒子更有利于填充在纤维空隙之中，而不是填充在纤维之间，不利于纸张松厚度的提高。这两方面造成了纸张松厚度随着填料平均粒径的降低而降低。

　　纸张的透气度对其印刷适性有重要影响，它影响着油墨的渗透与吸收特性。透气度的测定可通过一定体积的空气通过纸张所经历的时间来表示。除浆料本身特性和磨浆条件之外，不同填料对纸张的透气度的影响也各不相同。如图 4-2 所示，加填纸张的透气度随着填料含量的增加、填料平均粒径的增大而提高。通常具有较宽粒径分布的填料可降低纸张的透气度，因为不同大小的填料粒子更有利于填充在纸张空隙中。原始硅酸钙填料（FACS0）加填纸的透气度最高，这可能会提高油墨的吸收性，造纸纸张的透印问题[8]，但是较低的透气度也会造成油墨吸收阻力增大，油墨渗透不良，污染印刷纸品。

4.1.2　强度性能

　　改善纸张光学性能、提高印刷适性、降低生产成本是加填的主要目的。但是，提高填料用量的同时，由于填料在形态、物理化学性质方面的不同，纸张的强度会受到不同程度的影响。如图 4-3 所示，无论何种填料，随着填料含量的增加，

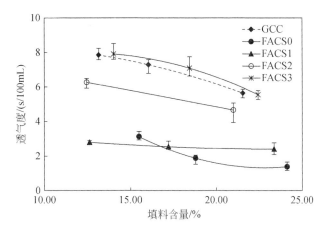

图 4-2　填料含量对手抄片透气度的影响

成纸抗张指数都不同程度地下降。在相同填料含量下，成纸的抗张指数按照 FACS3＞FACS0＞FACS2＞FACS1 的顺序下降。而对于球磨后的填料，其加填纸的抗张指数随着填料平均粒径的减小而增大。

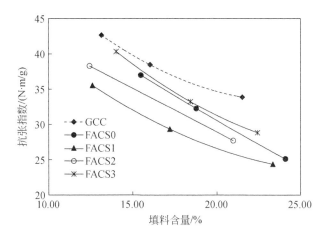

图 4-3　FACS 含量对手抄片抗张指数的影响

目前，填料对成纸强度的负面影响主要有以下两方面原因[11]：第一，由于成纸强度是在相同定量下比较的，所以，加填后降低了纤维数量，从而降低了成纸强度；第二[12]，纸张的强度主要来源于纤维之间氢键的结合，传统无机填料加入到纸张后，不会与纤维之间产生化学结合，从而破坏了纤维间氢键的结合，导致成纸强度的下降。因此，成纸的抗张强度随着填料含量的提高而下降。

填料的平均粒径和粒径分布是决定纸张抗张强度的重要因素。对于同种填料而言，平均粒径越小对加填纸张抗张强度的破坏就越严重[9]。然而，具有较宽粒径分布的填料由于其颗粒相互之间聚集的能力更强，同时更趋向于填充纤维之间的空隙中，从而有利于降低填料对成纸强度的负面影响。虽然所用 GCC 填料与几种 FACS 填料相比平均粒径最小，但其加填纸的抗张指数却最高。GCC 填料粒径分布最宽，有助于增加填料粒子之间的包裹能力和填充纤维之间空隙的机会，有利于减轻 GCC 对成纸强度的负面影响。另外，GCC 填料的密度较高（2.6～2.9 g/cm³），而 FACS 填料的密度仅为 1.3 g/cm³。在相同填料含量下，填料粒径相同时，填料密度的提高有利于降低填料粒子数目，从而可减弱填料对纤维氢键结合的影响。以上可能是造成 GCC 加填纸抗张强度较高的原因。

填料可分布在自由纤维的表面或者相邻纤维所形成的空隙当中，也可以分布在相邻纤维的结合点处。前者对纤维网络几乎没有影响，而后者却会严重影响纤维结合，造成成纸强度的降低。由于小粒径的填料更有可能分布在纤维表面，并分布在纤维结合点处，所以较小粒径的填料更有可能影响纸张的抗张强度。另外，在给定的填料含量下，较小粒径的填料，通常具有更多的填料粒子数目，造成纤维结合受到较大的影响[13-15]。这也就解释了为什么小粒径的填料对成纸抗张强度有更大的影响。与原始硅酸钙填料 FACS0 相比，FACS1 粒径降低了约 50%，造成在相同填料含量下，FACS1 的粒子数目明显增多，导致成纸抗张强度急剧下降。

值得注意的是，球磨后硅酸钙加填纸的抗张强度随着填料粒径的降低有所上升，这一现象与以往的结论"降低填料粒径会增加填料对抗张强度的负面影响"不符。球磨降低了填料粒径，同时也使填料的粒径分布逐渐变宽。这有利于改善填料粒子的包裹能力，同时使得填料粒径更有可能从分布于纤维结合点转向结合纤维之间的空隙之中，从而降低了加填对成纸强度的负面影响。另外，硅酸钙填料硅醇基的存在也有可能提供了额外的氢键。由前面的结果可知，该硅酸钙填料的主要成分为水化硅酸钙。Mathur 等[16]的研究推测，除了纤维结合的氢键外，当使用硅酸盐填料时，填料与纤维可能会形成硅醇键。另外，有报道称，水化硅酸钙可作为一种增强填料应用于硅橡胶中[17]。随着填料粒径的降低，理论上填料的比表面积会增大，导致更多的硅醇基团与纤维结合。由于 FACS3 更多的硅醇基和更广的粒径分布，造成了其加填纸的抗张强度高于初始的硅酸钙填料加填的纸张。

图 4-4 描述了不同硅酸钙加填纸松厚度与抗张指数的关系。可以看出，加填纸的松厚度随着抗张指数的增加而降低，说明加填纸松厚度的提高是以破坏纤维结合为代价的。另外，在相同的抗张指数下，随着填料粒径的降低，其成纸的松厚度也在下降。可以发现，原始的硅酸钙加填纸在具有较高松厚度的同时，仍具有较好的抗张强度。这可能取决于它特殊的表面形貌、较低的堆积密度以及较大的粒径。

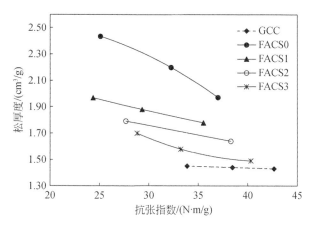

图 4-4　加填纸松厚度与抗张指数的关系

　　加填硅酸钙对成纸撕裂强度的影响如图 4-5 所示。结果表明，硅酸钙加填纸张的撕裂指数随着填料用量的增加而下降。纸张撕裂强度主要取决于纤维长度和纤维的键合能力[18]。所以，FACS 加填后，降低了纤维的数量，造成撕裂强度降低。对于球磨后的填料而言，越小粒径的填料加填纸的撕裂指数就越低。而原始硅酸钙加填纸却保持了较好的抗张强度和撕裂强度。由于原始填料表面具有多孔结构，这有可能在纤维拔出过程中，提供了额外的纤维与填料间的摩擦力，导致了较好的撕裂强度。GCC 填料平均粒径最小但撕裂度并非最低，这可能与填料形状、分布以及表面粗糙程度有关[19]。

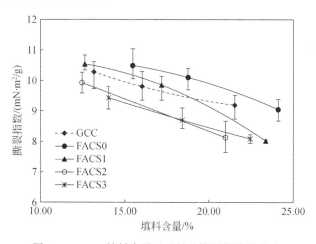

图 4-5　FACS 填料含量对手抄片撕裂指数的影响

4.1.3　光学性能

　　图 4-6 为新型硅酸钙填料（FACS）对纸张光学性能的影响。如图所示，加填

纸张的白度随着填料含量的增加而提高。不同粒径硅酸钙对纸张白度的影响顺序为 FACS2＞FACS1＞FACS3＞FACS0，这与填料本身白度的变化顺序一致，说明加填纸的白度主要取决于填料本身的白度。加填还可以改善纸张的不透明度。不透明度主要取决于其光散射系数，如图 4-7 所示，加填后，由于填料粒子与纤维之间产生了更多的散射界面，造成其光散射系数随着填料含量的增加而提高。填料粒径增大时，光散射效率会降低。然而，在高填料含量下，原始 FACS 填料加填纸的光散射系数高于 GCC 加填纸，这可能是 FACS 填料表面多孔和成纸松厚度较高造成的。球磨后的填料加填纸张的光散射系数随着填料粒径的减少而升高。这是由于当填料粒径降低时，增加了填料粒子的数量、填料–空气–纤维的光散射界面，从而提高了纸张的光散射系数。

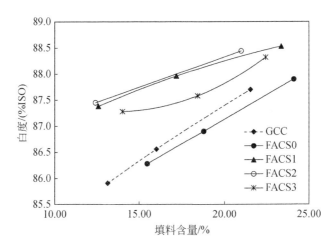

图 4-6　FACS 填料含量对手抄片白度的影响

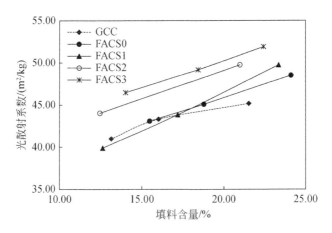

图 4-7　FACS 填料含量对手抄片光散射系数的影响

　　原始的硅酸钙填料多孔，聚集体形态赋予了填料粒子很高的比表面积，有利于提高纸张的光散射性能。而对于球磨后的填料而言，多孔聚集体的填料粒子转变成了离散型粒子，这虽然不利于光散射性能的提高，但球磨在降低粒径的同时，也增加了填料粒子的数目，有利于提高加填纸的光散射系数。这两方面的变化存在着相互竞争的关系，造成填料 FACS1 加填纸的光散射系数与原始填料 FACS0 相比相差不大。由于球磨后的填料具有相似的表面形态，随着球磨强度的增大，填料粒径对光散射系数产生了主导作用，造成加填纸张的光散射系数随着填料粒径的降低而提高。

4.1.4　填料在纸张中的分布

　　图 4-8 和图 4-9 分别显示了不同填料加填纸表面和横截面的形貌。可以发现，粒径较小的填料粒子更容易聚集包裹在一起，并吸附到纤维周围。另外，与空白样对比，添加 FACS 填料后可以明显提高成纸厚度，说明 FACS 填料可阻碍纤维之间的结合，而随着粒径的降低，填料之间的包裹聚集能力越强，纤维之间的结合情况也越好，这从另一方面解释了研磨填料随着粒径降低而成纸强度逐渐提高的原因。

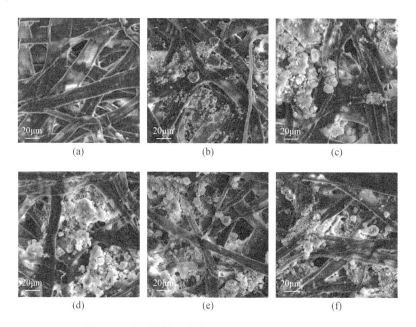

图 4-8　不同填料纸张表面 SEM 图（加填 40%）

（a）未加填；（b）GCC 加填纸；（c）FACS0 加填纸；（d）FACS1 加填纸；（e）FACS2 加填纸；（f）FACS3 加填纸

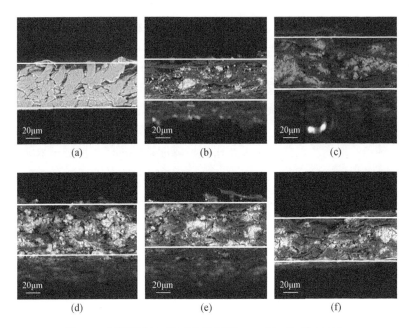

图 4-9　不同填料加填纸张横截面 SEM 图（加填 40%）

（a）未加填；（b）GCC 加填纸；（c）FACS0 加填纸；（d）FACS1 加填纸；（e）FACS2 加填纸；（f）FACS3 加填纸

4.2　FACS 加填纸的施胶特性

文化用纸通常需要进行浆内施胶以提高纸张的抗水性。然而，在纸浆中添加造纸填料通常会降低施胶效率、增加施胶剂的用量。FACS 填料表面疏松多孔，作为填料在制备轻型纸领域具有显著优势，但其高比表面积、多孔的特性对化学品的吸附作用较强，因而会增加造纸化学品的消耗。因此，探究 FACS 填料对纸张施胶特性的影响尤为必要。本节以水洗 FACS（平均粒径 21.5 μm）、GCC（平均粒径 9.4 μm）、PCC（平均粒径 3.7 μm）作为造纸填料，以造纸工业中常用烷基烯酮二聚体（alkyl ketene dimer，AKD）作为施胶剂，主要研究了填料加填量、AKD 用量对纸张吸水值（Cobb 值）的影响，并对 FACS 加填纸张进行了施胶工艺的优化，同时采用紫外分光光度法测定了填料对 AKD 的吸附量，并分析了相关机理。

4.2.1　加填量对纸页的吸水性的影响

图 4-10 为未添加施胶剂 AKD 时，加填量对纸页吸水性的影响。如图所示，随着填料用量的增加，纸张的吸水量逐渐增加，而 FACS 加填纸张吸水值增长趋势更为明显。纸张的吸水值随填料用量的增加而不断增加，说明填料的加入是导

致吸水值增加的主要原因之一[20]。总体来看，吸水性：FACS 加填纸＞PCC 加填纸＞GCC 加填纸。加填量为 30%时，FACS、PCC、GCC 的 Cobb 吸水值分别为 145.5 g/m²、113.2 g/m²、100.2 g/m²。加填 FACS 的纸页吸水性较高，这一方面受 FACS 本身表面粗糙、疏松多孔影响，另一方面与硅酸钙加填纸页的松厚度较高、孔隙总体积较大有关。当加填量超过 30%时，纸张孔隙率已经很高，因此对纸张 Cobb 值的影响不大[21]。

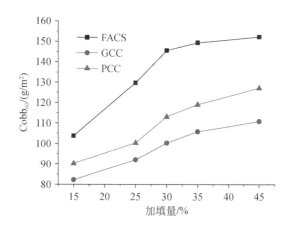

图 4-10　加填量对纸张吸水性的影响（未施胶）

4.2.2　填料种类对纸页施胶性能的影响

　　浆内施胶是降低纸页吸水性的有效方法，从图 4-11 可以看出，硅酸钙加填手抄片 Cobb 吸水值随 AKD 用量的增加而逐渐降低，AKD 加入量为 0.4%时，FACS、PCC、GCC 手抄片 Cobb 吸水值分别为 45 g/m²、38 g/m²、17.5 g/m²，与未添加 AKD 相比，Cobb 吸水值分别下降 69.07%、83.37%、66.43%，这是因为 AKD 用量越多，留着在纤维表面的 AKD 颗粒就越多，施胶度也就越高[22]。但是在考察用量范围内，FACS 加填纸张的 Cobb 吸水值高于 PCC 和 GCC 加填纸。因此，同样加填量下，纸张要获得相同的施胶效果，加填 FACS 的纸张 AKD 用量要高于 PCC 和 GCC。这是由于 FACS 具有多孔性和较大的比表面积，可以优先吸附 AKD 胶料，从而使得吸附在纤维表面的 AKD 粒子减少。此外，由于 FACS 具有微孔结构，有一部分 AKD 在纸页干燥过程中可能会进入到微孔中，失去了和纤维上羟基结合的机会，因此达到相同的施胶度时 AKD 消耗量较大[23]。GCC 没有内部孔隙，因此 AKD 在 GCC 加填纸中的施胶效果较好。但是，随着 AKD 用量的增加，FACS 加填纸的 Cobb 吸水值与 PCC 和 GCC 的差距逐渐缩小，这可能与进入微孔的 AKD 达到饱和有关。

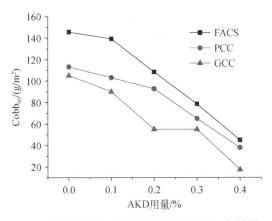

图 4-11　AKD 用量对加填纸张施胶性能的影响（加填量 30%）

4.2.3　FACS 的粒径对施胶性能的影响

一般而言，填料粒子粒径越小，吸附性越强。为此，通过球磨机湿磨 FACS（泥浆）获得不同粒径的 FACS。采用不同平均粒径的 FACS 进行加填，AKD 用量为 0.3%，加填纸的 AKD 施胶效率见图 4-12。

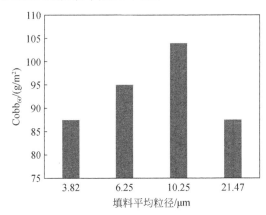

图 4-12　FACS 填料粒径对加填纸张施胶性能的影响

由图 4-12 可以看出，当粒径为 3.82 μm 时，加填纸 Cobb 值较低，随着填料粒度的增大，加填纸 Cobb 值逐渐增大，施胶效果逐渐降低，但未磨的 FACS 具有较低的 Cobb 值。在不考虑未磨填料的 AKD 施胶效率的前提下，填料粒度增大，AKD 施胶效果降低。需要说明的是，研磨后的填料，由于每种粒径填料的形貌并不相同，因此无法完全按照粒径与比表面积的关系推测施胶效率。研磨过程使表面形貌破坏，片状细小微粒脱落形成超细的填料粒子对施胶剂吸附能力强；随着研磨程度的增加，填料虽然整体粒径降低，片状细小粒子与其他粒子形成团聚体，但整体粒径较为均匀，反而比表面积较低。

4.2.4　干燥温度对施胶效果的影响

FACS 填料较高的比表面积造成其对 AKD 具有更强的吸附能力。AKD 的施胶包含三个历程，即 AKD 的熔融、扩展及与纤维反应。因此，干燥温度对 AKD 的熔融与扩展具有明显影响。干燥温度对 FACS 加填纸 AKD 施胶效率的影响如图 4-13 所示。

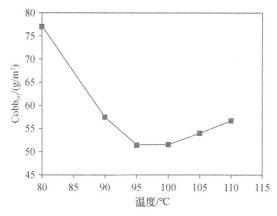

图 4-13　干燥温度对纸张施胶性能的影响（AKD 用量为 0.3%）

由图 4-13 可以看出，当温度较低为 80℃时，Cobb 值较大，纸张施胶效果差；随着温度的不断上升，Cobb 值快速降低，纸张施胶性能明显改善；当温度超过 100℃后，手抄片 Cobb 值有所增加。这是由于，在干燥温度较低时，被吸附的 AKD 尤其是 FACS 孔隙中的 AKD 由于不能够完全地熔化溢出，无法完全覆盖到纤维的表面，只有少量的 AKD 吸附在长纤维的表面，导致施胶效果较差；随着温度的增加，AKD 的流动性增加，容易从 FACS 填料表面向纤维表面转移并与纤维素表面的羟基发生反应，从而使施胶度明显改善。然而，当干燥温度超过 100℃后，虽然吸附在填料表面的 AKD 的流动性会进一步增加，但其在纤维表面的分布已经处于一个较优的均匀程度，因此干燥温度对提高 AKD 在纤维表面的覆盖效率改善并不明显，其原因可能是高温导致 AKD 流动性的增加，从而部分 AKD 被迁移至填料表面孔隙内，从而丧失了施胶效果。

4.3　FACS 加填纸的施胶工艺优化

4.3.1　湿部助剂的施胶增效实验

1. 正交实验设计方案

为了进一步提升 FACS 加填纸张的施胶效果，实验采用聚酰胺环氧氯丙烷树脂（PAE）作为施胶增效剂，设计了四因素四水平正交实验，考察了 PAE 用量、PAE 加入点、阳离子淀粉（CS）用量、阳离子聚丙烯酰胺（CPAM）用量对施胶效果的影响。表 4-1 为实验设计的四因素四水平正交表。

表 4-1　四因素四水平正交表

编号	PAE 用量	CS 用量	CPAM 用量	PAE 加入点
1	1	1	1	1
2	1	2	2	2
3	1	3	3	3
4	1	4	4	4
5	2	1	2	3
6	2	2	1	4
7	2	3	4	1
8	2	4	3	2
9	3	1	3	4
10	3	2	4	3
11	3	3	1	2
12	3	4	2	1
13	4	1	4	2
14	4	2	3	1
15	4	3	2	4
16	4	4	1	3

2. 因素水平表

本实验的因素水平见表 4-2。

表 4-2　因素水平表

水平	PAE 加入量/%	CS 加入量/%	CPAM 加入量/%	PAE 加入点
1	0	0	0	1
2	0.1	0.5	0.02	2
3	0.2	1	0.04	3
4	0.3	1.5	0.08	4

3. 工艺路线

将漂白阔叶木化学浆和漂白针叶木化学浆按照 4:1 的配比（绝干）混合打浆至 40°SR 备用。按照手抄片定量为 70 g/m^2 称取一定的浆料，在浆料纤维疏解机中疏解 2000 转；按照图 4-14 中顺序分别添加一定量的 CS、0.3% 的 AKD、一定量的 CPAM，并在对应的 4 个 PAE 加入点，加入不同比例的 PAE 和 30% 的填料。每种助剂添加后均在 750 r/min 的搅拌速率搅拌 30 s。控制抄片浆料浓度为 0.05%，制备手抄片，手抄片经 0.4 MPa 压力压榨 2 min，105℃干燥 5 min，平衡水分 24 h 后测定成纸性能。

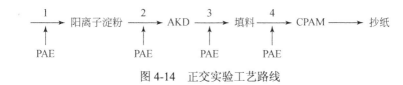

图 4-14　正交实验工艺路线

4. 实验评价指标

Zeta 电位的测定：将浆料疏解后配成浓度为 0.4% 的悬浮液，加入 30%（对成纸）的硅酸钙填料，加入相应用量的化学助剂，搅拌均匀后采用 SZP-06Zeta 电位分析仪测定浆料系统的 Zeta 电位。

纸张性能检测：纸张物理性质检测方法按照 ISO 标准方法进行。利用 Cobb 值反映纸张 AKD 的施胶效果，采用标准检测法检测 60 s Cobb 值。

4.3.2　加填纸施胶性能

正交实验测试的成纸性能见表 4-3。

表 4-3　正交实验结果

编号	施胶度/（g/m²）	抗张指数/（N·m/g）	Zeta 电位/mV
1	91.0	22.7	−64.5
2	33.6	15.0	−44.8
3	33.4	16.2	−11.4
4	30.7	14.3	8.2
5	42.0	15.9	−49.4
6	28.1	22.4	−41.5
7	29.8	12.5	7.3
8	28.9	14.4	1.9
9	35.9	12.7	−14.8
10	33.1	15.7	0.5
11	29.2	22.9	−16.4
12	28.4	19.0	−1.4
13	29.9	15.6	−1.2
14	28.5	15.8	−6.2

编号	施胶度/（g/m²）	抗张指数/（N·m/g）	Zeta 电位/mV
15	26.8	16.7	−16.9
16	25.1	19.6	4.9

1. 以施胶度为因变量的结果与分析

以施胶度为因变量，对正交实验结果进行分析，见表 4-4 及图 4-15。

表 4-4　正交实验结果对施胶度的分析　　　　（单位：g/m²）

项目	PAE 用量	CS 用量	CPAM 用量	PAE 加入点
T1 平均	47.2	49.7	43.3	44.4
T2 平均	32.2	30.8	32.7	30.4
T3 平均	31.6	29.8	31.6	33.4
T4 平均	27.6	28.3	30.9	31.4
R	19.6	21.4	12.5	14.1

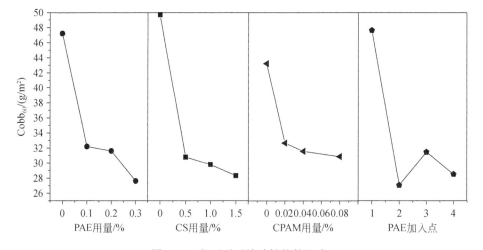

图 4-15　各因子对施胶性能的影响

如表 4-4 和图 4-15 所示，根据极差 R 的大小可以看出，在各因素选定的范围内，影响施胶效果的各因素的主次关系依次为：阳离子淀粉用量＞PAE 用量＞PAE 加入点＞CPAM 用量。阳离子淀粉用量、PAE 的加入量和加入点对施胶度的影响最为显著。

1）阳离子淀粉用量对施胶度的影响

在 AKD 中性施胶体系中，阳离子淀粉能够提高 AKD 的首程留着率，提高其在纤维上的留着率并促进 AKD 与纤维之间的反应，同时促进胶粒的稳定性。当阳离子淀粉用量为 0.5%时，FACS 加填纸的施胶度已达较高水平（30.8 g/m²），与未添加阳离子淀粉相比，吸水量下降了 31.8%。阳离子淀粉能吸附纸浆中的细小纤维和填料，使细小纤维先行絮聚，从而可以增加 AKD 在长纤维上的留着率，即阳离子淀粉使 AKD 优先沉淀到了纤维的表面，而吸附在纤维上的 AKD 对其施胶效果贡献最大[24]。研究表明，AKD 的总留着是阳离子淀粉用量的函数，而产生化学反应的 AKD 的百分数是淀粉的正电荷密度的函数。另外，对于含微孔结构的填料，其对 AKD 的吸附量较大，纸页干燥时部分熔化的 AKD 蜡会渗入这些孔隙之中而不能与纤维素羟基反应，从而降低了 AKD 的施胶效率[25]。FACS 颗粒内部具有微孔结构，当填料吸附阳离子淀粉后，所带来的电荷排斥降低了对 AKD 的吸附，从而导致硅酸钙加填纸 AKD 施胶效率的增加。

随着阳离子淀粉用量增加至 1.5%，填料一方面由于吸附较多的阳离子淀粉而对 AKD 的吸附降低，另一方面，填料对阳离子淀粉的吸附已经达到饱和，此时继续增大阳离子淀粉用量，体系中会有一部分阳离子淀粉未被吸附，这部分淀粉就相当于改善施胶，因此阳离子淀粉用量从 0.5%增至 1.5%时，纸张施胶度又有提高。

实验表明，阳离子淀粉能显著提高 AKD 的施胶效率，并且其用量控制在 1%左右即可达到较好的施胶效果，这将使得 AKD 施胶的成本大幅下降。

2）PAE 用量对施胶度的影响

随着 PAE 用量的增加，FACS 加填纸的施胶度有不同程度的提高，但是当 PAE 用量超过 0.1%时，随着 PAE 用量的继续增加，纸页施胶度增加趋于缓慢。这说明，PAE 作为施胶增效剂在较低的用量下即能达到较好的施胶增效作用。当 PAE 用量为 0.3%时，纸张施胶度最高，达到 27.6 g/m²，比不加 PAE 时施胶度提高了 41.5%。

PAE 在造纸中是一种高效湿强剂，能明显改善 AKD 的施胶效果。首先，PAE 树脂在湿部具有助留作用，PAE 树脂分子与纤维表面反应基团产生交联形成网络，从而将胶粒吸附留着，促进 AKD 乳液颗粒保留在纤维表面[26]；同时 PAE 带大量的阳电荷，加入后能在一定程度上中和浆料中的阴离子垃圾，降低填料表面负电荷量，提高大量吸附了 AKD 的细小纤维和填料的留着率[27]；此外，PAE 在纸页干燥时可参与 AKD 的施胶反应，纸页干燥时，PAE 分子中的环氧基团会开团导致仲氨基烷基化。此时，PAE 树脂就变成了亲核试剂，去进攻 AKD 的内酯环，促使其打开，并固着在 PAE 树脂的大分子链上。PAE 具有较强的架桥能力，能不可逆地固着在纤维表面，这样 AKD 就通过与 PAE 树脂的架桥作用不可逆地连在纤维表面，从而提高纸页中 AKD 的施胶效率[28]。综合考虑到成本，认为 PAE 加入量为 0.1%时即可达到较好的施胶效果。

3）PAE 加入点对施胶度的影响

PAE 的施胶效果随加入位置的变化非常明显。当 PAE 在阳离子淀粉后（加入点 2）加入时，施胶效果最好，纸张的施胶度均为 30.4 g/m^2，与直接在浆料后加入（加入点 1）相比，纸张抗水性提高了 31.5%。这是因为 PAE 有较强的中和阴离子垃圾的能力，直接在浆料后加入时，PAE 主要用于降低浆料体系的阴离子垃圾，未起到施胶增效作用；当 PAE 在 CS 之后加入时，施胶增效作用大幅上升，这可能是因为 CS 已经中和掉阴离子垃圾，加入 PAE 能够通过静电吸附作用使 AKD 总留着量增加。当 PAE 在 AKD 之后（3 号点）和填料之后（4 号点）加入时，虽然 Cobb$_{60}$ 值与 2 号加入点相比有所升高，但其抗水性仍然优于 1 号加入点。

4）CPAM 加入量对施胶度的影响

如图 4-15 所示，CPAM 用量的增加能够增大纸张的施胶度，但是用量超过 0.04% 之后效果不明显。CPAM 是一种带有大量阳电荷的高分子聚合物，能够通过补丁机理和桥联机理使填料、纤维与胶粒桥联起来，故在添加 CPAM 的初期能对施胶度的增加起到促进作用。当 CPAM 的加入量增加到 0.04% 以后，一方面，其所带的阳离子对胶粒的排斥作用明显增加，可能会导致吸附了 AKD 的填料和细小纤维流失严重[29]；另一方面，加入过多 CPAM 会导致浆料絮聚作用较强，使得浆料中的长纤维也发生卷曲并絮聚在一起，减少了长纤维与 AKD 接触的表面积，再加入 AKD 后，会降低 AKD 在长纤维表面的留着，从而降低 AKD 施胶效果[30]。

2. 以抗张指数为因变量的分析

如表 4-5 所示，CPAM 的用量对纸张抗张指数有较大的影响，而 PAE 用量和加入点及 CS 用量对抗张指数的影响较小。随着 CPAM 用量的增加，纸张抗张指数呈明显的下降趋势，这是由于随着 CPAM 用量的增加，纸页中填料的留着效果越好，填料含量的增加阻碍了纤维之间的结合力，因此对纸张抗张指数会有负面影响。阳离子淀粉用量改变，抗张指数只是有微弱的上升趋势，强度变化不明显。而常规填料加填纸张，添加 CS 对纸张有较好的增强效果。这可能是由于硅酸钙填料对阳离子淀粉有较强的吸附性，CS 可能主要吸附在填料表面，所以没有达到增强的目的。PAE 的添加使得填料的抗张指数呈现先上升后下降的趋势，但变化趋势较小。

表 4-5　正交实验结果对抗张指数的分析　　　　　（单位：N·m^2/g）

项目	PAE 用量	CS 用量	CPAM 用量	PAE 加入点
T1 平均	21.1	20.7	25.9	21.5
T2 平均	21.6	21.2	20.6	21.0
T3 平均	20.9	21.5	18.8	20.8
T4 平均	20.3	21.8	18.5	20.5
R	1.3	1.1	7.4	1.0

3. 以 Zeta 电位为因变量的分析

如表 4-6 所示，加入三种湿部助剂，体系 Zeta 电位均有下降。这表明三种增效剂对中和阴离子垃圾均能起到一定的作用。但是，从实验结果可以看到，CS 用量和 CPAM 用量对 Zeta 电位的影响最大且效果相当，其次是 PAE 的用量，PAE 的加入点对 Zeta 电位的影响较小。

表 4-6　正交实验结果对 Zeta 电位的分析　　　　（单位：mV）

项目	PAE 用量	CS 用量	CPAM 用量	PAE 加入点
T1 平均	−28.1	−32.5	−29.4	−16.2
T2 平均	−20.4	−23.0	−28.1	−15.1
T3 平均	−8.0	−9.4	−7.6	−13.9
T4 平均	−4.9	3.4	3.7	−16.3
R	23.3	35.9	33.1	2.4

AKD 的留着率和施胶效率受浆料的动电性质影响很大。浆料的 Zeta 电位在 −3～+5 mV 之间有利于浆料各组分的相互吸附和絮聚。如果 Zeta 电位偏正，说明阳离子助剂的用量过剩，会导致生产成本的增加；如果 Zeta 电位偏负，说明阳离子助剂用量不足，吸附 AKD 的细小纤维和填料仍处于游离状态，在纸页成形时会随白水流失。

综合上述分析，主要考虑到生产成本及对施胶的影响效果，认为正交实验的最优水平是 B3A2C3D2，即 CS 用量为 1%，PAE 用量为 0.1%，CPAM 用量为 0.04%，加入点为阳离子淀粉之后。

4. 对最优水平的验证实验

按照优化后的实验方案：AKD 用量为 0.3%，CS 用量为 1%，PAE 用量为 0.1%，CPAM 用量为 0.04%，PAE 加入点为阳离子淀粉之后，得到 Cobb 值为 27.6 g/m²，抗张指数为 26.3 N·m²/g，Zeta 电位为−4.5 mV。

5. 不同填料加填纸张在最优水平下成纸效果对比

对比了 PCC、FACS 在上述最优工艺条件下的施胶效果，实验结果见表 4-7。

表 4-7　不同填料的纸张性能

填料种类	PCC	FACS
Cobb 值/（g/m²）	23.5	27.6
不透明度	90.1	89.5
抗张指数/（N·m²/g）	27.4	26.3
撕裂指数/（mN·m²/g）	6.2	5.9

注：实验工艺条件为：浆料+CS（0.5%）+PAE（1%）+AKD（0.3%）+FACS+CPAM（0.04%）

结果表明，在相同的条件下 PCC 的施胶效果要比 FACS 好，这是由于硅酸钙填料的多孔性，对 AKD 的吸附量较大，故 FACS 加填纸的施胶效果差；施胶后，在纸张强度方面，硅酸钙加填纸强度略低于 PCC 加填纸，但二者差别不大。

4.3.3　未添加 PAE 条件下阳离子淀粉用量的优化

从正交实验的结果来看，对纸张施胶效果影响最大的是阳离子淀粉，其次是 PAE，由于 PAE 的成本较高、阳离子淀粉价格相对较便宜，可通过增加阳离子淀粉的用量而取代 PAE 的使用，来降低生产成本同时改善纸张的施胶效果。实验工艺条件为：纸浆+CS+AKD（0.3%）+FACS（30%）+CPAM（0.04%），通过改变阳离子淀粉用量优化施胶效果，其结果如图 4-16 所示。

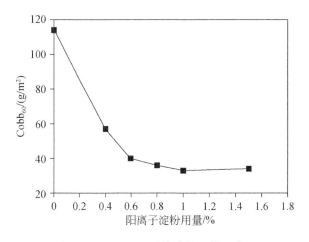

图 4-16　CS 用量对施胶效果的影响

由图 4-16 可以看出，加入 CS 后可显著改善施胶度，与未加入 CS 相比，加入 0.6%的 CS 后施胶度明显下降。当 CS 的用量继续增加时，成纸 Cobb 值略微下降但无明显变化，说明加入 CS 之后，CS 能吸附纸浆中的细小纤维和填料，使细小纤维先行絮聚，减少细小纤维的流失，从而可以增加 AKD 在长纤维上的留着率，即阳离子淀粉使 AKD 优先沉淀到了长纤维的表面，而吸附在长纤维上的 AKD 对其施胶效果贡献最大。当 CS 浓度增加到 1%时，施胶度已无明显的下降，说明此时长纤维对 AKD 的吸附量基本达到饱和，CS 用量继续增加对纸张施胶效果已无明显影响。当 CS 浓度在 0.4%~1%之间时，施胶度一直是保持着下降的趋势，这说明，在这个范围内增加 CS 浓度，对施胶效果是有改善的。当浓度为 1%时，施胶效果相对较好。

4.4　烷基烯酮二聚体在 FACS 加填纸中的施胶机理

4.4.1　填料对 AKD 的吸附特性

1. 填料对 AKD 吸附标准曲线

制定 AKD 浓度–吸光度标准曲线：将配制好的 0.2% 的标准 AKD 溶液分别稀释至不同浓度，用紫外分光光度计在波长为 238 nm 处测定不同浓度 AKD 的吸光度，蒸馏水作为空白对照。以 AKD 浓度为横坐标，吸光度为纵坐标绘制标准曲线。

填料对 AKD 的吸附量的测定：取绝干填料 0.2 g，加入一定量的蒸馏水，搅拌均匀后加入 0.1% 的 AKD（加入量为绝干填料的 0.5%、1%、2%、4%、6%），补充蒸馏水至混合液总体积为 50 mL；用电动搅拌机缓慢搅拌 15 min 后，放入离心机中离心，离心时间为 10 min，转速为 3000 r/min；离心后取上层清液 10 mL，用紫外分光光度计在波长为 238 nm 下测定其吸光度，根据吸光值和标准曲线方程计算出清液中的 AKD 含量，AKD 的加入量与上清液中 AKD 的残留量之差即为填料对 AKD 的吸附量。

AKD 的标准工作曲线方程如图 4-17 所示。标准工作曲线的相关系数达到 0.99 以上，因此根据拟合直线方程，可从样品的吸光度值计算出相应的助剂浓度。

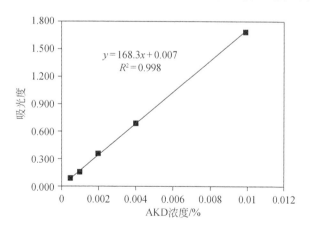

图 4-17　AKD 浓度与吸光度的线性关系

研究已知，FACS 作为造纸填料，其较高的比表面积容易吸附大量 AKD，导致加填纸的施胶效率较低。为了改善 FACS 加填纸的施胶效率，实验对影响 FACS 加填纸张 AKD 施胶效率的因素进行了研究。

2. 填料种类对 AKD 的吸附量的影响

从图 4-18 可知，FACS 对 AKD 的吸附量较高且远大于 PCC 和 GCC 填料，这与填料比表面积有关。三种填料的比表面积和孔隙率为：FACS＞PCC＞GCC。比表面积和孔隙率较大的 FACS 对 AKD 的吸附量较高，而对比表面积较小的、块状的 GCC 的吸附量较低。

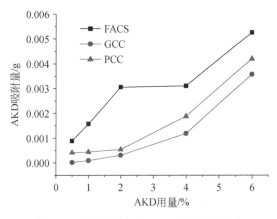

图 4-18　不同填料对 AKD 吸附量的影响

如图 4-19 所示，FACS 对 AKD 的吸附率在 43.9%～88.4%，GCC 对 AKD 的吸附率在 1.09%～29.9%，PCC 的吸附率在 13.6%～35.1%。AKD 在 FACS 和 PCC 上的吸附率是随 AKD 用量的增加而先降低后上升，而在 GCC 上的吸附率则是呈上升趋势。这可能是由于 FACS 和 PCC 对 AKD 的吸附量本身就很大，随着 AKD 用量的增加，填料的表面电荷已经被中和完全，因而吸附率会下降，但随着 AKD 用量的继续增加，由于 FACS 和 PCC 比表面积和孔隙较高，因此吸附率会继续增

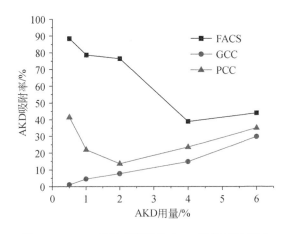

图 4-19　AKD 用量对填料的 AKD 吸附率的影响

加。GCC 由于比表面积较小，且从微观形貌来看，呈实心状，大小不均匀，内部没有孔隙，因此吸附率影响比 PCC 和 FACS 小。

研究证实，AKD 施胶剂在纤维上的吸附和留着对施胶效果起着决定性的影响[31]。因此，AKD 不仅要在纤维上有较高的留着率，而且还需要提高 AKD 在纤维表面的有效覆盖面积来提高施胶效率[32]。FACS 对 AKD 较强的吸附性使得相当部分施胶剂吸附在填料上。吸附在 FACS 上的 AKD 胶粒无法发挥施胶作用，难以再吸附到纤维上，因而减少了施胶剂在纤维上的吸附，降低了施胶剂对纤维的固着，造成 FACS 加填纸在添加常规用量的 AKD 后无法获得满意的施胶效果。

但是，前期实验表明，虽然 FACS 对加填浆料中添加的 AKD 的吸附率高达 90%，但是通过工艺优化后，FACS 加填纸可以达到接近 PCC 的施胶效率。因此，可以认为，被 FACS 吸附的 AKD 同样产生了施胶作用。

4.4.2　AKD 加入点对施胶效果的影响

实验对 AKD 的加入点与其施胶效率的影响进行了研究，结果见表 4-8。

表 4-8　AKD 加入点对施胶效果的影响

AKD 加入点	1	2	3	4
Cobb 值/（g/m²）	35.6	34.5	38.5	36.3

注：1. 浆+FACS+1%CS+0.3%AKD+0.04%CPAM；2. 浆+1%CS+0.3%AKD+FACS+0.04%CPAM；3. 和 4. 浆+处理后 FACS+1%CS+0.04%CPAM，FACS 处理方式为：将填料与 AKD 混合后搅拌一定时间，使 FACS 充分吸附 AKD。此处 3 中 AKD 的用量为 0.3%，4 中的 AKD 的用量 0.6%

从表 4-8 可以看出，无论 AKD 在填料之前还是之后加入，对纸张的施胶效果无明显影响。使用吸附了 AKD 的 FACS 作为填料，也可达到纸张的施胶效果。由于制备手抄片时，没有再加入 AKD 施胶剂，因此，纸张抗水性能的获得，主要来自于被 FACS 填料吸附的 AKD 施胶剂。实验结果表明，被 FACS 填料吸附的 AKD 施胶剂可以对纸张产生抗水功能。这可能由于 FACS 表面及一些坑状孔隙结构吸附大量 AKD，在纸页的干燥过程中，填料表面及吸附在浅坑中的 AKD 在高温下熔融，扩展到纤维表面，与羟基结合，从而达到施胶效果；这也解释了图 4-13 中随着温度的不断上升，被吸附到 FACS 表面孔隙中的 AKD 熔融流出，扩展到纤维表面，从而使纸张的施胶效果明显得到改善。

4.5　FACS 加填纸的印刷适性

4.5.1　压光压力的选择

评价印刷适性时，采用动态纸页成形器（dynamic sheet former）制备纸样，所用的针叶木浆料游离度为 500 mL CSF，阔叶木浆料游离度为 440 mL CSF，高得率浆游离度为 325 mL CSF，三种浆料质量配比为 3∶5∶2。实验所用 PCC，形貌为偏三角面体，平均粒径为 3.2 μm，比表面积为 11 m²/g，白度为 98%；GCC 及 FACS 填料性能见第 2 章。抄纸所用的助留剂为 CPAM，型号为 Percol® 182。阳离子淀粉、烯基琥珀酸酐（ASA）、聚合氯化铝（PAC）均由纸厂提供。DSF 纸张定量为（70±2）g/m²，通过调节填料的添加量使加填纸填料含量控制在 18%。抄造纸张时，成形网网速控制约为 1000 r/min，浆速控制 800 r/min。其送浆泵的压力、喷浆与成形网的角度以及喷浆口与成形网的距离分别设置为 30 psi①、15°和 30 mm。

　　压光的目的主要是改善纸张的表面性能，这对印刷书写用纸尤为重要。由于纸张表面粗糙度对印刷适性影响较大，因此实验选用四种填料加填的纸张通过压光处理以达到相近的表面粗糙度，再进行印刷性能测试。为此，对同一加填纸在压光温度为 50℃，线速度为 50 m/min，线压力为 5 kN/m、10 kN/m、20 kN/m 条件下分别压光，成纸正面表面粗糙度结果如图 4-20 所示。可以看出，纸张表面的粗糙度与压光压力呈较好的线性负相关，故通过拟合计算可得出各加填纸表面粗糙度为 4.8 μm 时的压光压力。另外，虽然 FACS 粒径较大，但经过压光后，成纸表面粗糙度优于 GCC 填料加填纸，并且粒径较小的 FACS2 加填纸表面粗糙度优于原始 FACS0（干粉状）填料加填纸。

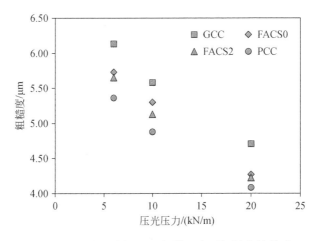

图 4-20　压光压力与 DSF 加填纸表面粗糙度的关系

4.5.2　加填纸物理性能

　　表 4-9 列出了不同加填纸填料含量约为 18%，纸张正面粗糙度为 4.8 μm 时成纸物理性能。PCC 填料由于具有特殊的形貌和可控的粒径，广泛应用于印刷纸以

---

① psi 非法定单位，1psi=6.895 kPa

改善成纸松厚度，而 FACS 填料加填纸的松厚度优势依然明显，与 PCC 加填纸相比可分别提高 22%（FACS0）和 11.3%（FACS2）。FACS 加填纸的高松厚度的优势意味着在实际生产过程中可通过提高压光压力以进一步提高成纸的表面平滑度，从而改善印刷效果。同时，具有较高松厚度的纸张疏松多孔，有利于在干燥过程中改善纸张内部空气与热量的传递效率，从而有利于节约蒸汽，降低成本。与碳酸钙填料相比，虽然 FACS2 粒径较大，但是其成纸透气度介于填料 GCC 和 PCC 加填纸之间，且具有较高的松厚度。

表 4-9　不同填料 DSF 加填纸的物理性能对比（填料含量 18%）

填料种类	松厚度/（cm³/g）	透气度/（s/100 mL）	抗张指数 /（N·m/g）		撕裂指数/（mN·m²/g）		白度/%	不透明度/%
			MD	CD	MD	CD		
FACS0	1.94	3.49	49.70	24.31	8.59	11.13	85.06	86.28
FACS2	1.77	5.80	42.41	21.04	8.33	9.93	86.64	87.33
GCC	1.51	4.78	51.81	28.34	7.90	9.98	85.76	85.28
PCC	1.59	6.98	42.49	21.34	7.88	9.55	88.79	88.85

注：MD 表示纵向，CD 表示横向

通过对比各加填纸强度性能发现，FACS0 加填纸的纵向抗张指数与 GCC 加填纸接近，但横向抗张指数却低约 14.2%；FACS2 加填纸的横纵向抗张指数与 PCC 加填纸相近，但两者均低于 FACS0 与 GCC 加填纸，这主要是由于小粒径填料对成纸强度的影响更大，该结论与前期研究结果一致。另外，FACS 填料，尤其是 FACS0 仍然具有较高的撕裂指数，这与其较高的松厚度带来的成纸挺度较高有关[33]，也与其表面多孔形貌有关。光学性能结果表明，FACS 加填纸的白度和不透明度均在 GCC 和 PCC 加填纸性能之间，可基本满足文化用纸光学性能需要。

4.5.3　加填纸印刷适性

采用 Prüfbau 印刷适性测试仪对印刷纸样正面进行印刷测试，采用黑色油墨（heatset offset，Track 6），印刷速度为 3 m/s，压力为 409 N。印刷后纸样的烘干温度为 170℃。印刷时采用 100%实地印刷，每个加填纸样品通过调整印刷油墨量来测定不同印刷密度下的油墨需求。印刷完成（12±2）h 后，采用 Elrepho 光密度计对印刷密度和透印值进行分析测定。印刷面的印刷密度（print density，PD）和纸样透印值（print through，PT）的计算方法如下[6]：

$$PD=\lg(R_\infty/R_p) \tag{4-1}$$

式中，R_∞ 为未印刷纸样背衬足够厚纸层的反射率；R_p 为印刷面背衬足够厚未印刷纸反面的反射率。

$$PT=\lg(R_{\infty B}/R_{pB}) \tag{4-2}$$

式中，$R_{\infty B}$ 为未印刷纸样反面背衬足够厚纸层的反射率；R_{pB} 为印刷面背衬足够厚未印刷纸的反射率。

纸张的表面强度采用 IGT AIC2 印刷适性仪测定，其结果以拉毛速度表示。使用油墨为低黏度测试油墨，上墨厚度为 8 μm，印刷速度为 6 m/s。

FACS0 的聚集体结构、较大的粒径以及表面多孔的特殊形貌赋予了其加填纸在松厚度、抗张强度和撕裂度方面具有较好的优势，但在用于文化用纸时，较高的透气度可能对加填纸张的印刷适性有一定的负面影响。因此，进一步探索了该填料加填纸采用胶版印刷时的一些重要性能，包括油墨需求量、透印值以及表面性能等。

1. 印刷密度

如图 4-21 所示，在一定的印刷密度下，FACS 加填纸的油墨需求量高于碳酸钙加填纸，在较高印刷密度时尤为明显，这与填料较高的比表面积和加填纸较高的松厚度有关。在相同的油墨量下，由于 FACS 加填纸的油墨会更多地渗透到纸张内部，故纸张表面油墨量会减少，从而在一定的印刷密度下，FACS 加填纸就需要更多的油墨量来补偿这种损失。FACS2 由于其比表面积的降低和加填纸透气度的改善，使得油墨需求量低于 FACS0 加填纸。然而，在实验条件下，增加 FACS 加填纸的油墨量，其印刷密度仍低于 GCC 和 PCC 加填纸，这意味着 FACS 具有很高的油墨吸收性。

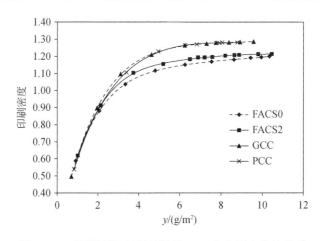

图 4-21　不同填料加填纸油墨量（y）与印刷密度的关系

2. 透印值

图 4-22 显示了不同填料加填纸的透印值与加填纸油墨量的关系。可以看出，透印值与转移在纸张上的油墨量有较好的线性关系，说明增加纸张的油墨量可导致纸张透印。在高油墨量下，FACS 加填纸的透印值低于碳酸钙加填纸，粒径较小的 FACS2 填料尤为明显。另外，从图中直线的斜率可以发现，增加纸张的油墨量时，与 FACS 加填纸相比，碳酸钙加填纸对印后纸张的透印值更加敏感，这从

另一方面说明 FACS 填料对油墨的吸收性较高，油墨更难渗透到纸张的另一面，从而降低了纸张的透印值。

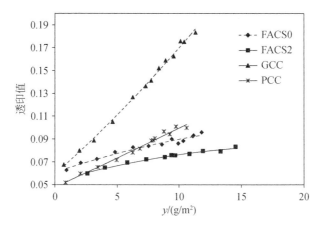

图 4-22　不同填料加填纸油墨量（y）与透印值关系

　　若考虑加填纸印刷密度与透印值的关系时，PCC 填料可能是较好的选择，因为纸张在达到相同的印刷密度时，相应的透印值最低，其次为 FACS2、FACS0，GCC。另外，实验条件下，碳酸钙填料加填纸的印刷密度最高可达 1.3，而 FACS 填料加填纸只能达到 1.2。继续增加油墨量时，纸张的透印值上升很慢而碳酸钙填料上升速度较快，说明虽然提高油墨量可改善成纸的印刷密度，但当印刷密度接近饱和时，若继续提高油墨量不仅达不到改善印刷密度的目的，反而会增加纸张透印。图 4-22 和图 4-23 表明，FACS 填料具有降低纸张透印的作用但其加填纸的印刷密度却没碳酸钙高。实际生产中，可通过优化纸张表面施胶工艺、添加增白剂或者增加压光压力以提高纸张的表面性能来达到改善纸张的印刷密度的目的。

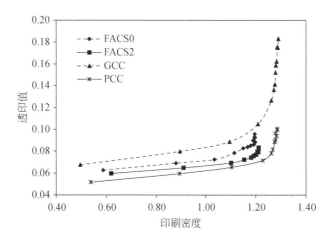

图 4-23　不同填料加填纸印刷密度与透印值关系

降低纸张透气度和提高不透明度都可有效地降低纸张的透印值[4]。填料的性质，如比表面积、粒径以及形貌都可通过影响纸张的透气度和不透明度而影响到印刷纸张的透印值。虽然FACS0加填纸较高的透气度会增加透印，但是由该填料高比表面积而造成的高的油墨吸收性又有利于阻止油墨粒子的进一步渗透，从而降低透印。对于FACS2加填纸，虽然填料粒径的降低破坏了填料原有的表面形态并降低了比表面积，导致填料对油墨粒子的吸收性有所下降，但是由填料粒径降低和粒径分布变宽所造成的纸张透气度的降低和成纸不透明度的提高又使得油墨的渗透能力下降，成纸透印值降低。所以，当纸张表面油墨量相同时，FACS2加填纸的透印值低于FACS0加填纸。虽然填料对油墨的吸收性高有利于改善透印，但却会降低印刷密度。与FACS系列填料相比，GCC和PCC的比表面积较低，所以填料对油墨的吸收能力较差，意味着当纸张油墨量相同时，纸张表面油墨的反射率更高，所以印刷密度较高。

3. 表面强度

加填除了可降低纸张的抗张强度、撕裂强度外，也可降低纸张的表面强度。表面强度过低，在印刷过程中可引起掉毛掉粉，污染印版[1]。如图4-24所示，FACS0加填纸的表面强度接近于GCC，且均高于PCC和FACS2加填纸张。

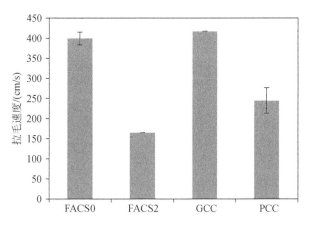

图4-24　不同填料加填纸表面强度对比

填料在纸张表面的分布情况会影响到纸张的表面强度。当纸张填料含量增加时，纸张表面填料的含量也会相应地增加，从而使得纸张表面纤维结合力降低。即使在相近的填料含量下，不同填料在纸张表面分布的不同也会影响纸张的表面强度。如图4-25所示，当四种加填纸纸张表面粗糙度为4.8 μm时，虽然填料含量相近，但填料分布差异很大。碳酸钙填料，尤其是PCC，在纸张表面分布非常均一，并且粒径较小；而FACS加填纸，尤其是FACS0加填纸表面可发现许多较大粒子的聚集体。另外，纸张表面的多孔性在一定程度上也验证了成纸透气度的优劣。对同一类填料（FACS0 与 FACS2，PCC 与 GCC），粒径较小的填料，不仅改善了填料在纸张表面分布的均一性，而且使得表面孔隙也显著减小。同时，可以看出，虽然加填纸填料含量相近，但相同纸张面积下填料的分布密度却显著不同。当填料密度相同时，粒径越小，在纸张表面的粒子数目就越多，对成纸的光学性能和表面性能的改善作用也就会越明显，但同时对成纸表面强度的负面影响也就越大。除了填料粒径，填料表面粗糙度、堆积密度以及与纤维的结合方式的不同，都会通过改变填料粒子数目、聚集体形态而可能影响纸张的表面强度。

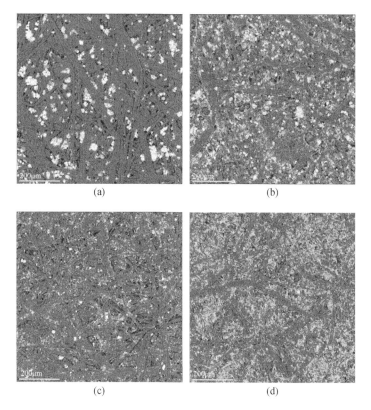

(a)　　　　　　　　　　　　　　　　(b)

(c)　　　　　　　　　　　　　　　　(d)

图 4-25　表面粗糙度为 4.8 μm 时不同加填纸表面 SEM 图像（纸张正面，背散射图像）

（a）FACS0 加填纸；（b）FACS2 加填纸；（c）GCC 加填纸；（d）PCC 加填纸

参 考 文 献

［1］Gerli A，Eigenbrood L C，Nurmi S. Relationship of surface strength and bulk strength properties in uncoated wood free paper［J］. Tappi Journal，2011，10（2）：17-23.

［2］Corson S R，Flowers A G，Morgan D G，et al. Paper structure and printability as controlled by the fibrous elements [J] . Tappi Journal，2004，3（6）：14-18.

[3] Kumar P，Negi Y S，Singh S P. Offset printing behavior of bagasse and hardwood paper sheets loaded by in-situ precipitation [J] . BioResources，2011，6（1）：207-218.

[4] Lorusso M L，Sampson W W，Dodson C T J. Influence of filler type on surface topography and printability in supercalendered paper [C] . International Paper Physics Conference Proceedings，1999.

[5] Nutbeem C，Hallam B. Functional precoats for multilayer coating [C] . Asian Paper Conference，2010.

[6] 何北海，张美云. 造纸原理与工程 [M] . 北京：中国轻工业出版社，2012，405-406.

[7] Bown R. Particle size，shape and structure of paper fillers and their effect on paper properties [J] . Paper Technology，1998，39（Mar）：44-48.

[8] Velho J. How mineral fillers influence paper properties：Some guidelines [C] . Iberoamerican Congress on Pulp and Paper Research，2002.

[9] Hubbe M A，Gill R A. Filler particle shape vs. paper properties：A review [C] . TAPPI Spring Technical Conference，2004：141-150.

[10] Thorn I，Au C O. Applications of wet-end paper chemistry，2nd edition [M] . New York：Springer，2009：113-135.

[11] Casey J P. 制浆造纸化学工艺学 [M] . 王菊华，张春龄，张玉范，等译. 北京：中国轻工业出版社，1988.

[12] Fatehi P，McArthur T，Xiao H. Improving the strength of old corrugated carton pulp（OCC）using a dry strength additive [J] . Appita Journal，2010，63（5）：364-369.

[13] Han Y R，Seo Y B. Effect of particle shape and size of calcium carbonate on physical properties of paper [J] . Journal of Korea Tappi，1997，29（1）：7-12.

[14] Chauhan V S，Bhardwaj N K，Chakrabarti S K. Effect of particle size of magnesium silicate filler on physical properties of paper [J] . Canadian Journal of Chemical Engineering，2012，9999：1-7.

[15] Kinoshita N，Katsuzawa H，Nakano S，et al. Influence of fibre length and filler particle size on pore structure and mechanical strength of filler-containing paper [J] . Canadian Journal of Chemical Engineering，2000，78（5）：974-982.

[16] Mathur V K，Vigay K. Novel silicate "fibrous fillers" and their application in paper [C] . TAPPI Spring Technical Conference，2004.

[17] Peng X，Gu S，Huang T，et al. Reinforcement of hydrated calcium silicate powder to silicone rubber [J] . Journal of Civil，Architectural & Environmental Engineering，2010，32（5）：109-113.

[18] Liu H，Chen Y，Zhang H，et al. Increasing the use of high-yield pulp in coated high-quality wood-free papers：From laboratory demonstration to mill trials [J] . Industrial & Engineering

Chemistry Research，2012，51（11）：4240-4246.

［19］Lin L，Collis A，Pelton R. A new analysis of filler effects on paper strength ［J］. Journal of Pulp and Paper Science，2002，28（8）：267-273.

［20］朱明华. 水松原纸生产中 AKD 施胶工艺及机理研究 ［D］. 哈尔滨：东北林业大学，2006.

［21］张永良. 薄页纸吸水性主要影响因素的研究 ［D］. 南京：南京林业大学，2005.

［22］管秀琼，李俊，刘春，等. 湿部助剂对竹浆 AKD 中性施胶的作用 ［J］. 纸和造纸，2012，31（9）：27-29.

［23］Karademir A，Chew Y S，Hoyland R W，et al. Influence of fillers on sizing efficiency and hydrolysis of alkyl Ketene dimer ［J］. Canadian Journal of Chemical Engineering，2005，83：603-606.

［24］刘温霞，邱化玉. 造纸湿部化学 ［M］. 北京：中国轻工业出版社，2005：176-185.

［25］Bartz W. Alyl ketene dimer sizing efficiency and reversion in calcium carbonate filled papers ［J］. Tappi Journal，1994，77（12）：139.

［26］Tom L，Per T L. Alkyl Ketene Dimer（AKD）sizing a review ［J］. Nordic Pulp and Paper Research Journal，2008，23（2）：202-209.

［27］Isogai A. Effect of cationic polymer addition on retention of alkyl ketene dimer ［J］. Pulp and Paper Science，1997，23（6）：276-281.

［28］何北海，胡芳，赵丽红. 造纸过程中的胶体化学和界面化学 ［M］. 北京：化学工业出版社，2009：112-115.

［29］金新华. AKD 施胶增效及机理的研究 ［D］. 天津：天津科技大学，2006.

［30］沈一丁. 造纸化学品的制备和作用机理 ［M］. 北京：中国轻工业出版社，1999.

［31］裴少波，邝仕均. AKD 中性施胶 ［J］. 中国造纸，2002，（6）：43-46.

［32］Bartz W J，Darrochc M E，Kurrle F L. Efficiency and reversion of alkyl ketene dimer sizing in calcium carbonate filled papers ［J］. Tappi Journal，1994，77（12）：139-148.

［33］陈有庆，石淑兰，陈佩容. 纸的性能 ［M］. 北京：中国轻工业出版社，1985：305-307.

第 5 章　填料分布对纸张性能的影响

　　加填纸张是由植物纤维和无机矿物填料组成的具有三维结构的无序多孔状材料。填料粒子可通过改变纤维间的键合状态来影响成纸厚度、透气度、机械强度、光学性能以及匀度，并且随着种类和含量不同其影响也不同。对于加填纸而言，填料对成纸强度的影响是所有相关研究中经常讨论的部分，这也说明了造纸工作者对纸张强度的重视程度。因此，了解填料对纤维的键合能力的影响以及键合能力的变化对相关成纸性能所带来的改变有助于更好地理解填料对成纸性能的影响。

　　此外，填料粒子在纸张中的分布状态、絮聚程度的不同，也会造成最终成纸性能的差异[1-2]。也有研究表明，纸料的滤水过程对填料和细小组分在厚度方向上的迁移起主要作用[3]，而后续的压榨过程对填料的分布并未有明显影响[4]。目前，对于填料分布研究较多的是填料的 Z 向质量分布。不同类型的纸张要求不同的 Z 向分布。为了减少掉毛掉粉，复印纸表面填料含量低于纸张的平均填料含量；超级压光纸、喷墨打印纸和涂布纸则要求填料表面含量高，中间层填料含量低[2, 5, 6]；胶版印刷纸要求填料含量在 Z 向的分布均一，这些充分说明填料 Z 向分布对纸张性能有重要的影响。因此，本章首先探讨了填料分布对纤维键合能力的影响，在此基础上讨论了 FACS 与其他填料在纸张中的分布对纸张性质的影响。

5.1　填料对纤维键合能力的影响

5.1.1　实验设计

　　为了减少纤维特性对纸张性能的影响，本节采用阔叶木浆板作为纤维原料，经磨浆后游离度为 440 mL CSF。所用沉淀碳酸钙（PCC）形貌为偏三角面体，平均粒径为 3.2 μm，粒径分布 1.45，比表面积为 11 m²/g，白度为 98%；研磨碳酸钙（GCC）与酸洗 FACS 硅酸钙基本特性见第 2 章。

　　由于成纸定量一定时，填料增加会降低纤维的数量，所以实验在固定纤维定量（即纤维质量除以成纸面积）为 60 g/m² 的基础上，改变填料 GCC、PCC 以及 FACS 定量（即填料质量除以成纸面积），抄造不同定量（即纤维定量与填料定量之和）的手抄片，研究填料对纤维网络键合能力的影响，同时分析纤维键合能力的改变所带来的成纸性能的变化与成形性能的相关性。为了避免助留剂对成纸性能的影响，在手抄片抄造过程中不添加任何助留剂。

5.1.2 填料对成纸厚度、表观密度与透气度的影响

实验将加填纸中纤维的定量固定为 60 g/m², 在此基础上改变填料添加量和填料种类, 考察填料对成纸厚度、表观密度和透气度的影响。图 5-1 表明, 无论是加填纸还是纯纤维抄造的纸张, 纸张定量与其厚度呈线性相关, 判定系数 R^2 在 0.99~1.00 之间。当固定纤维定量而提高填料定量时, 加填纸厚度的增加程度随着填料种类的不同而有所不同。FACS 填料对成纸厚度的提高作用非常明显, PCC 次之, 均高于在相同定量下由纯纤维抄造的纸张。但是 GCC 加填的纸张却有降低成纸厚度的趋势。图 5-2 对不同加填纸表观密度的分析结果表明, 填料对成纸表观密度的影响并不是随着填料用量的增加而不断增加。对比发现, 使用 FACS 填料会

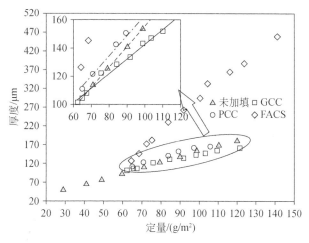

图 5-1 加填纸定量对成纸厚度的影响 (加填纸纤维定量固定为 60 g/m²)

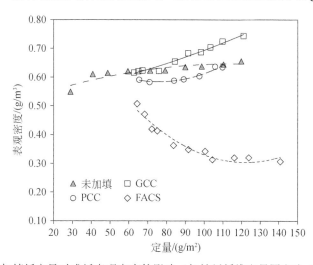

图 5-2 加填纸定量对成纸表观密度的影响 (加填纸纤维定量固定为 60 g/m²)

大大降低成纸的表观密度。但是，当定量超过 100 g/m²，即填料含量约为 40.7%时，继续增加 FACS 用量，成纸表观密度几乎不再变化；在一定范围内使用 PCC 填料可降低成纸表观密度，即提高成纸松厚度，但随着填料用量的进一步增加（约 31.3%），成纸表观密度反而开始增加；而使用 GCC 填料却有增加成纸表观密度的作用。

　　从理论上讲，由于填料的密度通常比纤维高，所以加填会提高成纸表观密度，但实验结果并非完全与上述结论相同，这主要是由于在使用具有一定形貌和较窄粒径分布的合成填料（PCC 和 FACS）时，填料粒子之间的堆积作用和填料对纤维的位阻作用导致填料与填料之间、填料与纤维之间产生了大量的空隙，从而造成成纸表观密度的降低。当填料用量升高时，由填料粒子位阻效应所形成的纤维与纤维之间的空隙会被更多的填料粒子所填充，空隙减少，填料的密度起到了主要作用，造成最终成纸表观密度的升高。FACS 填料在高填料含量下其加填纸仍具有较低的表观密度，这一方面主要是由于填料密度本身比 PCC 和 GCC 低，另一方面较大的粒径和多孔表面造成其粒子之间的空隙大小和数量以及对纤维的位阻作用更大。与合成填料 PCC 和 FACS 不同，由于 GCC 粒径分布较宽，填料粒子之间的包裹能力较强，造成加填纸张表观密度随着填料的用量提高而增加。与PCC、GCC 填料对比发现，FACS 填料对成纸表观密度的显著降低作用对于开发高填料高松厚度的功能性纸张具有一定的优势。

　　虽然空白纸样的表观密度与 PCC 和 GCC 加填纸差别较小，但其对成纸透气度的影响很大，结果如图 5-3 所示。填料用量的增加，其成纸透气度呈先增加后趋于平稳的趋势。成纸表观密度的降低意味着加填纸结构内部的空隙体积较大，从而透气度升高；而随着填料用量的增加，加填纸张内部空隙体积减小，导致透气度有轻微的降低，最终趋于平稳。由于透气度的测定结果更容易受到纸张内部大孔的影响，所以，粒径大、包裹能力较弱的填料，其加填纸张的透气度会较高。

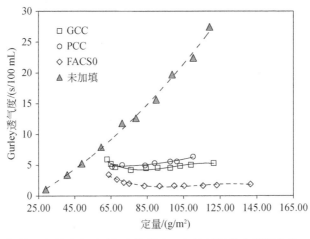

图 5-3　加填纸定量对成纸透气度的影响（加填纸纤维定量固定为 60 g/m²）

5.1.3　填料对纤维键合能力的影响

纤维氢键是纸张强度的主要来源，加填纸中的填料粒子在通过位阻效应改变了成纸厚度和表观密度的同时，也破坏了纤维之间氢键的结合，从而降低了成纸强度。通常通过计算抗张指数来避免定量对成纸强度性能的影响。实际上，由于传统填料本身与纤维不产生化学结合，在固定成纸定量时，填料含量的提高意味着纤维含量在降低，这本身就会造成抗张指数的降低。因此，为了避免填料含量增加导致成纸定量升高而带来的影响，定义：

$$有效抗张指数=\frac{实际测定的抗张强度}{纤维定量} \tag{5-1}$$

图 5-4 表明，填料用量的增加会大幅度降低纤维间的结合。由于加填纸纤维定量为 60 g/m², 所以加填纸实际定量与纤维定量的差值为填料的定量。将填料定量与单位填料增量下有效抗张指数损失作图，见图 5-5。结果表明，在较低的填料定量下，填料用量的增加会造成有效抗张强度的损失，但随着填料定量的提高，单位定量填料对有效抗张指数的负面影响逐渐下降。这可能是由于填料用量的增加导致填料粒子之间聚集密度增大，从而使得单位用量的填料对成纸负面的影响降低。

5.1.4　填料用量对成纸光散射系数的影响

填料在阻碍纤维结合的同时也产生了纤维–空气–填料界面，有利于改善纸张的光散射性能，使得纸张的不透明度提高。图 5-6 结果表明，添加填料显著地提高了成纸的光散射系数，PCC 填料尤为明显。在相同填料含量下，FACS 填料加

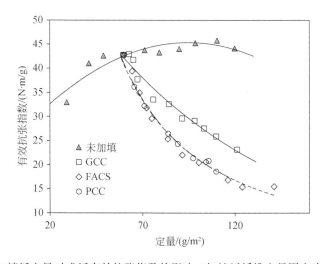

图 5-4　加填纸定量对成纸有效抗张指数的影响（加填纸纤维定量固定为 60 g/m²）

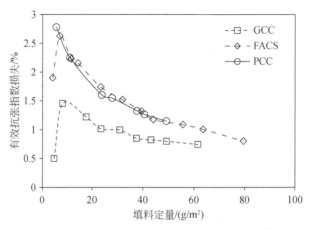

图 5-5　填料定量与有效抗张指数损失的关系

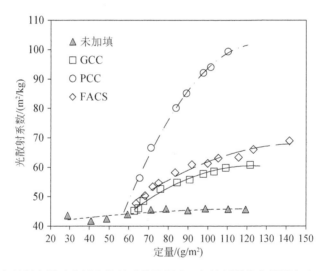

图 5-6　加填纸定量对成纸光散射系数的影响（加填纸纤维定量固定为 60 g/m²）

填纸的光散射系数略高于 GCC 加填纸。当填料种类固定时，纸张的光散射系数、填料的光散射系数与成纸填料含量有如下关系[7]：

$$S_s = S_p + (S_f + S_p)x \qquad (5\text{-}2)$$

式中，S_s 为加填纸光散射系数（m²/kg）；S_p 为纸浆的光散射系数（m²/kg）；S_f 为填料的光散射系数（m²/kg）；x 为填料含量（质量百分比，%）。

　　式（5-2）表明，若填料的光散射系数仅与填料粒子的物理特性有关，则加填纸填料含量与最终成纸的光散射系数为线性关系。然而，图 5-6 中的结果仅在填料含量较低时才与该公式吻合，当填料含量增加时，加填纸张的光散射系数的增幅逐渐变缓。为进一步探索原因，根据成纸光散射系数和填料含量计算出填料的光散射系数，如图 5-7 所示。结果表明，填料的光散射系数随着纸张填料含量的增加而呈线性降低，说明填料在纸张中的散射系数并不是固定的，并且随着填料含量的增加其光散射能力逐渐下降。填料种类、性质的不同，其下降幅度也有所不同。这就解释了纸张光散射系数随着填料含量的增加并非线性增加的原因。

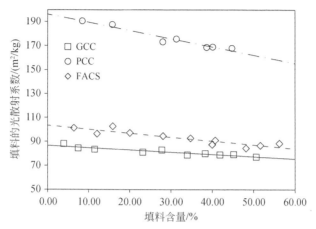

图 5-7　加填纸填料含量与填料光散射系数的关系

　　光散射系数的变化反映了纸张结构内部纤维键合性能以及纸张孔隙的变化。在高填料定量下，成纸光散射系数增加幅度随着填料含量的增加而逐渐变缓。为此，本节分析了加填纸光散射系数与有效抗张指数的相关性，图 5-8 所示。结果表明，两者具有很高的线性关系，这不仅说明了填料在破坏纤维键合能力的同时也改善了成纸光学性能，而且也反映出填料的包裹行为在降低光散射能力的同时也降低了对强度的负面影响。在评价填料时，更看重在相同加填纸强度条件下，是否具有更好的光散射系数。毋庸置疑，PCC 填料由于其较小的粒径和较高的折射能力，在较低的填料含量下就可达到较高的光散射系数。FACS 与 GCC 填料在有效抗张指数和光散射性能方面较为相似，这说明 FACS 填料与 GCC 填料在使用上可获得相似的效果。

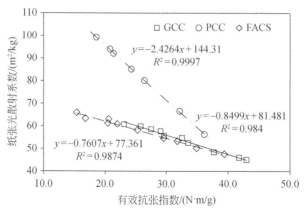

图 5-8　加填纸有效抗张指数与成纸光散射系数的关系

5.2　填料的堆积指数

从对纸张有效抗张指数和光散射系数的变化可以发现，填料用量的提高对这些成纸性能的影响并非线性相关，说明随着填料用量的增加，填料粒子在纸张结构内的分布状态在不断地发生变化，粒子之间存在堆积或者包裹的行为。为了描述该行为，定义填料在纸张中的堆积指数（packing index）为

堆积指数=(加填纸厚度－纤维部分成纸厚度)/(加填纸定量－纤维定量)　（5-3）

式中，分子部分主要指的是填料所造成的纸张厚度增加的部分（μm），而分母指填料的定量（g/m²）。堆积指数越大，说明填料粒子堆积程度越松散，即在纸张中的分散性越好，反之亦然。根据式（5-3）可以计算出不同填料定量下，加填纸中填料的堆积指数，如图 5-9 所示。随着填料定量的增加，堆积指数逐渐下降，说明填料粒子之间接触的机会越来越多，填料粒子之间以聚集体形式出现的情况也在增加。当填料含量增加到某一特定值时，填料的堆积密度开始趋于平缓，说明在单位填料质量下，填料的聚集体大小或者堆积的紧密程度趋于饱和。填料的堆积指数与填料本身的物理性质有关，填料的平均粒径越大，粒径分布越窄，堆积指数越大。在相同粒径下，呈聚集球形填料粒子或者比表面积越大的粒子，在粒子与粒子之间聚集时，会出现较大或较多的孔隙，从而利于堆积指数的提高。

堆积指数综合了填料用量和填料粒子在纸张中的堆积和包裹能力。图 5-10 显示出堆积指数与加填纸光散射系数的改变量具有较好的线性正相关关系。随着填料定量的增加，填料的堆积指数降低，即填料之间的堆积包裹能力增强，降低了光散射效率，从而造成成纸光散射的增强幅度逐渐减弱。

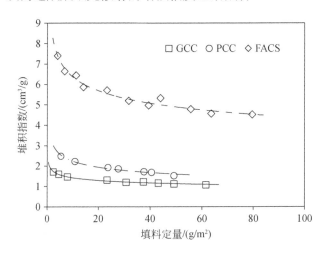

图 5-9　填料定量与堆积指数的关系

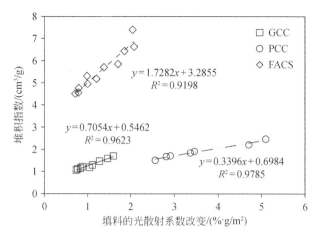

图 5-10 填料堆积指数与不同定量填料下单位填料定量对光散射系数变化的相关性

图 5-11 表示在纤维网络固定时，填料含量的变化对纤维键合能力的影响。当纤维可键合面积固定时，加入少量填料一方面阻碍了纤维结合，另一方面产生了纤维–空气–填料界面，导致成纸光散射性能提高。对于给定可键合面积，当填料粒子的破坏能力达到极限时，即在该纤维键合区域增加填料含量对纤维键合能力已经没有进一步的破坏作用时，增加填料含量会造成填料粒子在该区域密度增加，使得填料粒子的有效散射面积降低，从而降低了纸张的光散射性能，但却可提高纸张的加填量。这也解释了图 5-5 中随着填料用量的增加，成纸有效抗张强度的损失呈先升高后减小的现象。由于填料在纸张中的分布是随机的，所以纸张填料用量的增加不可能使全部填料粒子在已经破坏的可键合区域进一步增加，而是会破坏新的可键合区域，最终导致成纸的抗张强度随着填料用量的增加而逐渐降低。

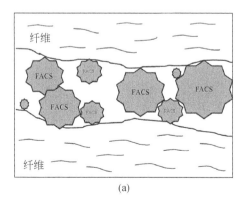

(a)

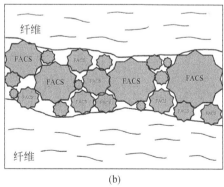

(b)

图 5-11 填料在纤维之间的堆积形态示意图

（a）低填料含量纸张；（b）高填料含量纸张

5.3　加填对成纸匀度的影响

纸张的匀度是决定纸张质量的一个重要因素，它通常反映了一定面积下纸张纤维及其他物质的交织、分散的均匀程度。匀度不但影响纸的外观，也影响纸张所有的物理性能，尤其是纸张的强度性能、光学性能和印刷性能[8-11]。

纸张的成形性能通常采用匀度表示。采用加拿大 Optest 公司的 Paper Perfect Formation 匀度测定仪来测定不同纸样的成形性能。测定时通过调整光强，使透过纸样后的总灰度值在（128±0.5）GL 范围内。根据采集的图像中絮聚团大小的不同，分为 C1～C10 共 10 个范围，本实验结果分别以 0.6 mm、0.8 mm、1.3 mm、2.1 mm、3.2 mm、5.3 mm、8.4 mm、14.3 mm、22.7mm、39 mm 共 10 个匀度分量表示。通过 PPF 值来表示每个匀度分量下的匀度好坏，该值越大表明匀度越好。

图 5-12 显示了不同空白样以及不同加填纸的三维匀度地图。结果表明，无论纸张是否加填，PPF 匀度值均会随着匀度分量的增加而降低，说明纸张微结构中较小的絮聚体占大多数。以匀度分量和定量为平面坐标，采用不同颜色区分不同 PPF 的分布范围时，可以看出不同定量（填料含量）对 PPF 值影响不同。若将 PPF 值 100～150 定为高匀度范围，50～100 设定为中等匀度范围，而将 0～50 定为低匀度范围，可看出空白样定量的变化对匀度值变化影响并不明显，而不同加填纸匀度变化趋势有一定差异。随着填料含量的增加，成纸低匀度值范围和高匀度值范围逐渐减少，而中等匀度值范围在逐渐扩大，说明加填降低了大絮聚团的形成，改善了成纸匀度，同时填料含量的增加使得填料聚集体数量和密度增加、高匀度值范围有所降低。因此，通过加填纸的三维匀度地图分布也可更加直观地反映出填料对成纸匀度的影响。

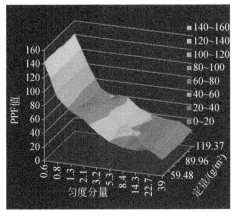
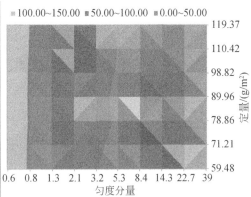

(a)

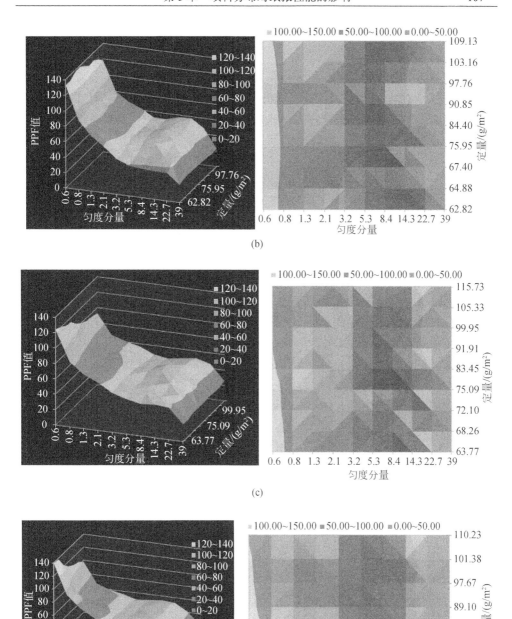

图 5-12 在相同定量范围内，不同加填纸三维匀度地图（加填纸纤维定量为 60 g/m²）

（a）空白样；（b）GCC 加填纸；（c）FACS 加填纸；（d）PCC 加填纸

　　加填纸中等匀度分量范围面积比例的不同，反映了填料在纸张中分布的差异性。当填料含量逐渐提高（加填纸定量的提高）时，PCC 和 GCC 由于粒径较小，造成中等匀度分量区域面积比例增加，而 FACS 填料本身粒径较大，在纸张成形过程中，填料在机械过滤作用下造成填料絮聚体的粒径较大，从而减少了中等匀度分量区域面积而增加了低匀度分量区域面积。这从另一方面解释了为何大粒径填料与小粒径填料相比，对成纸匀度影响更大。

5.4　填料的 Z 向分布对纸张结构与性能的影响

5.4.1　实验设计

1. 填料分布设计

　　采用分层抄造方法，调整每层纸页的填料含量，然后进行层合，最终达到控制成纸填料 Z 向分布的目的。样品填料含量控制在 25%，根据每层填料含量的不同，通过调整填料的加入量来达到目标填料含量。

　　由于纸机类型、脱水方式与条件以及加填方式的不同，填料在纸张 Z 向的分布曲线有所不同。实验通过将 120 g/m^2 的纸分三层抄造，每层纸页定量为 40 g/m^2，通过控制不同层内的填料含量，来分析填料在纸张 Z 向分布对成纸性能的影响。实验设计了 8 组实验，如表 5-1 所示。

表 5-1　层合纸页中每层纸页纤维和填料分布设计

编号	上层（top layer）		中层（middle layer）		底层（bottom layer）	
	纤维/g	填料/g	纤维/g	填料/g	纤维/g	填料/g
1	1.8	0.6	—	—	—	—
2	0.8	0	0.2	0.6	0.8	0
3	0.5	0.3	0.6	0.2	0.7	0.1
4	0.6	0.2	0.6	0.2	0.6	0.2
5	0.4	0.4	0.7	0.1	0.7	0.1
6	0.5	0.3	0.7	0.1	0.6	0.2
7	0.6	0.2	0.5	0.3	0.7	0.1
8	0.7	0.1	0.4	0.4	0.7	0.1

2. 填料 Z 向分布的表征与分析

　　采用 SEM 的背散射模式（back scattering imagining，BEI）对层合纸页 Z 向进行拍照观察。但是，该方法不能将填料分布定量表征出来。填料在纸张 Z 向分布的表征方法中，通常是采用特制胶带或 Beloit 纸页喷射法将纸张从厚度方向分为有限的薄层，然后对分离的各层纸页进行灰分分析，从而得到填料在纸张的 Z 向分布。然而，该方法对纸页分离的层数有所限制，同时也难以控制各薄层的均一性，这都会影响分析结果的精确度，对于分析较薄的纸张时尤为明显[12, 13]。

基于以上情况，本节采用 Image J 对所拍摄的图像进行处理分析。Image J 是基于 Java 的公共图像处理软件，由美国 National Institutes of Health 开发，除了可以对图像进行常用基本操作外，还可以对图像指定区域和像素进行统计和傅里叶变换等。该软件在生物、医学影像学诊断领域应用非常广泛[14-16]。纸张填料 Z 向分布的分析步骤与数据处理方法如下所述。

1）图像的获取

在电子显微镜下手动移动样品台，拍摄 5～7 张连续的 SEM 图像。移动图像过程中，由于无法保证每张图像能恰好相接，故在拍摄过程中每张图像之间保留一定的重合部分，采用软件进行后续合成处理，如图 5-13 所示。所拍摄图像大小为 1600 像素×1600 像素，放大倍数为 180 倍。图像处理好后，用填料面积、纤维面积和孔隙面积的相应尺寸大小来间接表示填料、纤维以及孔隙的分布情况。

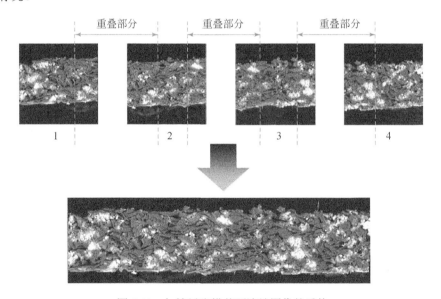

图 5-13　加填纸张横截面连续图像的重构

2）图像的分层

获取原图（图 5-14）后，根据纸张厚度，采用预先设置的分层模板将纸张等分为 9 层，如图 5-15 所示。

3）分离填料区域

通过采用自动调节对比度和阈值（图 5-16），可将图像中的填料部分分离出来。从图 5-17 可以看出，纸张样品的填料部分可较为容易地区分出来。

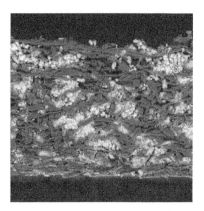

图 5-14　原始 SEM 图像（×200）

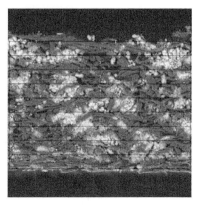

图 5-15　分层模板将图像分为 9 层

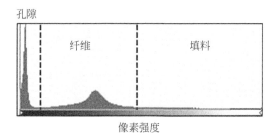

图 5-16　图像灰度直方图

4）切片与数据统计

　　对已经分离出来的填料图像进行分层切片，其结果如图 5-18 所示。将每个切片（即已分好的层）转化为二值图像后，软件自动标出填料选区（图 5-19）。采用统计功能对填料选区进行面积计算，其结果如图 5-20（a）所示。同理，对纸张横截面孔隙的分析方法与填料类似，结果如图 5-20（b）所示。类似地，对样品图像的其他切片进行统计分析。

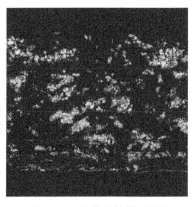

图 5-17　分离出的填料部分

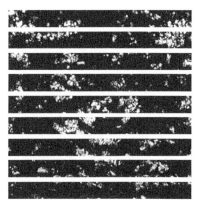

图 5-18　图像切片

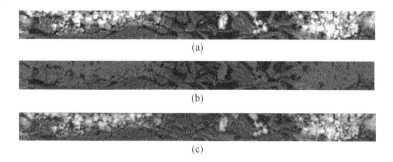

(a)

(b)

(c)

图 5-19　某层切片转换为二值图像后所选择的分析区域

（a）原图；（b）红色部分为填料部分；（c）红色部分为孔隙部分

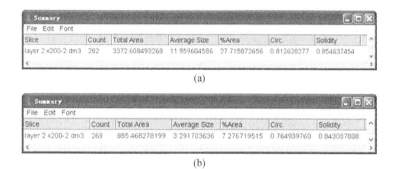

(a)

(b)

图 5-20　填料与孔隙部分统计分析结果

（a）填料面积统计结果；（b）孔隙面积统计结果

3.填料含量与孔隙率的计算

统计报告中可以得到选区面积（total area）、选区平均尺寸大小（average size）以及选区占每层切片图像面积的百分比（%）等数据。为了计算填料在纸张 Z 向的分布情况，这里规定所分析的纸张 Z 向图像中只含有孔隙、纤维和填料三种元素。因此，

$$A_{sheet}=A_{fiber}+A_{filler}+A_{pores} \tag{5-4}$$

式中，A_{fiber} 为纤维选区面积的百分比，%；A_{filler} 为填料选区面积的百分比，%；A_{pores} 为孔隙选区面积的百分比，%。

每层切片中，填料含量 C 定义为[17]

$$C=\frac{M_{filler}}{M_{filler}+M_{fiber}}\cdot 100=\frac{\rho_{filler}\cdot A_{filler}}{\rho_{filler}\cdot A_{filler}+\rho_{fiber}\cdot A_{fiber}}\cdot 100 \tag{5-5}$$

式中，C 为填料含量（%）；M_{fiber} 为纤维质量（g）；M_{filler} 为填料质量（g）；ρ_{fiber} 为纤维细胞壁密度，分析采用 $1.2（g/cm^3）$；ρ_{filler} 为填料密度，分析采用 $1.3（g/cm^3）$；A_{fiber} 为表示纤维选区面积；A_{filler} 为填料选区面积。

5.4.2　填料分布图像

图 5-21 列出了不同层合纸页（表 5-1）Z 向结构中填料分布情况。从 SEM 图像中可以看到，纸页层之间的结合仍然较好，所设计的填料分布情况可在 SEM 图像中较为清晰地分辨出来。另外发现，在相同的放大倍数下（×180），与未加填纸样相比，添加 FACS 填料可显著增加纸张的厚度；当填料分布较为集中时（如编号 8 样品），成纸的厚度有所降低。

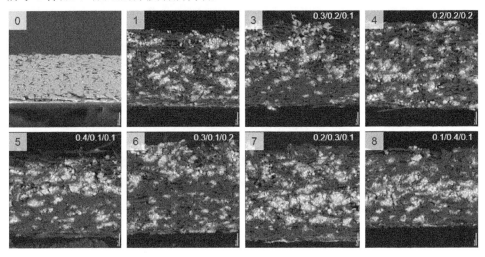

图 5-21　层合纸页 Z 向填料分布 SEM 图像

采用图像处理方法对填料 Z 向分布采用面积法进行计算。虽然将填料和纤维的密度引入计算，但由于人眼判断和计算机通过灰度值判断孔隙的不同以及纤维与填料重合部分的差异会导致在计算填料含量时存在一定的误差。在对纸张 Z 向填料含量进行分析时，所分的层数越多就越接近真实的填料分布曲线。虽然通过控制三层纸页各层的填料含量来控制整体的填料分布曲线，但每层纸页在成形过程中填料也有各自的 Z 向分布曲线，所以最终的分析结果不可能与实验设计曲线完全一致。从图 5-22 的结果来看，填料在纸张 Z 向的分布趋势与实验设计基本吻合。

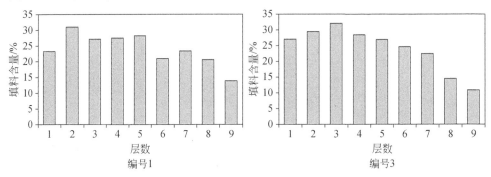

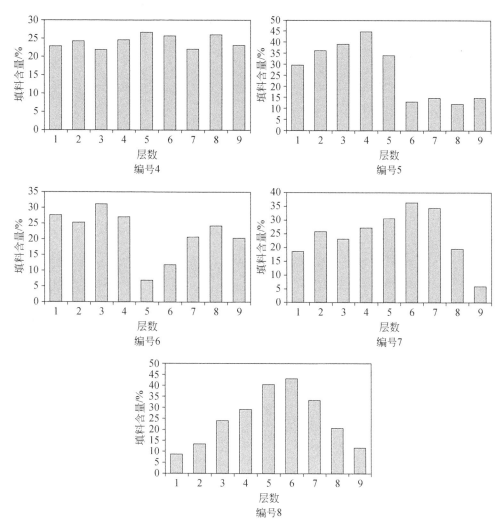

图 5-22　不同层合纸页填料 Z 向含量分布（从第 1 层到第 9 层表示从纸样的最上层到最下层）

　　采用常规方法进行加填而一次成形的纸张（编号 1）中，填料含量在靠近成形网的部分较低，而在纸页中间部分的含量较高，这主要是填料机械留着作用的结果。在成形初期，由于填料单个粒子或填料聚集体的粒径（20～50 μm）小于实验成形网网孔（76 μm）的大小，故造成部分填料通过成形网而流失到网下白水中。随着纤维滤层在成形网上逐渐形成，填料粒子通过机械截留作用留在所形成的纤维层上，造成了填料含量的升高。若将分析结果的第一层填料含量作为纸张表面的填料含量，可以发现，随着层合纸页上层纸页填料用量的提高，其纸张表面上的填料含量也有升高的趋势，如图 5-23 所示。

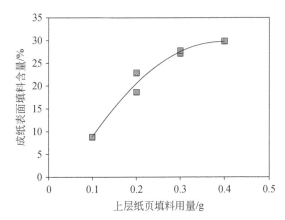

图 5-23　上层纸页填料用量与成纸表面填料含量的关系

为了研究填料分布对成纸结构与性能的影响，除了对填料在纸张的 Z 向分布进行半定量表征外，还需要根据填料在纸张 Z 向的不同分布曲线进行数字化表征。填料分布曲线存在对称与非对称分布两大类，而每一类曲线分布又存在线性与非线性分布的特点。Puurtinen[5] 在研究纸页分层抄造时，根据填料分布曲线的形状和曲线的对称性进行了数字化表征，并将填料分布的对称因子 F_{sym}（symmetry factor）和填料分布的形状因子 F_s（shape factor）定义为

$$F_{sym}=(F_t-F_b)/\min(F_t, F_s) \tag{5-6}$$

$$F_s=(F_t+F_b-2F_m)/\min(2F_m, F_t+F_s) \tag{5-7}$$

式中，F_t 为上层纸页填料的含量（%）；F_m 为中间层纸页的填料含量（%）；F_b 为下层纸页（靠近成形网）的填料含量（%）。

在成纸填料含量相同时，对称因子 F_{sym} 数值越小表示填料在纸页上下两层的质量越接近，对称性越好。当 $F_{sym}=0$ 时，表示填料在纸张上下两层含量相同；当 $F_{sym}>0$ 时，表示纸页上层的填料含量比下层高，反之亦然。形状因子 F_s 用来描述填料分布曲线的特点，当 $F_s=0$ 时，表示其分布曲线具有线性特点；当 $F_s\neq0$ 时，其分布曲线为非线性。当 $F_s>0$ 时，表示填料在中间层的含量小于上下两层的填料含量或等于上下两层中某层的填料含量；当 $F_s<0$ 时，表示填料在中间层的含量大于上下两层的填料含量。

虽然采用对称因子和形状因子可以较好地描述填料分布特点和曲线形状，但是某些情况下并不能很好地表达出在相同成纸填料含量下填料在纸页某层的质量分布。因此，提出集中因子（concentration factor），定义为

$$F_c=[\max(F_t, F_m, F_b)-\min(F_t, F_m, F_b)]/\max(F_t, F_m, F_b) \tag{5-8}$$

集中因子 F_c 越大意味着填料在纸页的某层分布越集中。当 $F_c=0$ 时，表示填料在各层均匀分布；当 $F_c=1$ 时，表示至少有一层纸页的填料含量 0，即填料都集中分布在其他层。

表 5-2 列出了实验所设计的不同填料分布的对称因子 F_{sym}、形状因子 F_s 以及集中因子 F_c。

表 5-2　分层抄造填料 Z 向分布的 F_{sym}、F_s 以及 F_c

编号	F_t	F_m	F_b	F_{sym}	F_s	F_c
2	0	0.6	0	—	—	1
3	0.3	0.2	0.1	2	0	0.67
4	0.2	0.2	0.2	0	0	0
5	0.4	0.1	0.1	3	1.5	0.75
6	0.3	0.1	0.2	0.5	1.5	0.67
7	0.2	0.3	0.1	1	−1	0.67
8	0.1	0.4	0.1	0	−3	0.75

可以看出，当固定每层填料含量，而调整纸页层合顺序时（编号 3、6、7），填料分布的形状因子 F_s 和对称因子 F_{sym} 完全不同，而填料分布的集中因子却相同，说明该 3 组纸样填料分布的集中程度相同。第 2 组中，由于填料全部集中在中间层，所以集中因子 F_c 为 0，而不存在填料分布的对称性和曲线形状特征。

5.4.3　填料 Z 向分布对纸张性能的影响

1. 松厚度与透气度

填料的 Z 向分布对纸张松厚度的影响如图 5-24（a）所示。虽然成纸填料含量基本相当，但填料在纸页 Z 向的分布对最终成纸松厚度有较大的影响。1 号纸样采用了传统一次成形方法，其松厚度介于 2 号与 4 号纸样之间。提高填料分布的集中因子可降低纸页的松厚度。当集中因子 $F_c=1$，即填料全部集中在中间层时（2 号

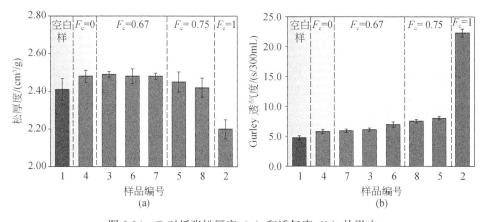

图 5-24　F_c 对纸张松厚度（a）和透气度（b）的影响

纸样），成纸的松厚度为 2.2 cm³/g，与填料均匀分布的纸页（F_c=0，4 号样）相比降低 11.2%，这主要是由于填料集中在某一层时，颗粒之间易形成大的聚集体，从而增加了颗粒的包裹能力，造成纤维之间的结合力增加，降低了填料与纤维的作用界面。因此，提高填料在纸页 Z 向分布的均匀性有利于提高成纸的松厚度。此外，当填料分布的集中因子相同时，其纸页松厚度也相近。

在相同填料含量下，成纸松厚度越高也就说明纸张结构内部的孔隙越多或者越大，相应地，也会反映出成纸的透气度的变化，如图 5-24（b）所示。随着填料粒子分布集中程度的增大，透气度有所降低。2 号纸样由于填料分布在中间，不仅导致填料包裹能力增强，同时也造成纸页其余层纤维结合紧密，导致最终成纸的透气度也最低。

2. 强度性能

图 5-25（a）对比了不同填料分布集中因子 F_c 对纸张抗张指数的影响。2 号纸样（F_c=1），即填料分布最集中时，其成纸抗张强度与传统一次成形方式抄造的纸页相比，可提高 71.48%，与其他层合纸页相比，也可提高 26%~40%，说明填料分布的集中程度对成纸抗张强度的影响很大。对于某一层纸页而言，虽然加填量的提高会导致成纸抗张强度降低，但当填料超过一定量时，填料每提高相同的百分点，其对成纸抗张强度的破坏要比当填料含量较少时所造成的破坏程度小。这主要是因为当填料含量较高时，填料粒子的包裹能力的提高减弱了其对纤维结合的破坏。所以，对于层合纸样，当填料分布集中在某一层时，由于其他纸页层的纤维结合受到的影响较小，造成最终抗张强度较高。同时，在相同的集中因子下，填料分布越靠近成纸表面，其成纸抗张指数就越高。

由于纸页是通过层合法抄造的，所以各层之间的结合强度也是较为重要的性能指标之一，其结果如图 5-25（b）所示。与抗张强度结果不同，采用传统一次成形的方法抄造出来的加填纸张的内结合强度高于层合纸页。需要说明的是，由于 2 号纸样的结合强度太弱，所以仅有一次测试结果。但从对层合纸页内结合强度与填料分布特征因子的相关性分析表明，填料分布的集中因子仅与内结合强度相关性较好，即填料分布越集中在某一层，集中因子越大，最终成纸的内结合强度越差。这主要是因为当填料集中分布在某层时，该层纸页上下两面的填料含量也会相应地增多，意味着该层纸页表面与相邻纸页层之间的纤维结合力就越弱，从而在内结合强度测试中，该层就越容易被撕开。尤其是当填料分布在中间层时，这种破坏力就更大。

通过对抗张强度和内结合强度结果的分析可以发现，在相同填料含量下，采用分层抄造方法的纸张，其内结合强度与抗张强度变化趋势并不一致。这说明层合纸页的抗张强度与其内结合强度大小不完全相关。纸张的抗张强度测定的是单位面积下纸页所能承受的最大拉力，而这个最大拉力在很大程度上又取决于所测

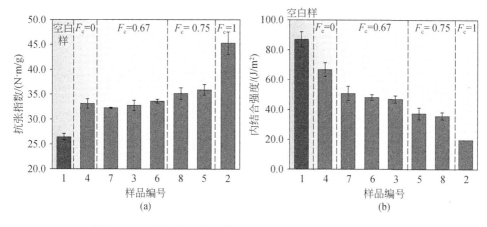

图 5-25　F_c 对纸张抗张指数（a）和内结合强度（b）的影响

纸页结构中结合力最弱的区域。纸条的断裂分成两个阶段：①纤维之间的结合开始逐渐破坏，但纤维本身并未发生断裂；②纤维以及纤维之间的结合区域会沿着已破坏区域发生迅速断裂。所以，当填料全部分布在中间纸页层时，层合纸页最弱的区域更有可能分布在中间层的某一处，在测试样条受到拉力时，该处最有可能先出现结构破坏区域，但在发生断裂过程中，最终的断裂区域有可能仅发生在中间层，而不会进一步扩散到其他纸页层。当该层断裂后，纸页的受力可能会转移到上下两层，而该两层由于没有填料，纤维结合力较强，所以样条被拉断时所需要的力会更大，表现为 2 号样品或者其他层合样品的抗张强度比普通加填的纸样高。与抗张强度测试不同，内结合强度测定的是纤维层之间的结合力，由于通过一次成形的纸页内部纤维交织程度更好，而层合纸页之间本身纤维结合强度较弱，加之填料对纸页层之间的负面影响，才导致了随着集中因子的增加，内结合强度减弱而抗张强度提高的现象。所以，采用分层抄造时，有必要适当地使用合适的增强剂来改善纸页层间结合力[18-20]。

3. 光学性能

由于填料的白度（91.5%ISO）高于纤维的白度（84.4%ISO），故加填纸的光学性能主要受填料本身性质以及填料在纸张中的分布情况的影响。如图 5-26 所示，当成纸填料含量固定时，提高纸张表面的填料含量有利于增加成纸白度。值得注意的是，虽然 2 号样品上层纸页填料含量为 0，但是由于中间纸页层较高的填料含量（75%）对上层纸页的白度也有一定的影响，故其白度并非为最低值。该现象也在其他样品中有所验证，即在上层纸页填料含量相同时，如 0.2 g 填料对应 4 号和 7 号纸样，中间层填料含量为 0.2 g 和 0.3 g 时，其成纸白度分别为 86.2%ISO 和 86.8%ISO；对于上层纸页含 0.3 g 填料对应的 3 号和 6 号纸样，当中间层填料含量为 0.2 g 和 0.1 g 时，其成纸所对应的白度为 86.61%ISO 和 86.19%ISO。这从另一方面也解释了测定纸张白度时,需要相同的多层纸页叠合起来直至不能透光的原因。

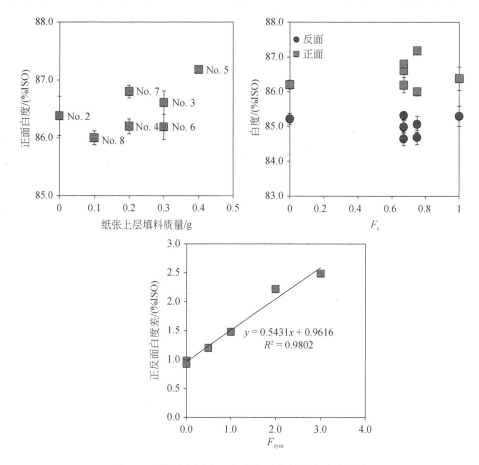

图 5-26　填料在纸张 Z 向分布对加填纸白度的影响

F_c 与加填纸张白度并无明显相关性。当 F_c 相同时,纸张白度随着纸张表层填料含量的增加而提高。此外,由于实验中手抄片制备过程中滤水方式为单面脱水,因此可以观察到纸页白度存在两面差。纸张正面的白度均比反面高,这主要是因为在滤水过程中大量的填料粒子均从纸页网面流失[21]。由于填料在成纸表面分布对白度影响较大,故分析了对称因子对成纸白度两面差的影响。可以看出,对称因子 F_{sym} 与成纸白度两面差呈线性正相关,其相关系数可达 0.9802。当填料分布对称因子越小,即成纸上下纸页层填料含量差别越小,成纸两面的白度也就越接近。所以,通过改善脱水条件与方式,调整填料在纸张表面的分布也可达到改善成纸白度的目的。

由于填料比纤维的光散射系数大,所以加填后,填料分布在纤维之间,减少了纤维之间的接触面积,产生了纤维–空气–填料界面,增大了纤维表面光学非结合面积，使得光线在填料-空气界面所发生的散射比其他界面大，从而改善了纸张不透明度。因此，填料在纸张 Z 向的分散状态对成纸不透明度有很大影响。如图 5-27 所示，填料 Z 向分布的集中因子与层和纸页的不透明度相关性较高，当填料均匀分散在纸页中时（$F_c=0$），成纸的不透明度最高；相反，当填料全部分散在中间层时（$F_c=1$），由于填料的包裹能力和纤维的结合力增加，导致纤维表面的光学非结合面积减少，同时成纸松厚度降低[22]，这些都不利于不透明度的提高。当填料分布集中因子相同时，上层填料含量的提高也有利于成纸不透明度的改善。

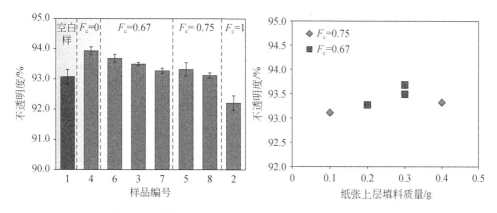

图 5-27 填料在纸张 Z 向分布对加填纸不透明度的影响

根据库贝尔卡-蒙克（Kubelka-Munk）光学理论[7]，加填纸的不透明度可由光散射系数和光吸收系数决定。通过对加填纸张光散射系数和光吸收系数的分析可知，减小 FACS 填料分布的集中因子，即提高填料在纸张内部的分散程度，成纸的光散射系数和光吸收系数都有增加的趋势。同时也发现，在集中因子相同时，填料在上层纸页中的含量越高，其成纸不透明度也会增加。因此，集中因子的降低提高了成纸的光散射系数和光吸收系数，并改善了最终成纸的不透明度。

与传统一次成形方法相比，采用分层抄造可能会带来以下优势和不足：

（1）有利于改善并控制成纸松厚度与透气度。填料在纸页中的分散状态与成纸松厚度与透气度有关，通过调节各层填料含量的集中因子，可有效改善并控制最终成纸松厚度与透气度。

（2）有利于改善成纸抗张强度。采用分层抄造，由于最弱结合区域破坏并不会直接影响其他纸页层，所以有利于让应力产生二次分散，有利于抗张强度的改善。

（3）不利于改善内结合强度。由于纸页层表面的填料会破坏纸页层的结合，所以分层抄造不如一次成形方法能获得较好的层与层之间结合力，但可通过合理添加增强剂来弥补此不足；另外，由于实验条件限制，无法探索纸页在较高的湿度下层间结合效果是否与一次成形纸页相近，故此部分还需进一步探索。

（4）有利于改善光学性能。在填料含量相同时，通过控制各层填料的集中因子和对称因子，可在一定范围内发挥填料的最大潜力并改善成纸的白度和不透明度；当然，通过优化脱水方式与条件也可使一次成纸方式的纸页中填料的分布发生改变，从而达到改善光学性能的目的。

（5）有利于改善填料的留着，节约助剂用量。在实际生产中，三层纸页的层合在流浆箱出口就可完成纸页层合，所以通过优化不同纸页层填料含量，例如提高中间层纸页的填料含量，仅在下层纸页使用较少的助剂用量，仍然有可能实现填料较高的留着率，同时可减少助剂使用成本。

当然，在实际生产过程中采用多层同步成形技术也可实现填料分布的调控。多层流浆箱的布浆装置和整流装置可分割为若干独立单元。通过单独调控各个不同单元的浆料配比、填料含量及化学品的添加量，可生产出具有不同 Z 向分布曲线的纸张。例如，中间层化学品用量和加填量较大，则纸张中间层填料含量较多。与传统成形方法相比，多层成形抄造方法可在不需改变抄造参数时单独控制填料和细小纤维的分布，有利于提高成纸性能。流浆箱浆料流速和滤水速度对于填料的分布也具有重要影响。在夹网成形器中，随着流浆箱流速增加，纸张正面的填料含量也随之增加；增加刮刀处滤水速度使得填料由中间层向表面迁移。在纸页成形过程中，改变真空箱的抽吸力可以改变填料分布。在夹网成形器中，增加脱水板滤水速度可以改变贴近脱水板的纸面的填料分布曲线。有研究表明，当脱水压力较低时，表面填料含量和中间层填料含量减少；脱水压力较高时，表面填料含量不变但中间层填料含量减少[4]。另有研究者用改进的实验室抄片机研究抽吸力对 PCC 填料在纸张中的分布影响时发现，当真空抽吸力增加时，填料在纸张网面（反面）的含量减少但在纸张毯面（正面）的含量没有发生变化[23]。

参 考 文 献

[1] 潘诚，付建生，袁世炬，等. 填料和助剂预絮聚对填料留着和成纸抗张强度的影响 [J]. 中国造纸，2012，31（11）：30-33.

[2] Haggblom-Ahnger U M，Pakarinen P I，Odell M H，et al. Conventional and stratified forming of office paper grades [J]. Tappi Journal，1998，81（4）：149-158.

[3] Odell M. Paper structure engineering [J]. Appita Journal，2000，53（3）：371-377.

[4] Szikla Z，Paulapuro H. Z-Directional distribution of fines and filler material in the paper web under wet pressing conditions [J]. Paperi Ja Pu，1986，68（9）：654-664.

[5] Puurtinen A. Controlling filler distribution for improved fine paper properties [J]. Appita Journal，2004，57（3）：204-209.

[6] Puurtinen A. Multilayering of fine paper with 3-layer headbox and roll and blade gap forme [D]. Helsinki：Helsinki University of Technology，2004.

[7] Casey J P. Pulp and paper chemistry and chemical technology [M]. Beijing：Light Industry Press，1988.

［8］张素风. 芳纶纤维/浆粕界面及结构与成纸性能相关性研究［D］. 西安：陕西科技大学，2006.

［9］赵会芳，张美云. 芳纶纸匀度与机械强度的相关性研究［J］. 中华纸业，2011，32（16）：43.

［10］Bernié J P，Romanetti J L，Douglas W J M. Use of components of formation for predicting print quality and physical properties of newsprint［C］. Montreal（Canada）：86th Meeting，Pulp & Paper Technical Association of Canada，2000.

［11］杨伯钧. 纸的匀度［J］. 中华纸业，2004，25（3）：33-35.

［12］Erkkila A L，Pekarinen P，Odell M. Sheet forming studies using layered orientation analysis［J］. CPPA，1996，99（1）：91.

［13］Parker J，Mil W. A new method for sectioning and analyzing paper in the transverse direction［J］. Tappi Journal，1964，47（5）：255.

［14］余徐润，周亮，荆彦平，等. Image-Pro Plus 软件在小麦淀粉粒显微图像分析中的应用［J］. 电子显微学报，2013，4：344-351.

［15］赖均. 面向肺疾病检测的胸腔 CT 影像分割研究［D］. 成都：电子科技大学，2013.

［16］王静文，刘弘. 基于 Snake 模型的植物叶片面积计算方法［J］. 计算机工程，2013，（1）：234-238.

［17］Allen R. An improved image analysis technique for measuring the Z-direction distributions of structural elements of paper［R］. Paprican Research Report，2001.

［18］梁帅博，姚春丽，符庆金，等. 纸张二元增强体系的研究进展［J］. 中国造纸学报，2020，35（2）：89-95.

［19］罗晓芳，张素风，王群，等. 高填料纸增强性能的研究［J］. 造纸科学与技术，2013，32（4）：15-20.

［20］Lourenço A F，Gamelas J A F，Sarmento P，et al. Enzymatic nanocellulose in papermaking：The key role as filler flocculant and strengthening agent［J］. Carbohydrate Polymers，2019，115200.

［21］胡开堂. 纸页的结构与性能［M］. 北京：中国轻工业出版社，2006.

［22］Fatehi P，McArthur T，Xiao H. Improving the strength of old corrugated carton pulp（OCC）using a dry strength additive［J］. Appita Journal，2010，63（5）：364-369.

［23］Montgomery J. The role of suction boxes on forming section retention and filler migration［D］. Vancouver：The University of British Columbia，2010.

第6章 纸张中填料聚集体特性
对纸张性能的影响

填料实际上是以聚集体为单元存在于纸张纤维网络结构中，并影响着纸张的每一项宏观力学和光学行为。填料粒径、形貌效应对成纸强度性能的影响机理，更大程度上取决于填料在纤维网络结构中的 Z 向质量分布、填料聚集体结构和尺寸等分布的差异性。目前，大部分文献主要研究了填料在纸张 Z 向的质量分布对纸张性能的影响[1-5]，而对填料在纸张中的聚集体尺寸特性及其对纸张性能的影响鲜有报道。因此，本章以造纸工业中广泛使用的沉淀碳酸钙为研究对象，对纸张内部填料聚集体的表征方法进行介绍，同时从纸张中填料聚集体形态分布特征角度出发，通过对不同中粒径、粒径跨度及不同形貌填料加填纸张内填料聚集体的分布特征的研究，阐明不同填料对纸张结构和强度影响的差异化机理。

6.1 纸张中填料聚集体的表征方法

6.1.1 扫描电子显微镜图像采集

1）样品的制备

以漂白阔叶木硫酸盐浆（打浆度 37°SR）和沉淀碳酸钙（PCC，平均粒径为 4.2 μm，白度为 91.3%ISO）为原料制备的手抄片定量为 60 g/m²，填料含量控制在 15%±1%。将制备好的纸张裁剪为 0.8 cm×1.5 cm 的大小，采用逐层粘贴剥离法，通过透明胶带将 PCC 手抄片分层为 10 层、28 层、50 层。采用美国 FEI 公司生产的型号为 Verios 460 扫描电镜利用二次电子模式与背散射模式进行拍摄。采集后的图像采用 MATLAB 软件进行处理并用 Image J 软件进行统计及用 Excel 进行粒径计算等。

2）图像拍摄模式

扫描电镜是用聚焦电子束在试样表面逐点扫描成像的一种大型仪器。由电子枪发出的电子束经过栅极静电聚焦后成为直径为 50 μm 的点光源，然后在加速电压（1～30 kV）的作用下，经过两三个透镜组成的电子光学系统，电子束被汇聚成几十埃大小聚集到样品表面。由于高能电子束与试样物质的相互作用，产生各种信号（二次电子、背散射电子、俄歇电子等）[6]。二次电子从表面 5～10 nm 的层内发射出来，对试样表面状态非常敏感，其产额主要决定于试样的表面形貌，故主要用于形貌观察。而背散射电子是入射电子在试样中受到和卢瑟福散射而形成的大角度散射的电子，一般是从试样 0.1～1 µm 深处发射出来的电子，其对试样原子序数变化敏感、产额随原子序数的增加而增加，适于观察成分的空间分布。

　　图 6-1 为纸张填料聚集体在不同扫描模式下拍摄的图像，可以看出，在背散射扫描模式下，填料与纤维的对比度更加明显，这有利于提取纸张中填料聚集体颗粒。为了更加清楚地了解二次电子模式与背散射模式摄取图片的区别，使用 MATLAB 软件对两种图片的像素进行对比分析。

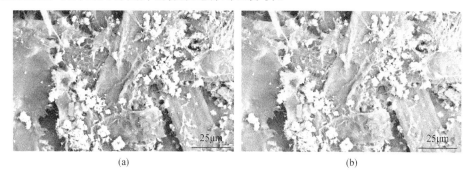

(a)　　　　　　　　　　　　　　　(b)

图 6-1　纸张填料聚集体扫描电镜背散射电子模式（a）和二次电子模式（b）

　　由 FEI Verios 460 拍摄的照片格式为 RGB 格式，为了减少图像处理的计算量，将 RGB 图像转换为灰度图像。在 MATLAB 中实现 RGB 图像向灰度图像转换的函数是 rgb2grey（）函数，其程序为

```
I=rgb2gray(i)
```

其中，i 为所需要转换的目标图像（即拍摄的 RGB 图像），I 为转换后的图像（即灰度图像）。对图 6-2 中的图像进行灰度转换后，为了更加直观地观察两种模式之间灰度值的区别，取图 6-2（a）与（b）图像中的部分区域（100 像素×150 像素），利用 MATLAB 软件中的 imtool（）函数将图像在图像工具浏览器中显示，并进行图像的像素信息读取，如图 6-2 所示。

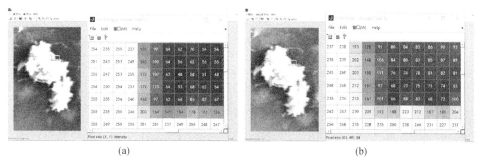

(a)　　　　　　　　　　　　　　　(b)

图 6-2　背散射电子模式（a）与二次电子模式（b）填料聚集体部分区域灰度值

在背散射模式下拍摄的照片中，填料颗粒的灰度值分布在 240～255 范围之内，纤维的灰度值多分布于 50～70；而在二次电子模式下拍摄的照片中，填料颗粒的灰度值则多分布于 230～240 的范围内，纤维的灰度值则分布于 70～100。加填纸的主要组分为纤维与填料，纤维的主要元素为 C、H 和 O（低原子序数）；常用的造纸填料主要有碳酸钙、高岭土、滑石粉与二氧化钛等，通常含有 Na、Mg、Si、S、Ca、Ti 等高原子序数的元素。因此，采用背散射模式电镜（对原子序数变化表现明显）可以更加有效地区分填料和纤维。所以，后期用于研究填料聚集体提取的图像全部采用背散射电子模式拍摄。

6.1.2　填料聚集体图像处理

1. 图像去噪

图像信号在采集、传送和转换的过程中极其容易受到各种干扰，使图像信号质量严重退化，其中噪声就是最常见的一种问题。数字图像的噪声主要来自图像的采集和传输过程。研究通过扫描电镜拍摄获得填料聚集体图像，由于电压电流、探针高度与图像采集软件等方面的原因，使得填料聚集体图像在一定程度上受到噪声影响。因此，为了能够更加完整准确地呈现出图像，需要采用图像处理软件来进行图像去噪。噪声其实是一种不可预测的，只能用概率统计方法来认识随机误差。常见的噪声有高斯噪声、椒盐噪声、均匀分布噪声、指数分布噪声及伽马分布噪声等[7]。

由前述可知，属于非线性空域滤波的中值滤波是一种保护边缘的非线性图像平滑方式，其特点是在抑制椒盐噪声的同时能够保持图像的边缘清晰。因此，选用中值滤波对纸张填料聚集体扫描图像进行去噪，在 MATLAB 软件中，采用函数 medfilt2（）进行图像的中值滤波处理，其具体实现的 MATLAB 代码如下：

```
close all;clear all;clc;              %关闭所有图形窗口,清除
工作空间所有变量,清空命令行
I=imread('filler aggregates.tif');    %读入图像
I=rgb2gray(I);                        %图像格式转换
J=medfilt2(I);                        %中值滤波
figure;
subplot(121);imshow(I);              %显示原始图像
subplot(122);imshow(J);              %显示滤波降噪后图像
```

原图像与中值滤波降噪处理后的图像如图 6-3 所示，由其处理结果可以看出，中值滤波可以有效地衰减噪声且不会模糊图像的边缘。在进行图像滤波时，采用不同大小的模板所得到的处理效果也不同。为研究模板大小对处理效果的影响，选用 2×2、3×3、4×4、5×5（即以此像素点为中心的 4、9、16、25 个像素点

进行计算）为模板对图像进行处理，其结果如图 6-4 所示。由该图可知：中值滤波处理模板增加，图像的噪声得到了更好的消除，但同时填料聚集体颗粒的边界会变得模糊。为了后续更加准确地提取填料聚集体颗粒（即中值滤波模板不宜过高），最终选用 3×3 模板进行纸张填料聚集体图像的中值滤波降噪处理。

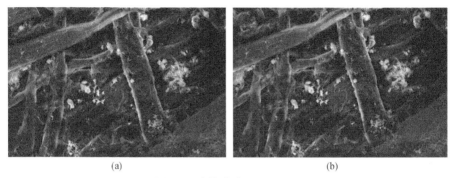

(a)　　　　　　　　　　　　　　　　　(b)

图 6-3　中值滤波处理效果图

（a）原图；（b）中值滤波处理后

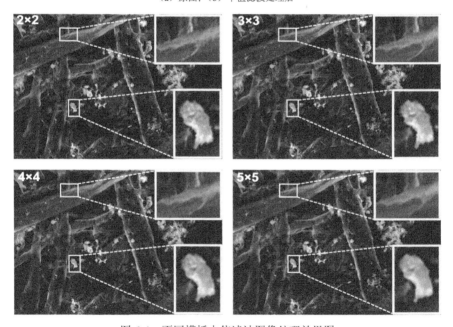

图 6-4　不同模板中值滤波图像处理效果图

2. 图像增强

改善图像视觉效果、提高图像质量和可辨识度，便于人和计算机对图像进一步地分析处理是图像增强的主要目的 [7]。随着图像处理技术的发展，各种新方法不断出现，但每种方法都有各自的优缺点，没有一个方法可以完全取代其他方法。因此，需要找到一种增强算法以适用于纸张填料聚集体图像。

　　灰度变换法、直方图法等是常见的基于空间域的图像增强技术。其中灰度变换增强不改变原图像中像素的位置，只改变像素点的灰度值，并逐点进行，和周围的其他像素点无关。由于拍摄的纸张填料聚集体中填料聚集体（包括边界）的灰度值基本高于 60，为了使图像变得更加清晰，设位于 60～255 之间的灰度值为 x，0～255 之间的灰度值为 y，则 x 和 y 满足式（6-1）：

$$\frac{x-60}{255-x} = \frac{y-0}{255-y} \tag{6-1}$$

式中，x 为转换前 60～255 之间的灰度值；y 为转换后 0～255 之间的灰度值。

　　将式（6-1）进行化简，得到 y 和 x 的关系为：$y=(x-60)*255/195$。通过程序调整灰度图像的灰度范围，其具体实现的 MATLAB 代码如下：

```
close all;clear all;clc;%关闭所有图形窗口,清除工作空间所有变
量,清空命令行
I=imread('filler aggregates.tif');        %读入图像
I=rgb2gray(I);                            %图像格式转换
J=medfilt2(I,[3 3]);                      %中值滤波,3×3 模板
J1=double(J);
J2=(J1-60)*255/195;                       %灰度调整
M=uint8(J2);
figure,imshow(M);                         %显示图像
```

　　在 MATLAB 软件中，对原灰度图像［图 6-5（a）］进行了灰度值调整，灰度变换增强处理后的图像如（b）图所示。由该图可知：通过增强处理，在不显现大

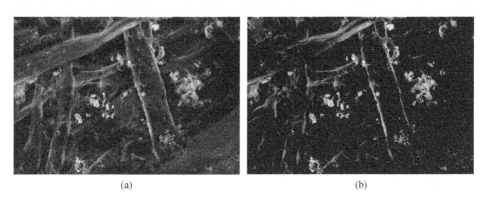

（a）　　　　　　　　　　　　　　（b）

图 6-5　图像增强处理效果图

（a）原图；（b）灰度变换增强图像

部分纤维的同时可以有效保留填料聚集体颗粒,但仍有部分纤维边缘以高亮状态显示(即有较高的灰度值)。为了便于提取填料聚集体颗粒,继续采用 MATLAB 中的 imadjust 函数对灰度转换增强后的图像进行灰度调整。MATLAB 中该函数的调用格式如下:J=imadjust(I,[low_in;high_in],[low_out;high_out]);该函数中 [low_in;high in] 为原图像中要变换的灰度范围,[low_out;high_out] 为变换后的灰度范围。

通过 imadjust 函数调整灰度图像的灰度范围,其具体实现的 MATLAB 代码如下:

```
close all;clear all;clc;            %关闭所有图形窗口,清除
工作空间所有变量,清空命令行
    I=imread('filler aggregates.tif');    %读入图像
    I=rgb2gray(I);                    %图像格式转换
    J=medfilt2(I,[3 3]);             %中值滤波,3×3 模板
    J1=double(J);
    J2=(J1-60)*255/195;              %灰度调整
    M=uint8(J2);
    F=imadjust(M,[0.3 0.7],[0 1],0.5);   %通过线性映射 0.3 和 0.7
之间的值到 0 和 1 之间的值,将强度图像 M 中的值转换为 F 中的值,如果该值大
于 0.5 比例,映射则会被加权为更亮的值输出,若该值小于 0.5 比例,映射则会被
加权为较暗的值输出。
    figure,imshow(F);               %显示图像
```

图 6-6 为采用 MATLAB 软件中函数 imadjust 进行灰度增强前后的对比图,经过图像增强处理后,填料颗粒的亮度更加明显,与高亮的纤维边界的对比更加明显,有利于后期填料聚集体颗粒的提取与统计。后期为了便于利用其他软件对填料聚集体颗粒进行提取,采用 Photoshop 软件对图 6-6(b)进行了处理,将高亮的纤维边缘进行抹除,其效果如图 6-7 所示。经过 MATLAB 等软件一系列的图像处理(中值滤波降噪、灰度图像增强等)操作后,纸张中大部分的填料颗粒聚集体得到了有效的提取,为下一步填料颗粒聚集体的粒径统计奠定了基础。

6.1.3　填料聚集体特征提取与分析

1. 颗粒统计

由于采用 Image J 统计颗粒信息时需要图像为 8 位图,因此采用该软件打开要处理的图像后需要将图片的类型调为 8 位,即将前期将经 MATLAB 处理后的图片格式设为了 8 位图。

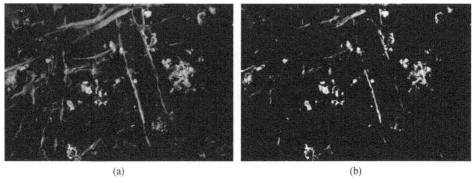

(a)   (b)

图 6-6   填料聚集体图像增强处理效果图

（a）灰度增强前；（b）灰度增强后

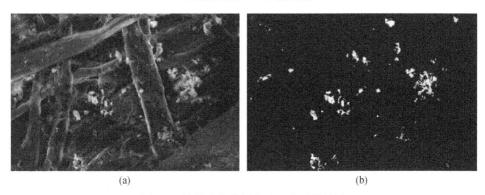

(a)   (b)

图 6-7   填料聚集体图像处理前后效果图

（a）原图；（b）图像处理后

采用 Image J 对图像颗粒进行统计前，需要通过调节阈值来准确地选取填料聚集体颗粒。一个领域或一个系统的界限称为阈，其数值称为阈值；阈值又被称为临界值，是指一个效应能够产生的最低值或最高值。Image J 软件中提供了十几种不同的阈值自动计算调节模式，这些阈值计算模式之间的区别如图 6-8 所示。以 Otsu 与 Triangle 算法为例，Otsu 是由日本学者大津于 1979 年提出的，是一种自适应的阈值确定方法，又称为大津法。此算法按照图像的灰度特性，将图像分成背景与目标两个部分，背景与目标的差别越大，两部分的类间方差越大。当部分目标被错分为背景或部分背景被错分为目标时，都会导致两部分差别变小。Triangle 是一种几何三角形算法，比较适用于图片的灰度直方图中在一端附近有一个最大峰值的情况。

为了更加准确全面地对纸张中填料聚集体颗粒进行统计，采用 MATLAB 软件中的 imhist（）函数求取处理后图像 [即图 6-7（b）] 的灰度直方图，结果如图 6-9 所示。由该图可知，经 MATLAB 等软件处理后图像的灰度值在低端存在峰值；因此 Triangle 算法更加适用于纸张填料聚集体背散射扫描电镜图像。

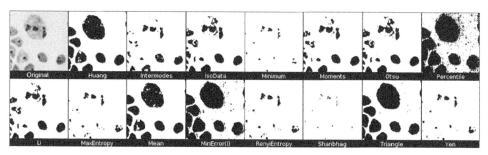

图 6-8　Image J 软件多种阈值计算方法的效果图[8]

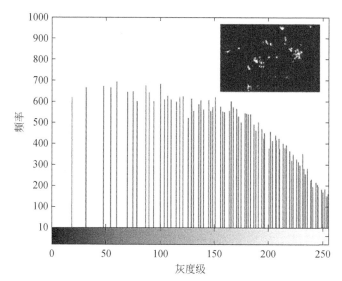

图 6-9　纸张填料聚集体图像灰度直方图（插图为采
用 Triangle 算法处理的填料聚集体背散射图像）

Image J 软件中的"Set Measurements"选项中可以设置需要统计的测量项，通过"Analyze Particles…"选项即可对填料聚集体的颗粒进行统计。统计结果及效果如图 6-10 所示，所统计的填料聚集体颗粒的相关信息需另存为 Excel 进行后续处理。

2. 填料聚集体粒径计算

由于各种粉体颗粒形状千差万别且通常都是非球形的，因此无法直接用直径这个概念来描述其大小，于是采用等效粒径的概念。通常根据不同的粒度测试方法，等效粒径可分为等效体积径、等效沉速粒径和等效投影面积径等。其中，等效投影面积径为与所测颗粒具有相同的投影面积的球形颗粒的直径，图像法所测粒径即为等效投影面积径。

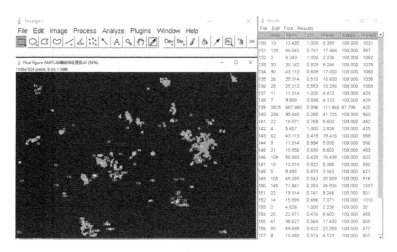

图 6-10　　纸张填料聚集体 Image J 软件统计结果

D_{50} 被称为中位径或中值粒径，是指累计粒度分布百分数达到 50%时所对应的粒径值，D_{50} 是评价粒度的一个典型指标。因此当通过 Image J 软件对纸张填料聚集体颗粒的相关信息进行统计后，首先通过对"area"项进行处理以得到 D_{50}，具体处理步骤如下：①对"area"的数据进行降序排序；②因为 Image J 软件统计出的面积的默认单位为像素*像素，因此在进行排序后需按照相应比例（1 μm=9.3 像素）进行换算；③对经过单位换算后的"area"列进行分类统计；④对分类统计后的面积数据进行百分累计计算，计算得出当累计分数达到 50%时的面积，然后再根据公式（$D=2*\sqrt{S/\pi}$）计算得出相应的 D_{50}。按照此方法计算出图 6-7（b）中纸张填料聚集体的中粒径 D_{50} 为 5.3 μm。由于扫描电镜拍摄视野的面积有限，仅用一张图片来代表该层填料聚集体在纸张中的实际分布状况是不准确的，因此6.1.4 节中将讨论所需图片张数（即最小样本量）的问题。需要注意的是：当对多张图片进行统计时，需要先将所有"area"的数据整合至一起，再进行排序、分类统计及后续计算。

6.1.4　样本量的确定

1. 单层纸张样品图片的样本量

选取 PCC 加填纸，选择纸张的正面拍摄了 10 张背散射照片，如图 6-11 所示。本书分别抽取 1 张、2 张、3 张……9 张图片进行统计，经过排列组合计算，第一组至第九组分别有 10 种、45 种、120 种、210 种、252 种、210 种、120 种、45 种与 10 种组合情况，因此决定每组抽取 10 种组合来进行统计计算。首先采用MATLAB 软件中的 combntns（）函数以求取每一组全部的排列组合情况，然后采用 Excel 软件中的抽样函数进行样本量为 10 的随机抽样，最终的抽样组合结果如

表 6-1 所示。

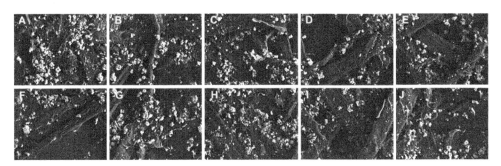

图 6-11　PCC 加填纸中填料聚集体背散射图片

表 6-1　各组需统计图片的抽样结果

编号	处理图片的张数					
	1 张	2 张	3 张	4 张	5 张	6 张
1	A	A, E	B, D, F	E, F, G, H	A, C, F, G, H	B, E, G, H, I, J
2	B	D, H	B, C, D	C, D, G, J	A, B, C, D, I	B, C, F, H, I, J
3	C	E, H	A, B, I	B, E, G, J	D, E, F, G, H	A, D, E, H, I, J
4	D	B, G	B, I, J	A, D, E, H	B, C, E, H, J	A, B, E, F, H, J
5	E	B, C	D, H, I	A, B, F, G	A, D, E, F, J	A, B, D, E, H, J
6	F	F, G	E, G, H	E, G, I, J	A, C, D, E, G	A, D, E, F, H, J
7	G	C, D	B, G, I	A, B, E, H	A, C, D, G, I	B, C, E, F, G, I
8	H	D, F	B, D, I	E, F, G, H	C, E, G, H, I	A, B, E, F, H, I
9	I	A, J	A, E, J	A, D, E, J	A, B, G, H, J	A, B, C, F, I, J
10	J	F, I	E, H, J	C, D, F, I	E, F, H, I, J	B, D, F, G, H, J

编号	处理图片的张数		
	7 张	8 张	9 张
1	A, B, C, D, F, I, J	B, C, D, E, F, G, H, J	A, B, C, D, E, F, G, H, I
2	B, C, E, F, G, H, J	B, C, D, E, F, G, I, J	A, B, C, D, E, F, G, H, J
3	B, D, E, F, G, H, J	A, B, C, D, G, H, I, J	A, B, C, D, E, F, G, I, J
4	A, C, D, E, F, H, J	A, C, D, E, F, H, I, J	A, B, C, D, E, F, H, I, J
5	A, B, C, D, E, F, H	B, C, D, E, F, H, I, J	A, B, C, D, E, G, H, I, J
6	A, C, D, F, H, I, J	A, B, C, D, E, G, H, I	A, B, C, D, F, G, H, I, J
7	A, B, C, E, G, I, J	A, B, D, E, F, G, H, I	A, B, C, E, F, G, H, I, J
8	A, B, C, D, E, I, J	A, B, C, D, E, G, H, I	A, B, D, E, F, G, H, I, J
9	B, D, E, F, G, H, I	A, B, C, D, E, F, I, J	A, C, D, E, F, G, H, I, J
10	A, D, E, F, H, I, J	A, D, E, F, G, H, I, J	B, C, D, E, F, G, H, I, J

　　根据表 6-1 的抽样结果，对拍摄的背散射图片进行处理及统计，统计所得纸张填料聚集体的 D_{50} 如表 6-2 所示。由表可知，当仅仅只处理一张图片时，在抽出的 10 个样品中，统计所得的纸张填料聚集体的中粒径最大值与最小值分别为 5.3 μm 和 3.1 μm 且标准偏差高达 0.639 μm，因此对纸张的每层仅拍摄处理 1 张图片是无法真实反映纸张中填料聚集体的分布情况的。由该表还可知，随着处理图片张数的增加，所抽取的 10 个样本统计所得的填料聚集体中粒径的标准偏差越小；相较于仅处理一张图片，选择处理 3 张图片时，填料聚集体中粒径的标准偏差得到了显著下降（约 65%）；而选择处理 6 张图片以上时，填料聚集体中粒径的标准偏差降低程度高达 87%。由于每张图片的前期处理及后续统计分析步骤较多、耗时较长，因此综合考虑图片处理时间及填料聚集体中粒径统计结果的准确性，建议纸张单层处理图片张数至少为 3 张。

表 6-2　各组抽样图片的填料聚集体的中粒径统计结果

编号	图片处理不同张数所得填料聚集体 D_{50}/μm								
	1 张	2 张	3 张	4 张	5 张	6 张	7 张	8 张	9 张
1	5.3	4.4	4.0	4.0	4.5	4.0	4.2	4.1	4.1
2	4.0	3.9	4.1	4.3	4.3	4.1	4.1	4.0	4.2
3	4.4	3.6	4.4	4.0	4.0	4.1	4.0	4.3	4.2
4	3.9	4.4	3.9	4.2	4.0	4.1	4.2	4.1	4.1
5	3.1	4.2	3.8	4.6	4.1	4.2	4.1	4.0	4.2
6	4.0	4.2	4.0	3.8	4.3	4.1	4.2	4.2	4.2
7	4.6	4.1	4.1	4.2	4.4	4.0	4.0	4.1	4.2
8	4.0	3.9	3.8	4.0	4.2	4.1	4.1	4.3	4.1
9	3.2	5.0	4.4	4.5	4.5	4.2	3.9	4.1	4.2
10	4.3	3.7	3.8	4.3	3.9	4.1	4.1	4.1	4.0
标准偏差	0.639	0.418	0.226	0.235	0.233	0.083	0.089	0.089	0.059

2. 纸张分层层数

　　加填纸张中的填料聚集体及纤维网络结构示意图（Z 向）如图 6-12 所示。为了对纸张内部的填料聚集体进行表征，采用了胶带分层法将纸张在 Z 向上分为不同层数（10 层、28 层、50 层），并对填料聚集体特征进行提取及中粒径的计算，不同分层层数的纸张填料聚集体 Z 向粒径变化趋势如图 6-13 所示。

　　图 6-14 为采用不同分层层数时所得的纸张填料聚集体区间百分含量粒径图与累计百分含量粒径图。结果表明，随着分层层数的增加，区间百分含量粒径分布曲线逐渐向小粒径方向偏移，且大粒径（10 μm 以上）的填料聚集体颗粒逐渐减少。由于纸张分层检测为有损检测，因此纸张的分层数以 10 层为宜。

图 6-12　PCC 加填纸张 Z 向结构示意图

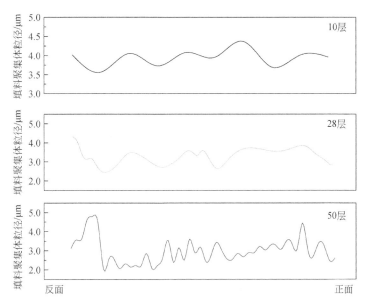

图 6-13　不同分层层数纸张填料聚集体 Z 向粒径变化图

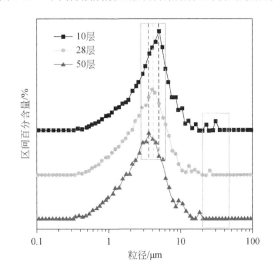

图 6-14　不同分层层数纸张填料聚集体区间百分含量图

6.2　纸张中填料聚集体的分布特征

6.2.1　填料聚集体中粒径

颗粒是具有一定尺寸和形状的微小物体，其大小被称为颗粒的粒度；颗粒的直径叫作粒径，一般以微米或纳米为单位表示。常见的粒度测试方法有库尔特（电阻）法、激光散射法、电镜法及筛分法等。根据不同的粒度测试方法，等效粒径可分为等效体积径、等效沉速粒径、等效电阻径及等效投影面积径。不同原理的粒度仪器根据不同的颗粒特性做等效对比。例如，激光粒度仪是利用颗粒对激光的散射特性作为等效对比，所测出的等效粒径为等效散射粒径，即用与实际被测颗粒具有相同散射效果的球形颗粒的直径来代表这个实际颗粒的大小，因此激光粒度仪所测得的中粒径为等效体积径。而采用显微图像法与电镜图像法所测得的颗粒等效径则为等效投影面积径。由于等效原理不同，各种测试方法得到的测量结果之间无直接的数值对比性。如图 6-15 所示，一个边长为 1 的正方体，其等效体积径为 1.241，而其等效投影面积径为 1.128，即等效投影面积径小于等效体积径；而这一结果也被其他研究报道。相关研究[9]表明对于造纸用粉煤灰基多孔硅酸钙、碳酸钙填料等，其图像法统计的填料粒径要小于激光粒度仪法（即其等效投影面积径小于等效体积径）。

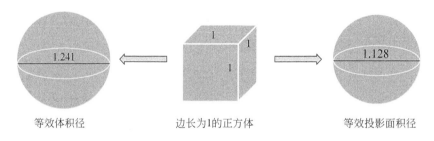

等效体积径　　　　　　　边长为1的正方体　　　　　　　等效投影面积径

图 6-15　等效粒径概念图

通过 MATLAB 软件、Image J 软件及 Excel 软件等的图像处理、统计及计算后，获得了不同粒径大小填料加填纸中填料聚集体的粒径累计百分含量图，结果如图 6-16 所示。由该图可知，GCC-1#-填料聚集体的中粒径大于 GCC-2#-填料聚集体的中粒径，这表明相比于较小中粒径的原始填料，采用较大中粒径的原始填料，经过湿部、压榨及干燥等工艺后，纸张内部填料聚集体的中粒径也较大。由图 6-16 可知，GCC-1#-填料聚集体的中粒径（等效投影面积径）大于 GCC-1#原始填料的中粒径（等效体积径），而 GCC-2#-填料聚集体的中粒径（等效投影面积径）与 GCC-2#原始填料的中粒径（等效体积径）相近；这表明通过纸张抄造工艺,有部分粒径较小的填料颗粒发生了流失,而留在纸张内部的小粒径填料颗粒则由于化学品或物理堆积的作用形成了粒径较大的填料聚集体,因此纸张内部填料聚集体的中粒径大于原始填料的中粒径。

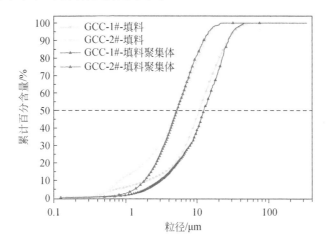

图 6-16　不同粒径大小填料及纸张填料聚集体粒径累计百分含量图

　　不同粒径跨度、不同形貌的原始填料与填料聚集体的累计百分含量如图 6-17 与图 6-18 所示。图 6-19 为研究采用的三种不同形貌填料的扫描电镜图,其中 GCC 填料为厚实的块状、PCC 填料为多棱簇状、高岭土填料则为薄片状。由图 6-17 可知,PCC-1#原始填料、PCC-2#原始填料与 PCC-1#-纸张填料聚集体、PCC-2#-纸张填料聚集体的中粒径基本相近。由图 6-18 可知,纸张中 GCC 填料聚集体的中粒径与 PCC 填料聚集体的中粒径相近,而高岭土填料聚集体的中粒径大于 GCC 与 PCC 填料聚集体的中粒径。

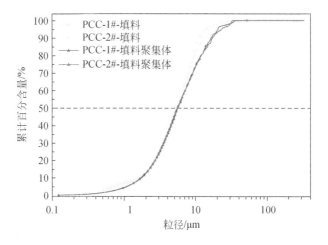

图 6-17　不同粒径跨度填料及纸张填料聚集体粒径累计百分含量图

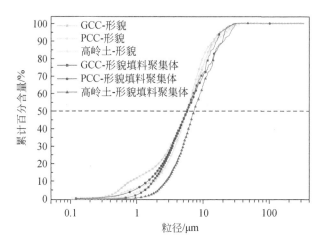

图 6-18　不同形貌填料及纸张填料聚集体粒径累计百分含量图

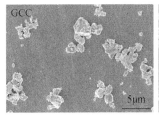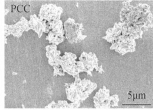

图 6-19　不同形貌填料 GCC、PCC 与高岭土扫描电镜图

　　粒径跨度是颗粒粒径特性的另一个重要指标，经统计计算后各种填料加填纸的填料聚集体的粒径跨度如表 6-3 所示。GCC-1#与 GCC-2#原始填料粒径跨度相似，其纸张中填料聚集体的粒径跨度也保持了相同；PCC-1#与 PCC-2#原始填料的粒径跨度相差较大，而纸张中填料聚集体的粒径跨度则缩小了这种差距，这可能是因为在纸张成形过程中填料颗粒发生了堆积，使得两种 PCC 加填纸中填料聚集体的粒径跨度变得相近。在考察三种不同形貌填料对纸张性能影响中，发现块状的 GCC 与片状的高岭土其加填纸中填料聚集体的粒径跨度相近，而多棱簇状的PCC 填料的粒径跨度则较大。

表 6-3　纸张填料聚集体的粒径跨度及中粒径

填料类型	GCC-1#	GCC-2#	PCC-1#	PCC-2#	GCC-形貌	PCC-形貌	高岭土-形貌
PSD	2.0	2.0	2.6	2.8	2.5	3.2	2.5
D_{50}/μm	12.1	5.1	5.6	5.5	5.6	5.7	7.2

注：粒径跨度 PSD=$(D_{90}-D_{10})/D_{50}$

　　对于原始填料，粒径跨度越大代表着颗粒分散程度越大，因此原始填料的粒径跨度越大，意味着填料颗粒之间的堆积能力越好（小粒径颗粒可以填充在大颗粒之间的缝隙中）。因此，相比于小粒径跨度的填料，使用具有较大粒径跨度的填料对纸张的强度性能更加有利。但是对于纸张填料聚集体而言，其粒径跨度越大则意味着纸张内部填料颗粒没有形成有效的堆积、大小颗粒均存在，这样反而对纸张的强度性能造成不良影响。

6.2.2　填料聚集体的分形维数

为了方便考察填料聚集体形貌特性对纸张性能的影响，研究采用分形维数（面积–周长法）来对纸张填料聚集体的形貌进行量化。

分形理论是研究自然界不规则和复杂现象的一门新兴的非线性学科，"分形"的概念最早由 Mandelbrot 于 1967 年发表在 *Science* 期刊的论文 "*How long is the coast of Britain*" 中提出[10]。1975 年，Mandelbrot 在其著作《分形对象：形、机遇与维数》中强调了自相似性是分形理论的重要原则，分形对象普遍存在于自然界中，如弯曲的海岸线、起伏的山脉、天空中的云彩、树叶及树枝等。如康托集（Cantor set）、柯赫曲线（Koch curve）及谢尔宾斯基海绵［又被称为门格尔海绵（Menger sponge）］等是典型的用数学方法生成的分形几何图形[11]。

分形几何的对象是不规则的、复杂的，无法用传统欧式几何描述的。以 Koch 曲线（图 6-20）为例，它处处连续但又处处不可微分，是长度无限的不光滑分形曲线，若是用一维的长度来描述，得到的结果是无穷大，若是用二维的面积来描述，得到的结果却为 0。随着分形理论的逐渐发展，它被广泛应用于自然科学（如化学中的胶体聚集物、生物学中的细胞形状等）、工程技术、文化艺术等诸多领域[12-19]。近年来，分形维数在造纸领域的应用也逐渐增多。胡慧仁等[20-21]采用图像法对不同助留体系下 PCC 悬浮液中絮聚体的分维进行了计算，结果表明 PCC 絮聚体具有自相似的分性特征，微粒体系所形成的絮聚体分维比聚丙烯酰胺单元体系或双元体系的絮聚体分维更大，且随着微粒用量的增加，絮聚体结构更致密，分形维数越大。

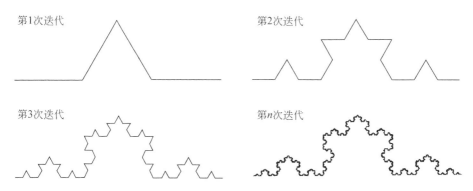

图 6-20　Koch 曲线生成过程[11]

自相似维数、盒计数维数和豪斯多夫（Hausdorff）维数等是分形几何中用于计算分形维数的经典方法，还有一些出于计算与研究需要，结合实际情况从经典算法中演化而来的面积–周长法、分规法及结构函数法等[11]。Hausdorff 维数能够精确测量复杂集（如分形）维数，一个点、一条线（直线或圆周）的 Hausdorff 维数分别为整数 0 和 1；而当一条直线以一种复杂的方式来回扭曲以填充平面时，其 Hausdorff 维数会大于 1 且无限接近 2；同理，将一个平面在三维空间来回折叠，其 Hausdorff 维数则大于 2 且逐渐接近 3。

根据分形岛的面积–周长关系确定分形维数有两种方法：①基于周界测定分形岛周界在平面的填充程度，为周界分形维数；②基于面积测定分形岛本身在平面的填充程度，为面积分形维数。根据分形岛的周长与面积测定周界分形维数时，其数学表达式为

$$P=kA^{\frac{D}{2}} \tag{6-2}$$

式中，A 为分形岛的面积；P 为分形岛的周长；D 为面积分形维数；k 为尺度常数。

由公式推导可知：$\lg P \propto \dfrac{D}{2} \lg A$，因此从面积与周长的双对数散点图中拟合线的斜率即可确定分形岛的分形维数。式（6-2）同样也可用来计算单岛的分形维数。当面积一定时，周长越长，则边界越复杂，其分形维数也就越高，如图 6-21 所示。

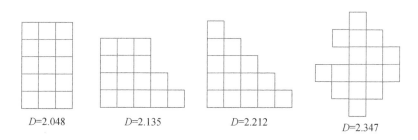

D=2.048　　　　D=2.135　　　　D=2.212　　　　D=2.347

图 6-21　相同面积不同周长分形岛的单岛分形维数

若将纸张中的填料粒子看作一个个分形岛，在图像法中利用软件对填料分形岛的面积及周长进行提取计算，则可将纸张中填料粒子的形貌进行量化，有利于建立填料特性与纸张性能的关系。当面积一定时，周长越长，边界越复杂，分形维数越高。7 种不同填料聚集体 Image J 统计结果图与纸张内部填料聚集体的分形维数如图 6-22 至图 6-24 所示。片状的高岭土填料聚集体的分形维数偏小（为1.1376），而多棱簇状的偏三角面体沉淀碳酸钙（s-PCC）填料聚集体的分形维数偏大（PCC-1#：1.2630；PCC-2#：1.2570；PCC-形貌：1.2458）；块状的 GCC 填料聚集体的分形维数则介于高岭土与 PCC 之间，GCC-1#填料聚集体、GCC-2#填料聚集体与 GCC-形貌填料聚集体的分形维数分别为 1.1882、1.2076 与 1.1490。由 7 种填料聚集体的分形维数可知，不同形貌的填料其分形维数存在本质的区别

（即 GCC 填料聚集体中最大的分形维数都会小于 PCC 填料聚集体中最小的分形维数），这表明采用分形维数来量化纸张填料聚集体的形貌是可行的。

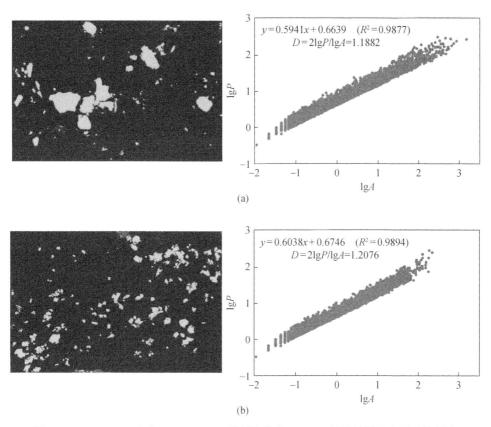

图 6-22　GCC-1#（a）与 GCC-2#（b）填料聚集体 Image J 统计结果代表图及填料聚集体的分形维数

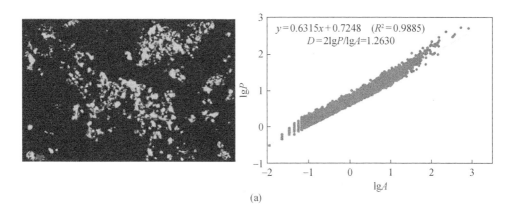

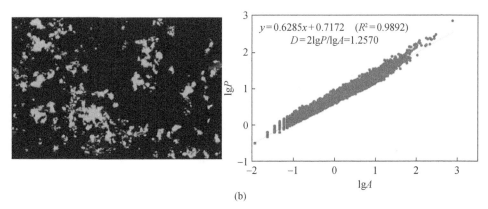

(b)

图 6-23 PCC-1#（a）与 PCC-2#（b）填料聚集体 Image J 统计结果代表图及填料聚
集体的分形维数

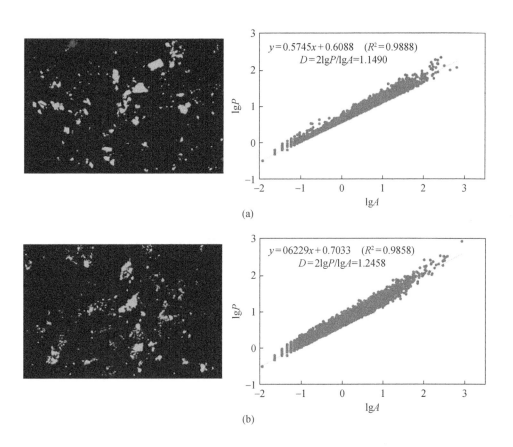

(a)

(b)

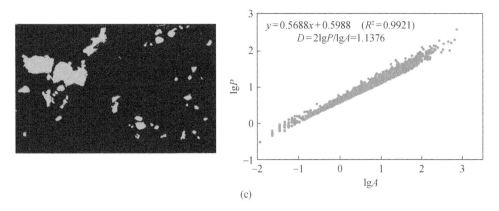

图 6-24　不同形貌填料聚集体 Image J 统计结果代表图及填料聚集体的分形维数

（a）GCC-形貌；（b）PCC-形貌；（c）高岭土-形貌

6.2.3　填料聚集体粒径的 Z 向分布

目前，国内外研究学者对于填料分布的研究多集中于填料在纸张中 Z 向的质量分布研究，鲜少有研究报道对纸张内部填料聚集体的 Z 向粒径分布研究。本实验则对不同填料加填纸纸张内部填料聚集体的粒径 Z 向分布特性进行了表征研究，结果如图 6-25 所示。7 种不同填料加填纸中填料聚集体的 Z 向分布都呈现"山峦式"分布；其中，GCC1-#填料聚集体粒径在纸张 Z 向上的波动要远高于 GCC-2#填料聚集体的 Z 向粒径波动。由前述可知，PCC-1#与 PCC-2#填料聚集体具有相似的中粒径，而 PCC-2#填料聚集体粒径在 Z 向上的波动要大于 PCC-1#填料聚集体的 Z 向粒径波动，这可能是造成 PCC-1#与 PCC-2#加填纸纸张强度性能有所差异的原因之一。经过对比不同形貌填料聚集体粒径在 Z 向上的分布特性可知，高岭土-形貌填料聚集体粒径的 Z 向波动要大于另外两种碳酸钙的填料聚集体粒径的 Z 向波动。通过综合考虑填料聚集体中粒径与粒径 Z 向分布可发现：填料聚集体中粒径较大时，其在 Z 向上的分布波动也较大（即填料聚集体粒径 Z 向分布标准偏差较大）。

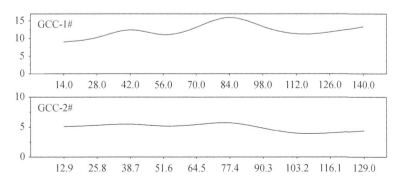

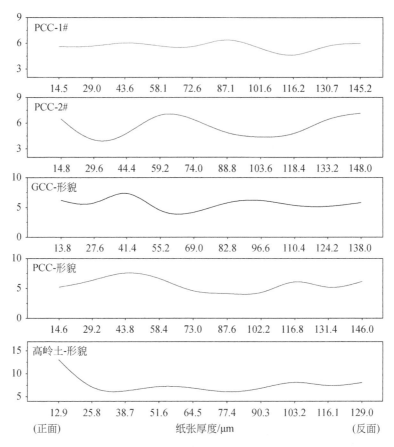

图 6-25　填料聚集体 Z 向粒径分布特性（纵坐标为填料聚集体粒径，μm）

6.3　纸张中填料聚集体形态特征对纸张性能的影响

6.3.1　填料聚集体形态特征对抗张指数的影响

　　本节选用了 7 种填料，考察了粒径大小（GCC1#与 GCC2#）、粒径跨度（PCC1#与 PCC-2#）与填料形貌（GCC-形貌、PCC-形貌与高岭土–形貌）对纸张抗张指数的影响，结果如表 6-4 所示。所有 GCC 加填纸的抗张指数均高于 PCC 加填纸，而高岭土–形貌加填纸的抗张指数则介于 GCC-形貌与 PCC-形貌加填纸的抗张指数之间。在同种填料类型下，GCC-1#加填纸的抗张指数大于 GCC-2#加填纸的抗张指数（在一定范围内，大粒径填料颗粒有利于改善纸张的强度性能）；PCC-2#加填纸的抗张指数大于 PCC-1#加填纸的抗张指数（宽跨度填料颗粒之间可有效堆积从而有利于改善纸张的强度性能）。由此可知，填料的形貌、中粒径、粒径跨度等都影响着加填纸的强度性能。

表 6-4　不同加填纸填料聚集体形态分布特征

填料类型	GCC-1#	GCC-2#	PCC-1#	PCC-2#	GCC-形貌	PCC-形貌	高岭土-形貌
标准偏差/μm	2.349	0.687	0.690	1.413	1.426	1.412	2.040
中粒径/μm	12.10	5.10	5.65	5.49	5.65	5.70	7.20
粒径跨度	1.95	1.99	2.63	2.84	2.51	3.15	2.46
分形维数	1.1882	1.2076	1.2630	1.2570	1.1490	1.2458	1.1376
抗张指数/（N·m/g）	48.98	43.53	40.00	43.85	45.32	42.99	47.49

注：为了更加准确地进行回归拟合，中粒径与粒径跨度选择了小数点后保留两位

研究使用了 Excel 软件对填料聚集体形态分布特征（表 6-4 中的标准偏差、中粒径、粒径跨度与分形维数等）与纸张抗张指数之间的关系进行了回归分析，结果如表 6-5 所示。回归统计结果的可知，决定系数 R^2=0.9862，即相关系数 r=0.9931，$r>r_{min}$（r_{min}=0.950），表明自变量（标准偏差、中粒径、粒径跨度与分形维数等）与因变量（抗张指数）之间具有极其显著的线性相关性；但根据对偏回归系数的 t 检验分析结果可知，在此多元线性回归分析中，$t_{分形维数}$所对应的 P 值大于 0.05，即认为该系数所对应的变量（即分形维数）对实验结果影响不显著。因此研究对填料聚集体形态分布特征（表 6-5 中的标准偏差、中粒径与粒径跨度）与纸张抗张指数之间的关系再次进行了回归分析，结果如表 6-6 所示。

表 6-5　纸张填料聚集体及纸张抗张指数回归分析

回归统计			方差分析			
			自由度（df）	方差（SS）	均方差（MS）	F 检验显著性水平（Significant F）
相关系数 r	0.9931	回归分析	4	52.7746	13.1937	0.0274
		残差	2	0.7396	0.3698	
		总计	6	53.5142		
决定系数 R^2	0.9862		系数	标准误差	t 检验值（t stat）	P 值（P-value）
校正决定系数	0.9585	截距	48.61	9.96	4.8818	0.0395
		标准偏差/μm	5.85	1.41	4.1524	0.0534
标准误差	0.6081	中粒径/μm	−0.61	0.35	−1.7419	0.2236
		粒径跨度	−4.00	1.36	−2.9342	0.0992
观测值	7	分形维数	1.42	10.42	0.1362	0.9041

根据表 6-6 中的回归分析可以建立以下回归方程：

$$y=5.69x_1-0.57x_2-3.84x_3+49.92 \qquad (6\text{-}3)$$

式中，y 为加填纸抗张指数；x_1 为填料聚集体 Z 向粒径分布的标准偏差；x_2 为填

料聚集体的中粒径；x_3 为填料聚集体的粒径跨度。

根据表 6-6 中纸张填料聚集体形态分布特征（标准偏差、中粒径与粒径跨度）与纸张抗张指数的回归分析可知：决定系数 R^2=0.9861，即相关系数 r=0.9931，$r>r_{min}$（n=7，α 选 0.01，则 r_{min}=0.874），表明自变量（标准偏差、中粒径与粒径跨度）与因变量（抗张指数）之间有极其显著的线性相关性。方差分析结果显示：Significant F=0.0028<0.01，因此所建立的回归方程非常显著。根据对偏回归系数的 t 检验分析结果可知，$t_{标准偏差}$ 与 $t_{粒径跨度}$ 的 P 值分别为 0.0026 和 0.0090，均小于 0.01，这表明该系数所对应的变量对实验结果影响非常显著；$t_{中粒径}$ 所对应的 P 值为 0.0491（大于 0.01 小于 0.05），则认为该系数所对应的变量（即中粒径）对实验结果影响显著。根据表中"t stat"的大小可知，填料聚集体的三个因素对纸张抗张指数影响的主次顺序为：$t_{标准偏差}>t_{粒径跨度}>t_{中粒径}$，即填料聚集体在 Z 向粒径分布的标准偏差对纸张抗张指数的影响最大，其次分别是纸张内部填料聚集体的粒径跨度与中粒径。

表 6-6　纸张填料聚集体及纸张抗张指数回归分析

回归统计		方差分析			
		自由度（df）	方差（SS）	均方差（MS）	F 检验显著性水平（Significant F）
相关系数 r	0.9930	回归分析　3	52.7677	17.5893	0.0028
		残差　3	0.7464	0.2488	
		总计　6	53.5142		
决定系数 R^2	0.9861		系数	标准误差	t 检验值（t stat）	P 值（P-value）
校正决定系数	0.9721	截距	49.92	2.04	24.4798	0.0001
		标准偏差/μm	5.69	0.61	9.3067	0.0026
标准误差	0.4988	中粒径/μm	−0.57	0.18	−3.2073	0.0491
观测值	7	粒径跨度	−3.84	0.64	−6.0531	0.0090

图 6-26 为统计的 7 种加填纸中填料聚集体的中粒径与填料聚集体粒径 Z 向分布标准偏差的关系。可以发现，随着填料聚集体中粒径的增大，填料聚集体粒径 Z 向分布标准偏差增大。而由公式（6-3）可知，填料聚集体 Z 向粒径分布的标准偏差与抗张指数呈正相关，而中粒径则与纸张的抗张指数呈负相关，这意味着增大原始填料的中粒径，纸张内部填料聚集体 Z 向粒径分布的标准偏差与填料聚集体的中粒径同时增大，一个为正相关因素，而另一个为负相关因素，二者存在竞争关系，因此不断增大原始填料的中粒径并不能一直改善纸张的抗张指数。当选用某种大小的填料时，通过分层控制（多层流浆箱）使得填料聚集体的 Z 向粒径分布偏差增大，有利于改善纸张强度性能。

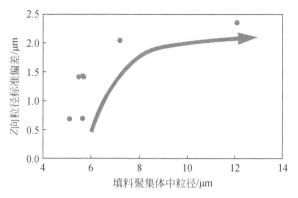

图 6-26 填料聚集体中粒径与 Z 向粒径标准偏差的关系

6.3.2 填料聚集体形态特征对光散射系数的影响

纸张的白度主要取决于填料的白度。当填料白度相近时，纸张的不透明度则主要与填料形貌及其在纸张中的分布有关，填料聚集体主要通过影响纸张的光散射系数改变不透明度。不同粒径大小（GCC-1#与 GCC-2#）、不同粒径跨度（PCC-1#与 PCC-2#）与不同填料形貌（GCC-形貌、PCC-形貌与高岭土-形貌）对纸张光散射系数与不透明度的影响如图 6-27 所示。由该图可知，当填料类型一定时（即具有相同的折射率与晶体结构等），填料不同的粒径特性与微观形貌造成了不同的纸张光散射系数与不透明度，这表明填料形貌、粒径特性等均影响着加填纸的光散射系数。图 6-28 表明加填纸的不透明度与其光散射系数存在一定的线性关系，即纸张的光散射系数越高，加填纸的不透明度越高。

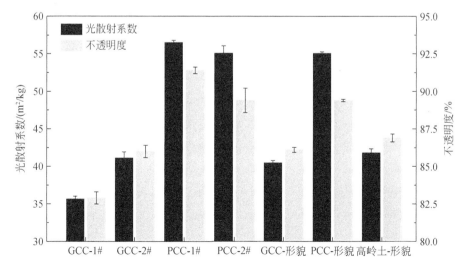

图 6-27 不同中粒径、粒径跨度及形貌对纸张光散射系数及不透明度的影响

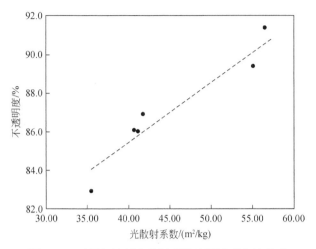

图 6-28 不同加填纸光散射系数及不透明度的关系

图 6-29 表征了填料聚集体的各种特性（分形维数、Z 向粒径分布标准偏差、

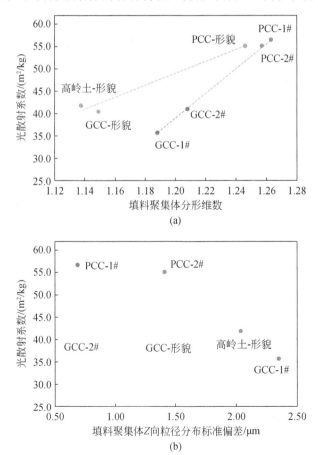

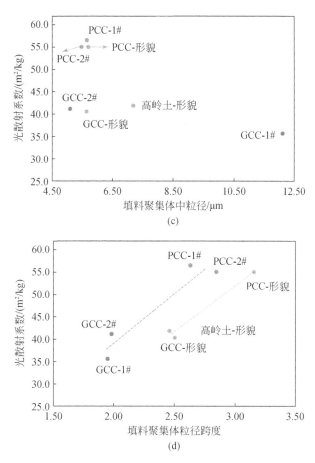

图 6-29　填料聚集体分形维数（a）、Z 向粒径分布标准偏差（b）、中粒径（c）及粒径跨度（d）
与加填纸光散射系数的关系

中粒径与粒径跨度等）与手抄片光散射系数的关系。由图可知，虽然手抄片的光
散射系数与填料聚集体的某一特性并不存在单元线性关系，但填料聚集体的分形
维数和粒径跨度对手抄片的光散射系数存在一定的关系。对加填纸的光散射系数
与填料聚集体的分形维数、粒径跨度进行回归分析，结果如表 6-7 所示。

表 6-7　纸张填料聚集体及纸张光散射系数回归分析

回归统计			方差分析			
			自由度（df）	方差（SS）	均方差（MS）	F 检验显著性水平（Significant F）
相关系数 r	0.9656	回归分析	2	421.5057	210.7529	0.0046
		残差	4	30.5326	7.6331	

回归统计		方差分析			
		自由度（df）	方差（SS）	均方差（MS）	F 检验显著性水平（Significant F）
决定系数 R^2	0.9325	总计　6	452.0383		
		系数	标准误差	t 检验值（t stat）	P 值（P-value）
校正决定系数	0.8987	截距　−97.23	27.46	−3.54	0.0240
标准误差	2.7628	粒径跨度　11.32	2.94	3.85	0.0182
标准误差	7	分形维数　95.61	24.61	3.84	0.0185

因此，可以建立以下回归方程：

$$y=11.32x_1+95.61x_2-97.23 \qquad (6\text{-}4)$$

式中，y 为加填纸光散射系数；x_1 为填料聚集体的粒径跨度；x_2 为填料聚集体的分形维数。

根据回归统计结果，可知决定系数 $R^2=0.9325$，即相关系数 $r=0.9656$，$r>r_{min}$（$r_{min}=0.874$），说明自变量（粒径跨度、分形维数）与因变量（光散射系数）之间有极其显著的线性相关性。方差分析结果显示：Significant $F=0.0046<0.01$，所以所建立的回归方程非常显著。根据对偏回归系数的 t 检验分析结果可知，在此多元线性回归方程中，$t_{粒径跨度}$、$t_{分形维数}$ 的 P 值均大于 0.01 且小于 0.05，表明该系数所对应的变量（即粒径跨度、分形维数）对实验结果影响显著。根据表中"t stat"的大小可知，两个因素对结果影响作用相似（$t_{粒径跨度}\approx t_{分形维数}$），即增加纸张中填料聚集体的跨度和分形维数都有利于提高纸张的光散射系数，而增加纸张的光散射系数有利于提高纸张的不透明度。

6.3.3　填料聚集体形态特征对松厚度的影响

松厚度是纸张重要的结构性能指标之一，在一定的纸张厚度下，松厚度越高的纸张所需原料越少，从而节约生产成本。除了纤维之外，填料是影响纸张松厚度的重要因素。由于本实验中使用的两批次浆料的松厚度略有不同（打浆度相同、强度性能相近），在 7 种加填纸中，GCC-1#、GCC-2#与 PCC-1#加填纸采用同一浆料（未加填纸的松厚度为 1.79 cm³/g），而 GCC-形貌、PCC-形貌、高岭土-形貌与 PCC-2#采用了同一种浆料（未加填纸的松厚度为 1.84 cm³/g）。

研究采用公式（6-5）计算得出不同加填纸中填料聚集体的松厚度，结果如表 6-8 所示。

$$B_f=B_p-B_{fiber}\times(1-x) \qquad (6\text{-}5)$$

式中，B_f 为填料聚集体的松厚度；B_p 为加填纸的松厚度；B_{fiber} 为纯纤维纸的松厚度；x 为填料含量。

表6-8　不同加填纸松厚度特性

填料类型	GCC-1#	GCC-2#	PCC-1#	PCC-2#	GCC-形貌	PCC-形貌	高岭土–形貌
纸张松厚度/(cm^3/g)	1.9228	1.7708	2.0313	2.0394	1.8642	2.0203	1.7934
填料含量 / %	15.29	15.63	15.20	15.91	14.94	15.78	17.49
填料聚集体松厚度/(cm^3/g)	0.4051	0.2592	0.5120	0.4886	0.2956	0.4616	0.2718

由表 6-8 可知，PCC 填料聚集体所提供给的松厚度远高于相似粒径的 GCC 填料与高岭土填料，表明不同填料种类（即填料形貌）对填料聚集体的松厚度影响较大。对比 GCC1#与 GCC-2#、PCC-1#与 PCC-2#可知，填料的粒径大小、跨度等也会对填料聚集体的松厚度产生一定的影响，其中填料颗粒中粒径大小的影响更加显著。为了研究填料聚集体形态分布特征与填料聚集体松厚度之间的关系，对表 6-8 中填料聚集体松厚度与表 6-4 中填料聚集体的各种特性进行了单元线性回归分析，表明填料聚集体形态分布特征对其松厚度并无显著影响。因此对填料聚集体的各种特性与填料聚集体松厚度进行了多次多元分析，结果如表 6-9 所示。

表6-9　填料聚集体形态分布特征及填料聚集体松厚度回归分析

回归统计			方差分析			
			自由度（df）	方差（SS）	均方差（MS）	F 检验显著性水平（Significant F）
相关系数 r	0.9593	回归分析	2	0.0642	0.0321	0.0064
		残差	4	0.0056	0.0014	
决定系数 R^2	0.9202	总计	6	0.0697		
			系数	标准误差	t 检验值（t stat）	P 值（P-value）
校正决定系数	0.8804	截距	−2.42	0.41	−5.86	0.0042
标准误差	0.0373	分形维数	1.88	0.30	6.28	0.0033
观测值	7	lg(D_{50}×PSD)	0.44	0.14	3.25	0.0313

根据表 6-9 中的回归分析可以建立以下回归方程：

$$y=1.88x_1+0.44\lg(x_1\times x_3)-2.42 \tag{6-6}$$

式中，y 为纸张填料聚集体的松厚度；x_1 为填料聚集体的分形维数；x_2 为填料聚集体的中粒径；x_3 为填料聚集体的粒径跨度。

由回归统计结果可知，决定系数 $R^2=0.9202$，即相关系数 $r=0.9593$，$r>r_{min}$（$r_{min}=0.874$），说明自变量（中粒径、粒径跨度与分形维数）与因变量之间有极其显著的相关性；方差分析结果显示：Significant $F=0.0064<0.01$，所以建立的回归方程非常显著。根据对偏回归系数的 t 检验分析结果可知，在此多元线性回归方程中，$t_{分形维数}$ 的 P 值为 0.0033（小于 0.01），则认为该系数所对应的变量（即分形维数）对实验结果影响非常显著。$t_{\lg(D_{50}\times PSD)}$ 的 P 值介于 0.01～0.05 之间，表明

该系数所对应的变量（中粒径及粒径跨度乘积的对数）对实验结果影响显著。根据表中"t stat"的大小可知，填料聚集体的分形维数对填料聚集体的松厚度影响最大。

6.4　填料聚集体特征调控及其对纸张性能的影响

填料预絮聚技术是指采用不同的聚合电解质将填料粒子聚集到一起，然后加入到浆料中进行纸张抄造。该技术通过调控填料絮聚体尺寸来改变纸张中填料聚集体尺寸，从而有效降低填料对纤维结合的破坏作用，因其具有工艺简单、成本较低等优点，在实际生产中容易实现，已成为改善纸张强度性能最常用的技术之一。在实际研究中也发现，填料原始粒径不同，即使絮聚体尺寸相同，其预絮聚加填纸的性能可能也不同。因此，本节主要从填料絮聚体结构、尺寸、分布等影响填料聚集体特性角度出发，一方面通过预絮聚技术设计不同絮聚体尺寸和结构调控纸张性能；另一方面，采用分层抄造的方法对填料在 Z 向的粒径分布进行调控，改善了纸张性能。

6.4.1　填料聚集体结构调控对纸张性能的影响

本节采用两种形貌差别较大的填料（如滑石粉与 GCC 填料）进行复配加填以改善纸张的成纸性能，且不同粒径的滑石粉与 GCC 填料采用不同质量比例进行复配所得纸张性能不同[26]。与填料复配相似，采用填料复配预絮聚技术时，PCC 与滑石粉的质量比不同，预絮聚所形成的絮聚体结构不同。由此可知，当采用填料复配方法时，不同质量比、不同粒径比的填料可以形成不同的絮聚体结构，如图 6-30 所示。鉴于未有研究报道填料原始粒径对复配预絮聚加填纸的影响，实验采用了不同粒径大小的 PCC 填料（PCC-①为 4.9 μm，PCC-②为 8.0 μm）与滑石粉（中粒径为 14.1 μm）填料以质量比 1:1 进行复配预絮聚，所用絮凝剂为阳离子聚丙烯酰胺，最终获得的絮聚体尺寸为 48 μm，复配预絮聚纸张中填料含量控制在 20%±0.5%与 28%±0.5%。

1. 强度性能

PCC-①-滑石粉常规加填、PCC-②-滑石粉常规加填与 PCC-①-滑石粉预絮聚加填、PCC-②-滑石粉预絮聚加填纸张在不同填料含量下的抗张指数如图 6-31（a）所示。由该图可知，当纸张中填料含量分别为 20%与 28%时，PCC-①-滑石粉预絮聚加填比 PCC-①-滑石粉常规加填纸张的抗张指数分别提高了 17.3%与 29.1%，且 PCC-②-滑石粉预絮聚加填比 PCC-②-滑石粉常规加填纸张的抗张指数分别提高了 18.6%与 25.2%。除此之外，当纸张中填料含量为 20%时，PCC-②-滑石粉预絮聚加填比 PCC-①-滑石粉预絮聚加填纸张的抗张指数高 8.5%，而当纸张填料含量为 28%时，PCC-①-滑石粉预絮聚加填纸的抗张指数则与 PCC-②-滑石粉预絮聚加填纸的抗张指数相近，这表明在高填料含量下，当絮聚体尺寸一定时，原始填料的粒径大小对复配预絮聚纸张的抗张指数影响不大。

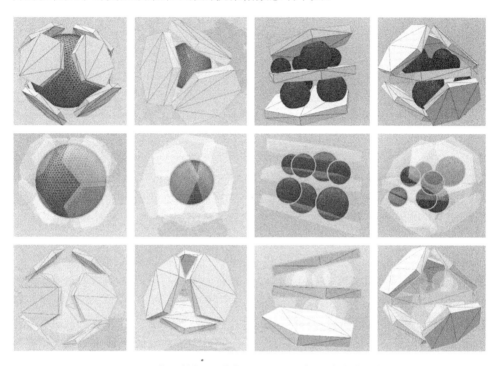

图 6-30　不同质量比、粒径比填料复配絮聚体结构示意图

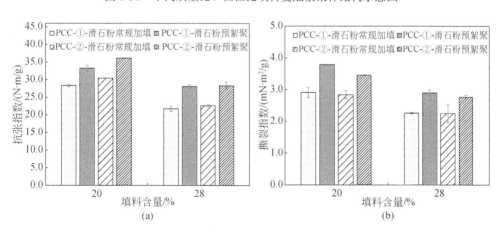

图 6-31　不同填料含量对复配预絮聚纸张抗张指数（a）与撕裂指数（b）的影响

图 6-31（b）展示了 PCC-滑石粉常规加填与预絮聚加填对纸张撕裂指数的影响。与抗张指数相似，复配预絮聚加填与复配常规加填纸张的撕裂指数随着填料

含量的增加而降低，且复配预絮聚加填纸张的撕裂指数始终高于复配常规加填纸张的撕裂指数。当采用 PCC 填料与滑石粉填料进行复配预絮聚加填时，小粒径的 PCC 与滑石粉复配预絮聚对纸张的撕裂指数改善效果更佳。

综上可知，当采用两种形貌差别较大的填料（PCC 与滑石粉）进行复配预絮聚加填时，使用小粒径的 PCC 填料在纸张高填料含量下更有利于改善纸张的强度性能。

2. 结构性能

PCC-滑石粉预絮聚加填与常规加填纸张的松厚度如图 6-32（a）所示。由该图可知，在一定的纸张填料含量下，复配常规加填纸张的松厚度始终高于复配预絮聚加填纸张的松厚度。当纸张中填料含量为 20%时，PCC-①-滑石粉常规加填的松厚度略高于 PCC-②-滑石粉常规加填纸的松厚度，而当纸张填料含量为 28%时，PCC-①-滑石粉常规加填的松厚度则与 PCC-②-滑石粉常规加填纸的松厚度相近，这表明随着纸张中填料含量的增加，用于复配的填料其原始粒径对纸张松厚度影响不大。不同于常规复配加填，当纸张中填料含量为 20%时，PCC-①-滑石粉预絮聚加填纸的松厚度远低于 PCC-②-滑石粉预絮聚加填纸的松厚度；而当纸张填料含量为 28%时，PCC-①-滑石粉预絮聚加填纸的松厚度则与 PCC-②-滑石粉预絮聚加填纸的松厚度相近；这说明采用不同粒径的 PCC 与滑石粉复配进行预絮聚加填时，小粒径的 PCC 填料不利于纸张松厚度的改善，但随着纸张填料含量的增加，当絮聚体尺寸相同时，原始填料的粒径大小对复配预絮聚纸张的松厚度影响甚微。

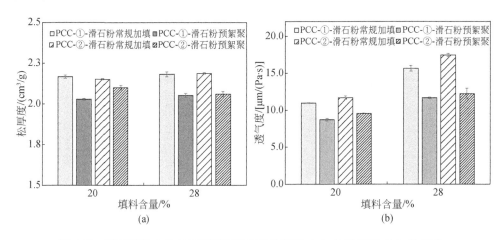

图 6-32　不同填料含量对复配预絮聚纸张松厚度（a）与透气度（b）的影响

图 6-32（b）展示了 PCC-滑石粉常规加填与预絮聚加填纸张的透气度变化。由图可知，复配预絮聚加填与复配常规加填纸张的透气度随着填料含量的增加而

增大，但复配预絮聚加填纸张的透气度始终低于复配常规加填纸张的透气度。当
纸张中填料含量分别为 20%与 28%时，PCC-①-滑石粉预絮聚加填比 PCC-①-滑石
粉常规加填纸张的透气度分别降低了 20.4%与 25.4%；且 PCC-②-滑石粉预絮聚加
填比 PCC-②-滑石粉常规加填纸张的透气度分别降低了 18.0%与 30.0%，这表明无
论是大粒径的 PCC 还是小粒径的 PCC，与滑石粉进行复配预絮聚对高填料纸张的
透气度的损失较多。

3. 光学性能

图 6-33 为 PCC-滑石粉常规加填与预絮聚加填对纸张光学性能的影响。可知，
复配预絮聚加填与复配常规加填纸张的白度与不透明度均随着填料含量的增加而
增大；且在一定的纸张填料含量下，复配预絮聚加填纸张的白度与不透明度始终
低于复配常规加填纸张的白度与不透明度。

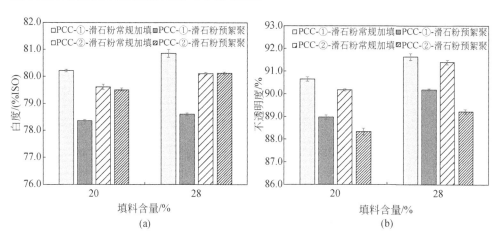

图 6-33　不同填料含量对复配预絮聚纸张白度（a）与不透明度（b）的影响

由图 6-33（a）可知，相较于 PCC-①-滑石粉复配常规加填，PCC-①-滑石粉
预絮聚加填纸张的白度显著降低；且随着纸张填料含量的增加，降低幅度越大。
而当纸张填料含量为 20%或 28%时，PCC-②-滑石粉常规加填纸的白度则与 PCC-
②-滑石粉预絮聚加填纸张的白度相近，这表明当对复配填料采用预絮聚加填技术
时，相较于大粒径的 PCC-②填料，小粒径的 PCC-①填料不利于预絮聚加填纸的
白度。

由图 6-33（b）所示可知，在相同的纸张填料含量下，PCC-①-滑石粉加填纸
的不透明度始终高于 PCC-②-滑石粉加填纸的不透明度。此外，相较于大粒径的
PCC-②填料，使用小粒径的 PCC-①填料与滑石粉进行复配会削弱预絮聚加填技
术对纸张不透明度的负面影响；且随着纸张填料含量的增加，小粒径 PCC-①填料
的这种减缓纸张不透明度下降的优势愈加明显。

　　纸张的白度与不透明度主要受纸张的光散射系数与光吸收系数影响。图 6-34 为 PCC-①-滑石粉常规加填、PCC-②-滑石粉常规加填与 PCC-①-滑石粉预絮聚加填、PCC-②-滑石粉预絮聚加填纸张在不同填料含量下的光散射系数与光吸收系数。由图可知，经过预絮聚后纸张的光散射系数大幅度下降，且随着纸张填料含量的增加，下降幅度越大。因为预絮聚技术使得复配加填纸的光散射系数下降，因此预絮聚加填纸的不透明度均有不同程度的下降。

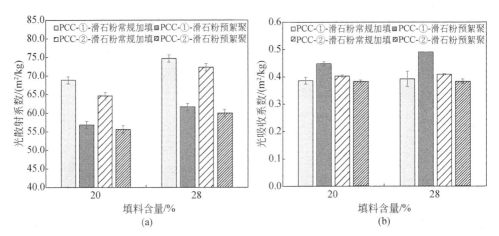

图 6-34　不同填料含量对复配预絮聚纸张光散射系数（a）和光吸收系数（b）的影响

　　值得注意的是，PCC-①-滑石粉预絮聚加填纸的光吸收系数高于 PCC-①-滑石粉常规加填纸的光吸收系数，而 PCC-②-滑石粉预絮聚加填纸的光吸收系数则低于 PCC-②-滑石粉常规加填纸的光吸收系数，如图 6-34（b）所示。由于光散射系数愈低、纸张的白度与不透明度愈低，光吸收系数愈低、纸张的白度愈高而不透明度愈低。对于 PCC-②-滑石粉加填纸而言，经过预絮聚后，纸张的光散射系数与光吸收系数同时降低，因此相较于常规加填，在高填料含量下，PCC-②-滑石粉预絮聚加填纸的白度基本不变，而不透明度则大幅度降低。而经过预絮聚后，PCC-①-滑石粉加填纸张的光散射系数降低、光吸收系数增加，因此造成了在高填料含量下，与常规加填相比，PCC-①-滑石粉加填纸张的白度下降幅度较大而不透明度下降幅度较小。

　　PCC-①-滑石粉预絮聚加填纸与 PCC-②-滑石粉预絮聚加填纸的光散射系数与光吸收系数的不同变化主要是因为不同粒径的 PCC 填料在与滑石粉进行复配预絮聚时，会形成不同结构的填料聚集体。相比于大粒径的 PCC-②填料，小粒径的 PCC-①填料更容易与滑石粉形成复杂的"三明治"夹层结构，如图 6-35 所示。这种复杂的夹层结构的填料聚集体更有利于纸张的光散射系数与光吸收系数，因此当纸张填料含量一定时，PCC-①-滑石粉预絮聚加填纸的光散射系数与光吸收系数均高于 PCC-②-滑石粉预絮聚加填纸的光散射系数与光吸收系数。

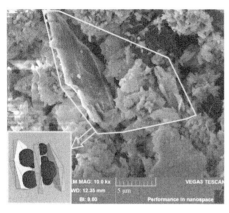

图 6-35　PCC-①-滑石粉预絮聚加填纸与 PCC-②-滑石粉预絮聚加填纸扫描电镜图

6.4.2　填料聚集体 Z 向粒径分布调控对纸张性能的影响

当填料聚集体中粒径及粒径分布一定时，增大填料聚集体 Z 向粒径分布标准偏差可以改善加填纸的抗张指数，因此采用层合法设计了填料 Z 向分布，纸张定量为 72 g/m^2，由上、中、下三层纸页组成，每层纸页定量为 24 g/m^2，纸张填料含量控制在 15%±0.5%、23%±0.5% 与 30%±0.5%，上层与下层纸页采用小粒径的 PCC-①填料，而纸张中层则采用大粒径的 PCC-②填料，具体如图 6-36 所示。研究了纸张上下两层采用较小粒径的 PCC-①填料、中层采用较大粒径的 PCC-②填料，根据填料留着率，调整每层填料的含量比例为 1：1：1，最终层合纸张中填料含量控制在 15%±0.5%、23%±0.5% 与 30%±0.5%。

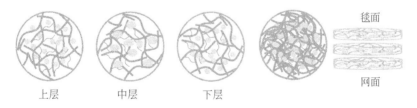

图 6-36　纸张填料 Z 向粒径调控分层抄造示意图

图 6-37 为填料聚集体 Z 向调控后纸张 Z 向的扫描电镜图，可看出上下两层的填料聚集体的颗粒较小，中间层的填料聚集体颗粒较大，表明通过湿部的分层调控可以有效地实现纸张中填料聚集体的粒径 Z 向调控。此外，上下两层的孔隙较少、填料聚集体颗粒分布较为密实，中间层的填料聚集体颗粒较大、孔隙较多。这种"外紧内松"的分布会对纸张的光学性能、结构性能和强度性能产生不同的影响。

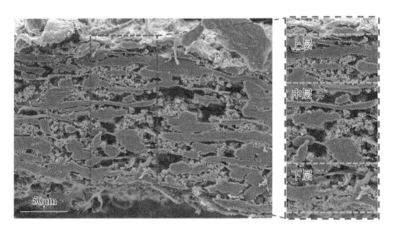

图 6-37　填料聚集体粒径 Z 向调控纸张截面扫描电镜图

1. 强度性能

　　填料粒径 Z 向调控纸张与常规加填纸张在不同填料含量下的抗张指数如图 6-38（a）所示。由该图可知，填料粒径 Z 向调控纸张与常规加填纸张的抗张指数均随着填料含量的增加而降低；且在相同的纸张填料含量下，采用层合法抄造的填料粒径 Z 向调控纸张的抗张指数始终高于常规加填纸张的抗张指数。当纸张填料含量分别为 15%、23% 与 30% 时，层合法填料粒径 Z 向调控纸张的抗张指数分别比常规加填纸的抗张指数提高了 9.0%、17.4% 与 35.7%，这表明通过层合法对纸张填料 Z 向粒径进行调控可以明显改善纸张的抗张强度，且改善效果在高填料含量下愈发显著。

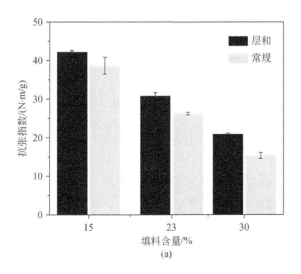

(a)

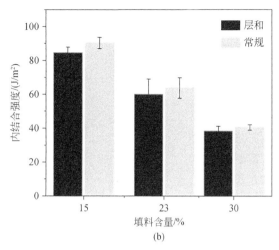

图 6-38　不同填料含量对 Z 向粒径调控纸张抗张指数（a）与内结合强度（b）的影响

　　填料粒径 Z 向调控纸张与常规加填纸张在不同填料含量下的内结合强度如图 6-38（b）所示。相比于常规加填，层合法抄造将会对纸张的内结合强度造成负面影响。由图可知，填料粒径 Z 向调控纸张与常规加填纸张的内结合强度均随着填料含量的增加而降低；且在相同填料含量下，采用层合法抄造纸张的内结合强度均低于常规加填纸张的内结合强度。当纸张填料含量分别为 15%、23% 与 30% 时，层合法填料粒径 Z 向调控纸张的内结合强度分别比常规加填纸的内结合强度降低了 6.4%、6.0% 与 5.4%，这表明通过层合法对纸张填料粒径进行 Z 向调控会对纸张内结合强度造成负面影响，但随着纸张填料含量的增加会削弱层合法抄造对纸张内结合强度造成的负面影响。

2. 结构性能

　　填料粒径 Z 向调控纸张与常规加填纸张在不同填料含量下的松厚度如图 6-39（a）所示。研究表明通过填料预絮聚、填料改性等方法使纸张强度性能得到改善时，加填纸的松厚度会有不同程度的下降[27, 28]。由图可知，填料粒径 Z 向调控纸张与常规加填纸张的松厚度均随着填料含量的增加而增加；且在相同的纸张填料含量下，采用层合法抄造的填料粒径 Z 向调控纸张的松厚度均优于常规加填纸张的松厚度。

　　填料粒径 Z 向调控纸张与常规加填纸张在不同填料含量下的透气度如图 6-39（b）所示。由图可知，填料粒径 Z 向调控纸张与常规加填纸张的透气度均随着填料含量的增加而增加；在相同的纸张填料含量下，采用层合法抄造的填料粒径 Z 向调控纸张的透气度均高于常规加填纸张的透气度。当纸张填料含量分别为 15%、23% 与 30% 时，层合法填料粒径 Z 向粒径进行调控纸张的透气度分别比常规加填纸的透气度增加了 22.2%、23.7% 与 24.5%，表明通过层合法对纸张填料 Z 向粒径进行调控可以明显改善纸张的透气度，且改善效果随着纸张内部填料含量的增加而愈发显著。

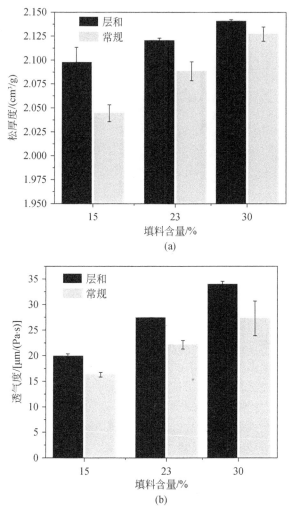

图 6-39　不同填料含量对 Z 向粒径调控纸张松厚度（a）与透气度（b）的影响

3. 光学性能

　　填料聚集体的结构及其在纸张中的分布显著影响着纸张光学性能，尤其是纸张不透明度。填料粒径 Z 向调控纸张与常规加填纸张在不同填料含量下的白度与不透明度如图 6-40 所示。由图可知，填料粒径 Z 向调控纸张与常规加填纸张的白度均随着填料含量的增加而增加；且在相同的纸张填料含量下，采用层合法抄造的填料粒径 Z 向调控纸张的白度始终略高于常规加填纸张的白度。与白度性能相似，在相同的纸张填料含量下，采用层合法抄造的填料粒径 Z 向调控纸张的不透明度始终高于常规加填纸张的不透明度，如图 6-40（b）所示。层合法填料粒径 Z

向调控纸张的不透明度比常规加填纸的不透明度均提高了近 0.45%。

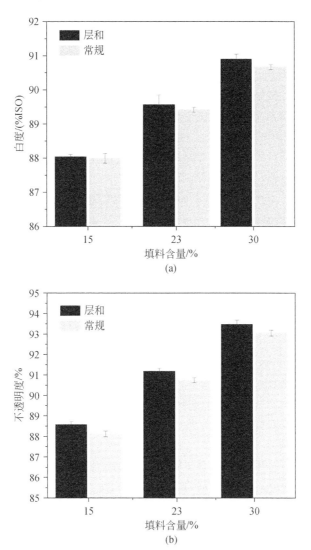

图 6-40　填料含量对 Z 向粒径调控纸张白度（a）与不透明度（b）的影响

参 考 文 献

［1］Haggblom-Ahnger U M，Pakarinen P I，Odell M H，et al. Conventional and stratified forming of office paper grades ［J］. Tappi Journal，1998，81（4）：149-158.

［2］Odell M. Paper structure engineering ［J］. Appita Journal，2000，53（3）：371-377.

［3］Szikla Z，Paulapuro H. Z-Directional distribution of fines and filler material in the paper web under wet pressing conditions [J]. Paperi Ja Puu-Paper and Timber, 1986, 68 (9): 654.

[4] Puurtinen A. Controlling filler distribution for improved fine paper properties [J]. Appita Journal, 2004, 57 (3): 204-208.

[5] Puurtinen A. Multilayering of fine paper with 3-layer headbox and roll and blade gap former [D]. Helsinki: Helsinki University of Technology, 2004.

[6] 余凌竹, 鲁建. 扫描电镜的基本原理及应用 [J]. 实验科学与技术, 2019, 17 (5): 85-93.

[7] 杨丹, 赵海滨, 龙哲. MATLAB 图像处理实例详解 [M]. 北京: 清华大学出版社, 2013: 2-16, 74-197.

[8] Auto Threshold [EB/OL]. 2017-4-29. [2019-1-20]. https: //imagej.net/Auto_Threshold#Try_all.

[9] 李秋梅. 填料特性及其 Z 向分布对纸张性能的影响研究 [D]. 西安: 陕西科技大学, 2017.

[10] Mandelbrot B B. How long is the coast of Britain? Statistical self-similarity and fractional dimension [J]. Science, 1967, 156: 636-638.

[11] 朱华, 姬翠翠. 分形理论及其应用 [M]. 北京: 科学出版社, 2011: 1-53, 262-298.

[12] Xiang G, Ye W, Yu F, et al. Surface fractal dimension of bentonite affected by long-term corrosion in alkaline solution [J]. Applied Clay Science, 2019, 94-101.

[13] Moruzzi R B, Oliveira A L D, Conceição F T D, et al. Fractal dimension of large aggregates under different flocculation conditions [J]. Science of the Total Environment, 2017, 609: 807-814.

[14] Forsythe A, Reilly R G. What paint can tell us: A fractal analysis of neurological changes in seven artists [J]. Neuropsychology, 2017, 31 (1): 1-10.

[15] Sharma M, Bilas R, Acharya U R. A new approach to characterize epileptic seizures using analytic time-frequency flexible wavelet transform and fractal dimension [J]. Pattern Recognition Letters, 2017, 94: 172-179.

[16] 张宸铭, 高建华, 黎世民, 等. 基于路网可达性的城市空间形态集聚分形研究 [J]. 地理研究, 2018, 37 (12): 2528-2540.

[17] 赵荣军, 费本华, 张波. 杨树木材细胞腔径分布的分型表征 [J]. 南京林业大学学报 (自然科学版), 2008, 32 (1): 133-135.

[18] 裴萱. 从 "碎微空间" 到 "分形空间": 后现代空间的形态重构及美学谱系新变 [J]. 福建师范大学学报 (哲学社会科学版), 2017, (5): 86-170.

[19] 陶海旺, 赵军, 刘昊, 等. 基于分形理论的球头铣削表面形貌研究 [J]. 工具技术, 2018, 52 (12): 29-32.

[20] 胡芳, 胡慧仁. 助留体系对 PCC 悬浮液形成絮体分形特征的影响 [J]. 中国造纸, 2009, 28 (9): 5-9.

[21] 胡芳, 胡慧仁. CPAM 对 PCC 悬浮液絮凝作用的分形研究 [J]. 中国造纸学报, 2009, 24 (3): 83-87.

[22] Chauhan V S, Bhardwaj N K. Preflocculated talc using cationic starch for improvement in paper

properties [J] . Appita Journal，2013，66（3）：220-228.

[23] Chauhan V S，Bhardwaj N K. Cationic starch preflocculated filler for improvement in filler bondability and composite tensile index of paper [J] . Industrial & Engineering Chemistry Research，2014，53（29）：11622-11628.

[24] 王亚腾，彭建军. 混合填料预絮聚加填对纸张性能的影响 [J]. 纸和造纸，2015，34（8）：33-36.

[25] Song S，Yuan S，Zhang M，et al. A filler distribution factor and its relationship with the critical properties of mineral-filled paper [J] . BioResources，2018，13（3）：6631-6641.

[26] Perng Y，Wang E I，Hsia Y，et al. Effects of different filler combination with talc and calcium carbonate on paper properties/printabiliaty [J] . Cellulose Chemistry and Technology，2015，49（5-6）：511-516.

[27] Gamelas J A F，Lourenço A F，Xavier M，et al. Modification of precipitated calcium carbonate with cellulose esters and use as filler in papermaking [J] . Chemical Engineering Research & Design，2014，92（11）：2425-2430.

[28] Cao S，Song D，Deng Y，et al. Preparation of starch-fatty acid modified clay and its application in packaging papers [J] . Industrial & Engineering Chemistry Research，2011，50（9）：5628-5633.

第7章 造纸填料的改性与复合技术

为了有效改善纸张的强度性能与光学性能、开发高填料高档纸种，近年来许多研究者将目光聚焦于造纸填料的改性与复合技术[1-6]。填料改性是指通过物理或化学方法对填料表面进行处理，增加填料与纤维之间的结合，或者降低填料对纤维结合的破坏程度以达到改善纸张强度性能的目的。填料复合技术通常是将填料与填料、填料与纤维通过物理或化学方法，使填料与其他组分，如细小纤维、纤维素纳米纤维等形成复合体，从而有利于提高填料与纤维之间的结合，实现纸张强度的改善或者纸张灰分的提高。

为了进一步改善加填纸张强度性能，本章主要阐述了不同的物理、化学的改性及复合方法对加填纸成纸性能的影响[7-9]，以期为填料制备及高加填技术的开发提供一定的参考。

7.1 热改性填料及其对加填纸张性能的影响

对填料进行热改性，即在一定温度下对填料进行煅烧处理，使填料的物理化学特性发生改变，从而改善加填纸的成纸性能。对填料的热改性处理多见于热改性高岭土填料[10]。由于煅烧高岭土具有较为开放的结构且折射率较高，因此提高了填料的光散射系数，且白度通常也可达到92%～94% ISO。

基于对 FACS 填料热稳定性的研究，发现对硅酸钙填料加热会使其表面游离水和化学结合水逐渐脱除，在 850℃左右时，水化硅酸钙转化为β-硅酸钙。晶体结构的改变对填料粒子形貌与物理特性均有影响。因此，实验分别在 250℃、400℃、700℃、900℃下对 FACS 填料进行热改性处理，探索不同表面结合水/游离水的硅酸钙以及硅酸钙填料晶型转化后对最终加填纸成纸性能的影响。

7.1.1 热改性温度对填料物理性能的影响

1. 物理性能

由表 7-1 所示，热改性温度对硅酸钙填料的物理性质也有一定的影响。随着热改性温度上升至 700℃，填料的平均粒径以及粒径分布并未发生较大变化。当温度到达 900℃时（即超过晶型转变温度时），填料粒径下降至 17.1 μm，与未改性填料相比，其平均粒径下降了约 21%，但填料粒径的分布仍然较窄，并未发生较大变化。从粒径效应对成纸性能的影响来看，粒径降低有利于提高成纸的光散射系数，增加成纸的不透明度，却不利于成纸强度的提高。从 BET 测试结果可知，随着热改性温度的提高，填料的比表面积也随着粒径的减小而降低，在 900℃时，填料的比表面积迅速下降至 4.0 m²/g，远远小于原始填料的比表面积。该比表面积略高于传统 GCC 填料（2.4 m²/g），低于 PCC 填料（11.6 m²/g）。填料比表面积的减小虽然不利于改善成纸光散射系数，但却有利于成纸强度的提高，同时还可以有效地改善成纸的施胶性能。但是在温度为 900℃时，填料的白度下降为 89.96%ISO，这势必对成纸的白度有不利影响。

表 7-1　不同改性温度对填料物理性能的影响

编号	改性温度 /℃	平均粒径 /μm	粒径 分布	比表面积 /（m²/g）	堆积密度 /（g/cm³）	白度 /%
T0	—	21.6	1.41	121.0	0.31	91.50
T1	250	21.3	1.44	109.0		91.03
T2	400	21.7	1.42	108.0		90.85
T3	700	20.2	1.34	95.4		91.00
T4	900	17.1	1.38	4.0	0.77	89.96

注：填料粒径分布（particle size distribution, PSD）根据 PSD=$(D_{90}-D_{10})/D_{50}$ 计算

此外，当温度超过晶型转变温度后，T4 填料的堆积密度显著提高。堆积密度除了与填料本身密度有关外，还与填料粒子大小和粒子之间的空隙有关。堆积密度的提高说明填料粒子本身的包裹能力增加。由于填料在纸张中会以堆积和团聚的形式存在，所以在相同加填量下，若填料粒子聚集体大小相同，填料粒子的包裹能力越好，越有利于减少填料粒子对成纸强度的破坏作用。

2. 表面形貌

对于同一种填料，随着粒径减小，比表面积会相应增加，但表 7-1 中却显示出相反的结果。由此可见，填料的比表面积不仅与粒径大小有关，还与填料的表面形貌有很大关系。图 7-1 显示出了不同热改性温度对填料表面形貌的影响。可以发现，在温度为 250℃和 400℃时，仍可辨别出硅酸钙填料粒子表面褶皱多孔的形貌。与较低温度下改性的填料相比，在 700℃时部分填料表面多孔形貌已经消失，造成粒径和比表面积的降低。随着改性温度的进一步升高，填料粒子表面的多孔形貌消失，暴露出许多粒径约为 1~2 μm 的球状粒子聚集体。由于多孔形貌大量消失，导致填料比表面积迅速降低。因此，综合表 7-1 和图 7-1 结果可知，填料粒径和比表面积随着改性温度的提高而降低，最主要的原因可能是其表面从多孔形态逐步变化为较为光滑的表面。

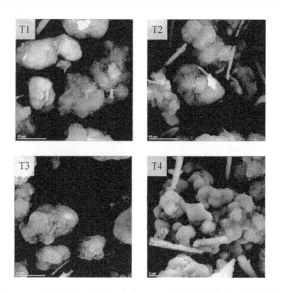

图 7-1　不同改性温度下对 FACS 填料表面形貌的影响

3. 化学组分

对不同温度下热改性的 FACS 填料 XRD 衍射图谱（图 7-2）分析结果表明，在 200℃时仍可辨别出 C-S-H 特征峰，400～750℃时 C-S-H 已经解体，结构为无

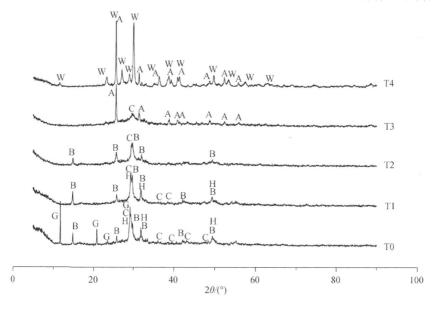

图 7-2　不同温度下热改性 FACS 的 XRD 图谱对比

A：无水石膏–$CaSO_4$；B：烧石膏–$CaSO_4 \cdot 0.5H_2O$；C：方解石–$CaCO_3$；G：石膏–$CaSO_4 \cdot 2H_2O$；H：水化硅酸钙，C-S-H；W：硅灰石–$CaSiO_3$

定形状态，900℃煅烧的样品（T4）中出现硅灰石，说明原水化硅酸钙已经转化为具有一定晶体结构的硅灰石，这与文献[11]中的结论一致。由于样品中的水化硅酸钙（C-S-H）转化为硅灰石，其密度由 1.3 g/cm³ 提高至 2.78～2.91 g/cm³，这也是改性后填料堆积密度较高的主要原因。若填料含量相同时，填料密度的提高减少了粒子数目，从而有利于改善加填纸的强度。原 FACS 填料中所含有的 CaSO₄·2H₂O 在200℃改性 2 h(T1 样品)后已经消失,石膏脱出部分水分,转化为CaSO₄·0.5H₂O,随着温度的升高，水分继续脱除，CaSO₄·0.5H₂O 衍射峰强度降低，并在750℃时，出现了 CaSO₄ 的衍射峰。另外，样品所含有微量的 CaCO₃ 在550℃开始分解为 CaO 和 CO₂，直至约 830℃全部转化为 CaO[12]，因此在 T4 样品中未发现 CaCO₃。

4. 化学元素分布

由于热改性温度在 900℃时对填料物理性质和化学成分组成影响较大，故对 T4 样品进行元素分布分析。由图 7-3 可知，虽然热改性温度在 900℃时对填料物理特性影响最大，但是其元素分布未有较为明显的变化。

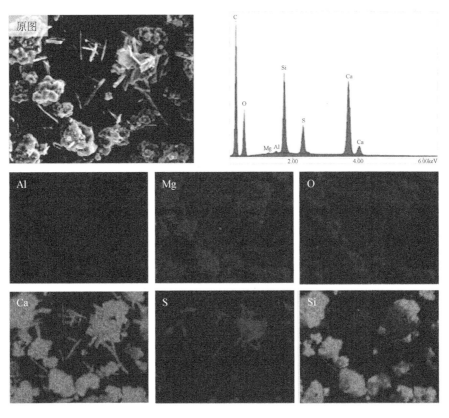

图 7-3   热改性温度为 900℃时填料表面的元素分布

7.1.2　热改性填料加填纸张性能的影响

填料的物理性质，如粒径与粒径分布、表面形貌、比表面积、白度等对成纸性能的影响较大，故此部分实验的目的一方面探讨不同热改性温度下填料对成纸性能的影响，另一方面通过与造纸工业常用的填料 GCC 和 PCC 作对比，以期发现改性后填料的优势与劣势。由于填料含量的变化对成纸物理性能影响很大，所以实验通过调整填料的添加量来控制成纸填料含量，比较不同改性温度下的填料对成纸物理性能的影响。

1. 松厚度与透气度

已经证明，FACS 填料在改善成纸松厚度方面具有显著优势。图 7-4 显示了不同改性温度下，改性填料对成纸松厚度的影响。与未改性填料 T0 相比，由于改性后填料 T1、T2、T3 的平均粒径与粒径分布并没有较大改变，所以当改性温度低于 900℃时，填料 T1、T2、T3 加填纸的松厚度与未改性填料相比无明显变化。然而，与 T0 相比，当改性温度为 900℃，填料含量为 17.5%和 33.5%时，T4 填料加填纸的松厚度分别降低了约 27.2%和 33.8%。当成纸填料含量增加近一倍时，T4 加填纸的松厚度仅提高了 8.8%，而未改性填料加填纸的松厚度却提高了 27.2%。T4 填料平均粒径的减小和堆积密度的提高是造成其加填纸松厚度的降低的主要原因。

与未改性填料相比，虽然 T4 填料对成纸松厚度的改善作用降低，但与传统填料 PCC、GCC 加填纸相比，T4 填料仍具有较大的优势。在造纸工业所使用的填料中，PCC 可有效提高成纸松厚度，但当 PCC 含量从 17.5%增加至 33.5%时，其成纸松厚度也仅增加了 2.6%；而 GCC 加填纸的松厚度几乎没有变化。

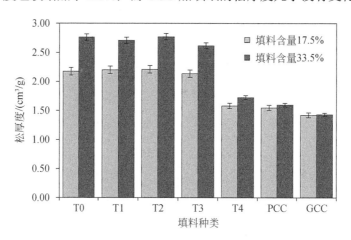

图 7-4　热改性填料对成纸松厚度的影响

改性填料对成纸透气度的影响如图 7-5 所示。实验中未加填纸张的透气度为 41.97 s/300 mL，无论加填何种填料，其加填纸的透气度都有不同程度的提高，即使一些填料，如 T4、GCC 和 PCC，随着填料含量的提高，加填纸的松厚度变化并不大，但其成纸透气度改变较大，说明成纸透气度的改变与填料在成纸内部的分布有关。另外，改性填料 T1、T2、T3 与未改性填料 T0 相比，在相同填料含量时成纸透气度并未明显改善；当填料含量为 17.5% 和 33.5% 时，T4 加填纸的透气度分别降低了约 129% 和 79%，这主要是由于 T4 填料本身性质的变化，造成加填纸紧度提高，最终降低了成纸透气度。与传统填料 PCC 和 GCC 相比，T4 加填纸透气度仍然偏高，这可能与 T4 填料粒径较大有关。

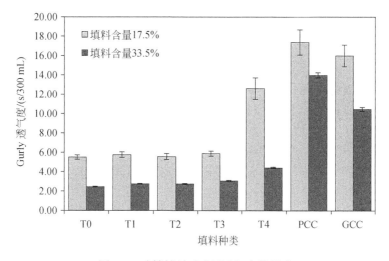

图 7-5　改性填料对成纸透气度的影响

2. 强度性能

由图 7-6 可知，在相同填料含量下，T4 加填纸的抗张强度优势明显。当填料含量为 17.5% 时，其成纸抗张强度与未改性填料 T0、PCC、GCC 加填纸相比提高了 32.4%、52.8% 和 21.7%，而其他温度下改性的填料对成纸抗张强度并未有较大的改善作用。与未改性填料 T0 相比，T4 填料粒径减小意味着在相同填料含量下纸张中的填料粒子数目增多，不利于纤维的结合，但是由于 T4 填料粒子表面多孔形貌的消失以及粒径变小、密度增加，提高了填料粒子的包裹能力。由于填料在纸张中的分布是以填料-纤维或者填料-填料聚集体形式存在的，所以当填料聚集体大小相同时，包裹能力更好的填料粒子所形成的聚集体会含有更多的填料粒子，因而减少了填料粒子对纤维结合的破坏；另外，T4 填料密度的提高也使得粒子数目减少，这两方面都有利于降低填料对成纸抗张强度的负面影响。

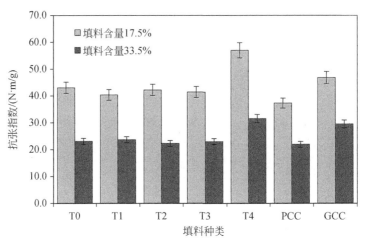

图 7-6　改性填料对成纸抗张指数的影响

在填料含量相同时，T4 填料加填纸赋予了纸张更好的抗张强度，意味着在满足纸张性能要求的前提下，采用 T4 填料可以显著提高成纸填料含量，为高填料纸的开发提供了空间，有利于节约纤维资源，降低生产成本。

图 7-7 中加填纸撕裂强度测试结果表明，T3 加填纸的撕裂指数比其他 FACS 填料加填纸低约 10%～20%，而 T4 加填纸的撕裂指数与 T0、T1 和 T2 加填纸相似。改性后填料加填纸的撕裂指数均优于 PCC 和 GCC 加填纸。加填纸的撕裂强度不仅与纤维之间的结合力和成纸挺度有关[13]，还与填料表面形貌、粒径以及填料在纸张中的分布有关。对于未改性填料 T0 和改性填料 T1～T3，T3 粒径的减小和表面多孔形貌的消失可能造成填料与纤维表面的摩擦力降低，导致撕裂指数下降。T4 加填纸松厚度下降所造成挺度降低不利于撕裂强度的提高，但是该填料本

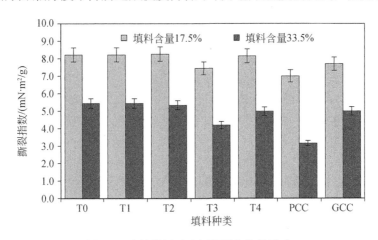

图 7-7　改性填料对成纸撕裂指数的影响

身的特性有利于改善纤维之间的结合，因此，最终成纸撕裂强度与未改性填料加填纸相比变化并不多。

3. 光学性能

加填纸的白度主要受填料本身白度的影响，改性填料 T1、T2、T3 的白度与未改性填料相比虽稍有降低，但差别并不大，所以其加填纸也具有相似的白度，如图 7-8 所示。T4 填料的白度与未改性填料 T0 相比下降近 2%，导致成纸白度与未改性填料加填纸相比在填料含量为 17.5%和 33.5%时分别降低了 0.92%和 0.74%。虽然改性前后 FACS 填料加填纸的白度仍低于 PCC 填料，但与 GCC 填料相近，仍能满足使用要求。

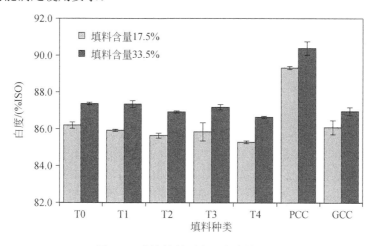

图 7-8 改性填料对成纸白度的影响

改性填料对成纸不透明度的影响如图 7-9 所示。T4 填料加填纸的不透明度远低于未改性填料和常规填料 PCC 和 GCC 加填纸的不透明度。除 T4 填料外，其他改性填料加填纸的不透明度与未改性填料加填纸的不透明度相似。纸张的不透明度主要取决于光散射系数，而 T4 填料主要通过以下三方面原因降低了加填纸的光散射系数：①T4 填料表面多孔形貌的消失使比表面积迅速降低，造成填料本身光散射系数降低；②填料堆积密度的提高意味着填料粒子之间的空隙减少，从而减少了光散射路径，降低了光散射能力；③T4 填料粒径与未改性填料相比减小了近 21%，造成成纸厚度降低以及填料包裹能力增加，减少了纸张结构中填料-空气-纤维三者界面数量。三个因素共同作用，降低了 T4 加填纸的光散射系数，使得成纸不透明度降低。虽然通过提高填料含量在一定程度上可改善加填纸的不透明度，但 T4 加填纸的不透明度仍然较低。相关研究表明[14]，利用填料复配的理念，将不同特性的填料按一定比例复配使用可以达到平衡成纸某些物理性能的目的。由于 T4 填料在成纸松厚度和物理强度方面与普通填料相比具有明显优势，后续可以将该填料与其他填料复配对成纸性能起到改善作用。

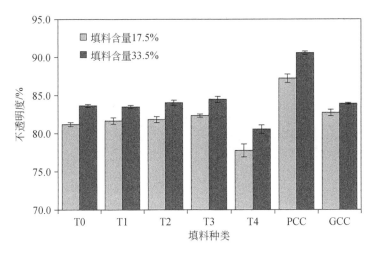

图 7-9　改性填料对成纸不透明度的影响

7.1.3　改性填料在纸张中的分布特点

为了进一步研究改性填料对成纸性能的影响,采用 SEM 对不同填料加填纸的表面和横截面进行了分析,见图 7-10。由于改性填料 T1～T3 本身物理性质以及加填纸性能并未发生较大改变,故本部分实验仅对改性前填料 T0 与发生晶型转变后的填料 T4 加填纸结构进行分析讨论。

1. 填料在成纸表面的分布

从图 7-10 可以看出,分丝帚化的纤维可与改性前后的填料粒子有一定的结合,部分分丝帚化的纤维甚至会"贴"在填料上,填料热改性后,进一步增加了填料与纤维的这种相互作用。从图 7-10(b)可看出,T4 填料的分布具有以下

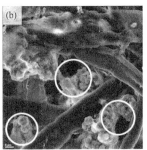

图 7-10　填料改性前后加填纸表面形貌(填料含量为 33.5%)

(a)T0 加填纸;(b)T4 加填纸

特点：第一，填料粒子通过类似纤维的物质联系在一起，改善了填料-填料、填料-纤维的结合，有利于改善成纸撕裂指数；第二，部分 T4 填料表面被类似纤维的物质所包裹或覆盖，减少了纤维-空气-填料界面，可降低成纸光散射系数，使得最终加填纸不透明度降低。

2. 改性填料在成纸 Z 向的分布

图 7-11 进一步证明了改性后填料加填纸的厚度与改性前相比明显降低。另外，填料在纸张中并不是以单一颗粒存在的，而是以不同粒径大小、不同数量填料粒子聚集在一起而形成的聚集体形式存在于纸张内部。在相同填料含量下，改性后 T4 填料所形成的聚集体无论是数量还是尺寸均小于改性前填料在纸张中所形成的聚集体，从而降低了填料-空气-纤维界面，造成光散射系数的降低。与此同时，T4 加填纸 Z 向有更多的纤维结合在一起，有利于改善加填纸的强度性能。

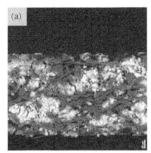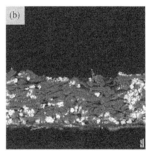

图 7-11　填料改性前后加填纸 Z 向的 SEM 图像（填料含量为 33.5%）

（a）T0 加填纸；（b）T4 加填纸

7.2　淀粉-硬脂酸钠改性填料及其对加填纸张性能的影响

研究表明，淀粉及淀粉衍生物、纤维素及纤维素衍生物、瓜儿胶和聚丙烯酰胺等均能作为造纸填料的包覆改性剂[15]，而研究重点集中在淀粉、纤维素和壳聚糖等天然多糖对造纸填料的包覆改性。淀粉因其低廉的价格并具有增强功能而广泛应用于造纸湿部，近些年以淀粉为主要改性剂的填料包覆改性研究也愈来愈多。用淀粉改性填料时，通常可采用有机溶剂、金属盐等使糊化淀粉沉淀出来[16]。有研究[17]采用淀粉-脂肪酸复合物形成法制备了淀粉-高岭土复合物，在温度低于 70℃时，淀粉-脂肪酸复合物的溶解度很低，使其很容易包覆到高岭土表面,改善了高岭土与纤维间的结合力,可以使成纸强度提高 1～2 倍。同时,复合物中脂肪酸的存在还可以提高手抄片的防水性能,这有利于造纸过程中的施胶[18]。

7.2.1　改性路线对填料特性的影响

淀粉是造纸行业中常用的增干强剂,据研究报道表明,将其作为改性剂用于造纸填料改性后,纸张的强度性能会有明显改善[19-23]。实验采用淀粉-硬脂酸钠对多孔硅酸钙填料进行了改性,并考察了不同改性路线对多孔硅酸钙填料粒径的影响,改性方法如下所述。

路线 1:在三口烧瓶中加入 20%的淀粉(相对于多孔硅酸钙填料的用量),配制成 3%的淀粉悬浊液,在冷水中分散 10 min 后开始加热升温,在 95℃、400 r/min 下糊化 30 min;糊化完成后加入浓度为 3.0%的硬脂酸钠溶液(用量为多孔硅酸钙填料的 4%),在 95℃、200 r/min 下继续反应 30 min;随后将 10%的多孔硅酸钙悬浮液加入到三口烧瓶中,并在 95℃、300 r/min 下与淀粉硬脂酸钠复合物混合 20 min,制得淀粉-硬脂酸钠改性 FACS 填料。

路线 2:在三口烧瓶中加入浓度为 3%的淀粉悬浊液(用量为 FACS 的 20%)与固含量为 10%的 FACS 悬浮液,在冷水中分散 10 min 后开始加热升温,在 95℃、400 r/min 下糊化 30 min;糊化完成后加入浓度为 3.0%的硬脂酸钠溶液(用量为 FACS 的 4%),在 95℃、300 r/min 下继续混合搅拌 20 min,制得淀粉-硬脂酸钠改性的 FACS 填料。

路线 3:在三口烧瓶中加入 20%的淀粉(相对于多孔硅酸钙填料的用量),配制成 3%的淀粉悬浊液,在冷水中分散 10 min 后开始加热升温,在 95℃、400 r/min 下糊化 30 min;糊化完成后加入浓度为 10%的多孔硅酸钙悬浮液,并在 95℃、300 r/min 下混合搅拌 20 min,随后将浓度为 3.0%的硬脂酸钠溶液(用量为多孔硅酸钙填料的 4%)加入到三口烧瓶中,在 95℃、200 r/min 下继续反应 30 min,制得改性 FACS 填料。

将三种改性路线下所制备的淀粉-硬脂酸钠改性填料取一部分置于玻璃试管中静置 24 h 后进行观察,剩余部分则直接用于纸张抄造。

如图 7-12 所示,经过淀粉-硬脂酸钠的复合改性,多孔硅酸钙填料的粒径均有所增大,改性路线 1、路线 2 与路线 3 填料的粒径分别为 28.0 μm、30.9 μm 与 31.2 μm,这是由于淀粉-硬脂酸钠改性使得填料悬浮液中小粒径颗粒的含量减少、大粒径颗粒的含量增加。相关研究表明,增加湿部填料的粒径有利于增加纸张中填料聚集体 Z 向分布的标准偏差,从而有利于改善纸张的强度性能;除此之外,淀粉经糊化后沉积于填料颗粒表面,包覆于填料颗粒表面的淀粉可以与纤维上的羟基形成氢键,从而有利于进一步提高纸张强度。

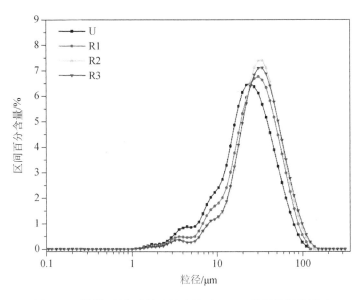

图 7-12　淀粉-硬脂酸钠改性路线对 FACS 填料粒径的影响

U：未改性；R1：改性路线 1；R2：改性路线 2；R3：改性路线 3

　　图 7-13 为不同路线下淀粉-硬脂酸钠改性多孔硅酸钙后的光学照片。由图可知，将三种改性路线下的填料悬浮液静置 24 h 后，其上层液体的浑浊程度不同。改性后填料悬浮液的上层液体越清澈，意味着越多的糊化淀粉包覆于填料颗粒上，就越有利于改善纸张的强度性能。在三种淀粉-硬脂酸钠改性路线中，R3 的上层液体最为清澈，其次是 R1，最后为 R2；这表明采用路线 3 对多孔硅酸钙进行改性时，会有更多的淀粉-硬脂酸钠复合物沉积于填料颗粒表面。沉积于填料颗粒表面的淀粉-硬脂酸钠复合物也会利于填料粒子的聚集，从而使得改性后填料粒径增大，因此改性路线 3 所得填料的尺寸最大。

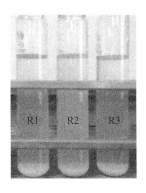

图 7-13　不同路线淀粉-硬脂酸钠改性悬浮液对比图（静置 24 h）

　　改性前后所得填料的微观形貌如图 7-14 所示。由图可知，未改性的硅酸钙表面呈现蜂窝状，孔隙清晰可见；而经过不同路线的改性后，其表面会沉积淀粉-硬脂酸钠复合物，使得其表面的蜂窝孔隙部分被覆盖。

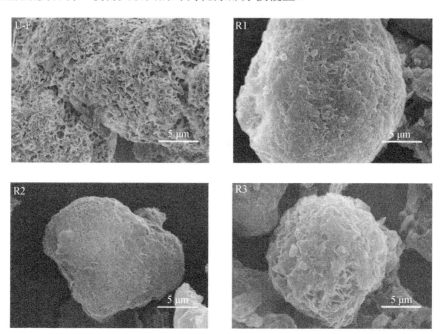

图 7-14　不同改性路线制备的 FACS 填料表面形貌

U-F：未改性填料；R1：改性路线 1 所得填料；R2：改性路线 2 所得填料；R3：改性路线 3 所得填料。下同

7.2.2　改性路线对加填纸性能的影响

　　改性路线对纸张性能的影响如图 7-15 所示。由图 7-15（a）可知，淀粉-硬脂酸钠改性后，FACS 加填纸的抗张指数提高了 11%～22%，增强效果 R3>R1>R2。不同于路线 1 与 3 中优先糊化淀粉，路线 2 中 FACS 与淀粉同时进行升温糊化，填料颗粒的存在可能影响了淀粉的糊化效果，因此其加填纸的抗张指数改善效果最弱。研究表明，在淀粉-硬脂酸钠改性 GCC 填料时，改性路线 1（即淀粉糊化→加入硬脂酸钠→加入填料）对纸张抗张指数的改善要优于改性路线 3（即淀粉糊化→加入填料→加入硬脂酸钠）。这表明填料特性对改性路线影响较大。实验所采用的 FACS 为泥浆状填料，呈强碱性，其 pH 为 11 左右；将淀粉糊化完成后加入填料，会使得整个混合物呈碱性，当硬脂酸钠加入到混合物中后，碱性条件有利于更多的淀粉-硬脂酸钠复合物沉积于填料颗粒表面，因此对于 FACS，改性路线 3 对纸张抗张指数的增强效果最佳。

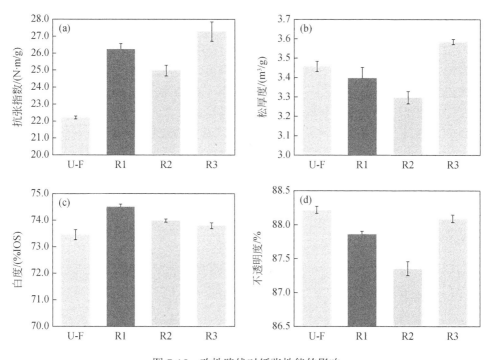

图 7-15　改性路线对纸张性能的影响

（a）抗张指数；（b）松厚度；（c）白度；（d）不透明度

图 7-15（b）表明，与未改性加填纸相比，改性路线 1 与 2 加填纸的松厚度有所降低，而改性路线 3 加填纸的松厚度则略有增加；改性路线 1 与 2 加填纸松厚度的降低可能是由于改性填料混合液中的淀粉-硬脂酸钠复合物更多地吸附于纤维上，使得纤维与纤维之间的结合增加，从而在改善纸张强度的同时降低了纸张松厚度。

经淀粉-硬脂酸钠改性后，加填纸的白度均有所增加而不透明度则有不同程度的下降，如图 7-15（c）与（d）所示。如前所述，多孔硅酸钙填料表面均有淀粉-硬脂酸钠复合物包覆，使得多孔硅酸钙填料的光散射能力降低，因此改性填料加填纸的不透明度均有所降低；而改性路线 1 与 2 中，淀粉-硬脂酸钠复合物较多地吸附于纤维表面，促进了纤维之间的结合，因此增加了纸张中的光学接触面积、降低了纸张光散射系数，导致其不透明度低于改性路线 3 加填纸的不透明度。加填纸张的白度主要受填料白度的影响，而本研究中使用的多孔硅酸钙和淀粉的白度分别为 85.6%ISO 和 91.06%ISO。由于多孔硅酸钙的白度较低，采用高白度淀粉改性后的填料，其加填纸的白度增加。

图 7-16 展示了未改性加填纸与改性路线 3 加填纸的微观结构，由此图可知经过改性后，纸张内部独立的小粒径颗粒［图 7-16（a）圆圈所示］减少，较多的小颗粒填料聚集到一起形成较大的填料聚集体［图 7-16（b）圆圈所示］。这是由于淀粉经糊化后存在许多游离羟基，这些游离羟基可与纤维的游离羟基反应形成氢键，从而有利于改善加填纸的强度性能；由于小颗粒具有相对较大的比表面积，这使得其表面更容易吸附淀粉。在淀粉糊化之后加入多孔硅酸钙，在搅拌作用下，一部分淀粉吸附于细小填料颗粒表面，一部分沉积于大颗粒填料表面，当加入硬脂酸钠之后，形成层的淀粉-硬脂酸钠复合物会促进小颗粒与小颗粒、小颗粒与大颗粒之间的结合，从而减少了加填纸中小粒径颗粒的存在。综上可知，当采用淀粉-硬脂酸钠对多孔硅酸钙进行改性时，路线 3（即淀粉糊化→加入填料→加入硬脂酸钠）的改善效果最佳，其加填纸的抗张指数、松厚度与白度均有所增加，而不透明度则略有下降（下降程度为 3 种改性路线中最低）。

(a) 未改性填料加填纸　　　　　　　　　　　(b) 改性路线3填料加填纸

图 7-16　不同加填纸的描电镜图

7.2.3　改性 pH 对加填纸性能的影响

1. 松厚度

相较于常规加填（即对比样），FACS 填料在不同 pH 值条件下经过淀粉-硬脂酸钠改性后，其加填纸的松厚度均有所降低，如图 7-17 所示。这可能是由于淀粉与纤维的结合能力要远远高于无机填料与纤维的结合能力，所以经过淀粉-硬脂酸钠的改性后，改性填料表面沉积的淀粉-硬脂酸钠复合物增强了填料与纤维间的结合，从而降低了改性填料加填纸的松厚度。而未沉积到填料表面的淀粉-硬脂酸钠复合物也可以增强纤维与纤维之间的结合，从而降低了加填纸的松厚度。

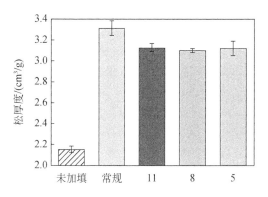

图 7-17　改性 pH 值对纸张松厚度的影响

2. 抗张强度

由图 7-18 可知，改性 pH 值所得加填纸的强度性能变化较大。相较于常规加填（即对比样），改性 pH 值为 11 和 8 的加填纸其抗张指数较高。其中，改性 pH 值为 8 的加填纸的抗张指数较对比样提高了 8.46%，而改性 pH 值为 5 的加填纸的抗张指数相较于常规加填却有所降低。图 7-19 为不同改性 pH 值对填料粒径的影响，由图可知，经过改性后填料平均粒径增加且填料粒径分布变窄，小粒径填料含量减少。未改性多孔硅酸钙填料的平均粒径为 23.3 μm，填料经淀粉–硬脂酸钠改性后粒径分别为 32.0 μm、43.9 μm、41.0 μm（改性 pH 值分别为 11、8、5），填料平均粒径的增大、小粒径填料含量的减少，这都有利于纸张抗张强度改善。

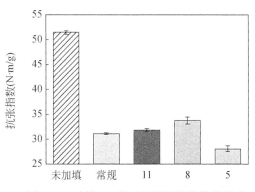

图 7-18　改性 pH 值对纸张抗张指数的影响

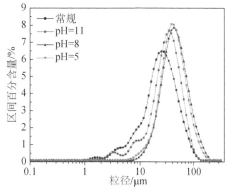

图 7-19　改性 pH 值对填料粒径的影响

改性前后填料表面形貌如图 7-20 所示。改性后填料表面受到不同程度的包覆，其中图 7-20（c）为改性 pH 值为 8 的多孔硅酸钙形貌图，由图可知，大量的淀粉-硬脂酸钠沉积包覆于填料的表面，这也证实了改性 pH 值为 8 时，纸张强度性能得到提高。但当淀粉-硬脂酸钠改性 pH 值为 5 时［图 7-20（d）］，虽然填料粒子的平均粒径变大，但纸张的抗张强度反而下降，这是由于在改性过程中一部分的淀粉-硬脂酸钠复合物沉积于填料的表面，还有一部分淀粉溶解于水中。在常规加填中，溶解在水中的淀粉可以增加纤维与纤维之间的结合，而填料经过改性后最终 pH 值为 5，由于酸的存在使得溶解于水的部分淀粉受到降解，使其与纤维的结合能力受到损失，导致改性填料加填纸的抗张指数要低于常规加填纸的抗张指数。

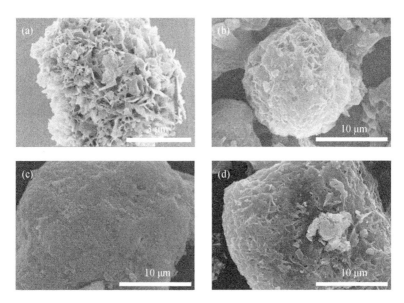

图 7-20　未改性和不同改性 pH 值多孔硅酸钙表面形貌图

（a）未改性；（b）pH=11；（c）pH=8；（d）pH=5

3. 光学性能

由图 7-21 可知，不同改性 pH 值对加填纸的白度和不透明度有较大的影响。改性 pH 值为 8 时，加填纸的白度以及不透明度与对比样相比基本相似。但改性 pH 值为 5，加填纸的白度要低于常规加填纸，这可能是由于酸性的环境下，淀粉发生降解，进而使得淀粉-硬脂酸钠复合物发生降解，增加了光吸收系数，从而影响了改性填料的白度和不透明度。

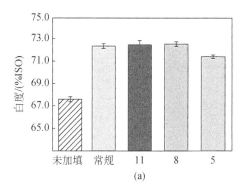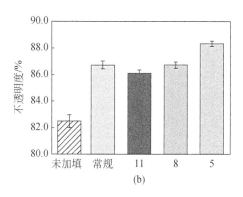

图 7-21　改性 pH 值对纸张白度（a）与不透明度（b）的影响

综合纸张的各项性能，对于淀粉-硬脂酸钠改性多孔硅酸钙时的最终 pH 值以 8 为宜，此时加填纸的抗张指数得到改善，而同时其光学性能基本维持不变，虽然松厚度相较于常规加填会有所降低，但相较于未加填纸张其松厚度仍提高了 43.7%。

7.3　盐酸改性 FACS 制备核壳结构复合填料及其对纸张性能的影响

盐酸与硅酸钙反应可以生成原硅酸，而原硅酸是一种多羟基小分子，可与纤维表面羟基形成氢键结合，从而改善纸张强度性能。采用 0.1 mol/L 的盐酸对 FACS 填料进行改性，以 FACS 填料自身作为硅源，与盐酸发生反应生成二氧化硅，以期获得核壳结构的硅酸钙复合填料，从而使得加填纸张的强度性能得到改善。

7.3.1　复合填料的表征

FACS 填料与核壳结构复合填料的 XRD 衍射图谱如图 7-22 所示。由图 7-22（b）可知，通过酸改性可以成功制备二氧化硅-硅酸钙核壳复合填料。从图中可以看出一个以 $2\theta=23°$ 为中心，从 15° 到 27° 的弥散峰，为无定形二氧化硅的特征峰[24, 25]。XRD 图谱中 $2\theta=30°$ 附近的峰为无定形硅酸钙水合物的特征峰，与文献报道相符[26]。两种填料样品均在 23.0°、29.3°、36.0°、39.3°、43.0° 和 47.4° 存在衍射峰，对应于 $CaCO_3$ 的特征峰，与标准方解石的 XRD 峰相符合（JCPDF 卡：47-1743）。原始填料存在少量 $CaCO_3$ 杂质，而复合填料中的 $CaCO_3$ 则来自于制备干燥过程中与空气中 CO_2 的接触。

为了进一步了解核壳结构硅酸钙复合填料的化学成分，实验进行了 FTIR 测试，结果如图 7-23 所示。由核壳结构硅酸钙复合填料中 Si—O—Si 基团的特征峰（1081 cm^{-1}、800 cm^{-1}、465 cm^{-1}）与原始 FACS 填料中该基团的特征峰（980 cm^{-1}、665 cm^{-1}、449 cm^{-1}）对比可知，复合填料中 Si—O—Si 基团的特征峰向高波数方向移动[27, 28]; 这是因为 FACS 与盐酸溶液反应, 在降低硅酸钙样品中的钙硅比(即 C/S)的同时增强硅链的聚合, 而这也与何永佳等[29]的报道相符。

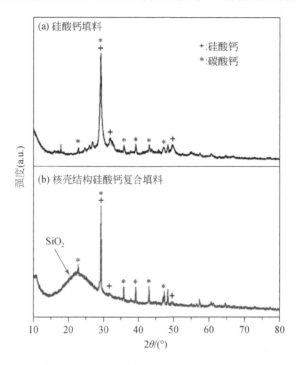

图 7-22　FACS 填料与复合填料的 XRD 图

图 7-23 (b) 中 1080 cm^{-1}、800 cm^{-1}、465 cm^{-1} 处的峰分别为 SiO_2 的 Si—O—Si 基团的不对称伸缩振动峰、对称伸缩振动峰与弯曲振动峰, 这一进步证实了核壳结构复合填料的壳层为二氧化硅。3444 cm^{-1} 与 1637 cm^{-1} 处的峰为—OH 基团的伸缩振动峰和弯曲振动峰, 这表明填料表面可能存在硅羟基。通过 XRD 与红外的结果分析可知, 盐酸改性可以成功地制备核壳结构的硅酸钙复合填料。

图 7-24 展示了 FACS 原始填料与复合填料的表面微观形貌。可以发现, 许多光滑片组成了蜂窝多孔状的原始硅酸钙填料; 经酸改性后, 由于纳米尺寸二氧化硅的形成, 使得复合填料表面的片状组分变得粗糙, 而复合填料内部仍保持多孔状。球形纳米尺寸的二氧化硅颗粒有利于增加复合填料的比表面积, BET 测试证实了这一结果, 核壳结构硅酸钙填料的比表面积为 276 m^2/g, 高于原始 FACS 的比表面积 (112 m^2/g)。

FACS 填料与核壳结构 FACS 复合填料之间的粒度差异可以从图 7-25 的光学照片和图 7-26 中的粒度分布图中看出。与原始 FACS 填料相比, 复合填料悬浮液中絮凝颗粒物的边界, 表明复合填料絮凝物颗粒的尺寸远大于原始 FACS 的颗粒尺寸。由图 7-26 可知, 硅酸钙复合填料的中粒径为 45.1 μm, 几乎是原始 FACS 粒径的两倍，且核壳结构硅酸钙复合填料还具有较窄的粒度跨度。此外，复合硅酸钙填料中低于 10 μm 的颗粒含量几乎为零，这也有利于削弱加填对纸张强度的负面影响。

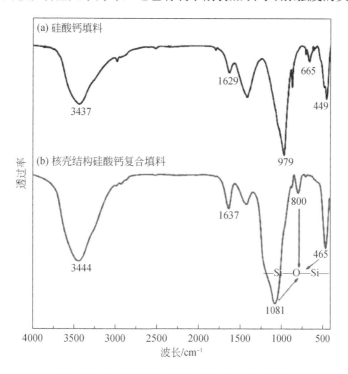

图 7-23　FACS 填料与复合填料 ATR-FTIR 图

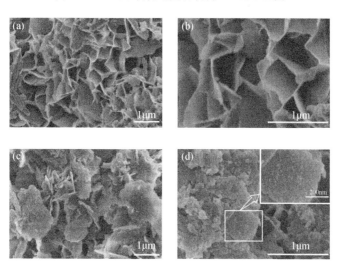

图 7-24　多孔硅酸钙原始填料与复合填料 SEM 图

（a）、（b）原始填料；（c）、（d）复合填料

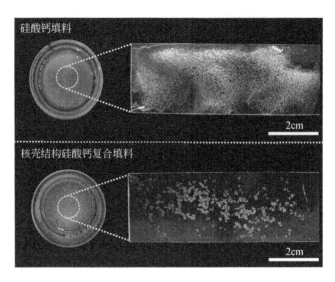

图 7-25　FACS 填料与复合填料的光学照片

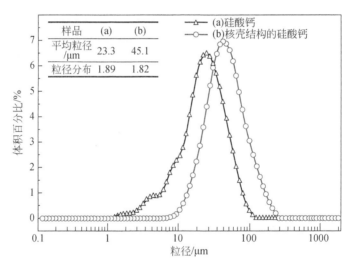

图 7-26　FACS 填料与复合填料粒径分布图

7.3.2　复合填料对纸张强度性能的影响

图 7-27 与图 7-28 对比了不同填料含量下，原始填料和复合填料加填纸的抗张指数与撕裂指数。经酸改性后，复合填料加填纸的强度性能得到了改善。当纸张中填料含量分别为 10%、20% 与 30% 时，复合填料加填纸的抗张指数分别提高了 4.6%、12.3% 与 33.0%，而撕裂指数分别提高了 8.1%、11.7% 与 18.1%，这表明随着纸张中填料含量的增加，复合填料对纸张的增强效果愈发明显。

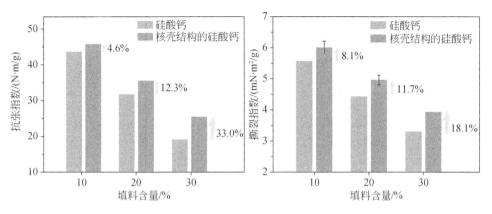

图 7-27　复合填料对纸张抗张指数的影响　　图 7-28　复合填料对纸张撕裂指数的影响

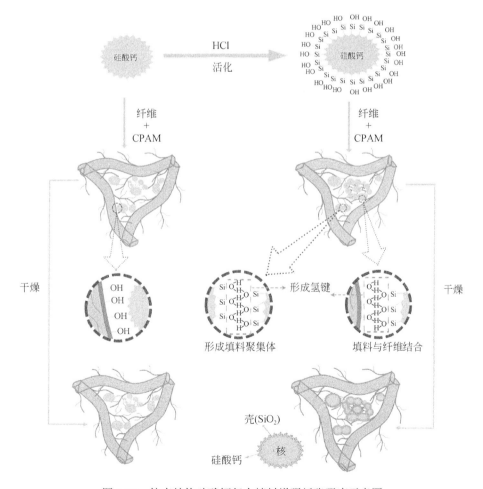

图 7-29　核壳结构硅酸钙复合填料增强纸张强度示意图

复合填料对纸张增强的机理如图 7-29 所示，经过盐酸改性后，复合填料有利于提高纸张强度的原因主要有两方面：①纸张中填料含量一定时，絮凝引起的颗粒尺寸越大，意味着纸张中存在的粒子数越少，导致纤维间键被破坏的越少，从而有利于改善纸张的强度性能；②原硅酸作为硅酸钙与盐酸之间的反应产物，是一种多羟基小分子，复合填料表面的羟基可以促进填料与纤维之间的结合，而经过干燥后，将会在多孔硅酸钙填料颗粒表面上形成 SiO_2，使得复合填料表面变得粗糙，这有利于改善纸张撕裂指数。

7.4　FACS/细小纤维/CPAM 共絮聚加填对纸张性能的影响

实验以漂白硫酸盐针叶木浆板为原料，将其采用 PFI 磨浆至 80°SR 时，加水稀释至浓度为 0.1%，采用 SWECO 纤维筛收集通过 200 目筛的组分作为细小纤维。取一定量 FACS 填料悬浮液（固含量 10%）加到烧杯中，稀释并搅拌 1 min，再加入一定量的细小纤维（相对于绝干填料质量，填料加填量 25%），混合搅拌 1 min 后，加入 CPAM，用量为 0.07%，继续搅拌 30 s，使 FACS 填料与细小纤维发生絮聚，然后迅速倒入预先准备好的一定浓度的浆料中，搅拌 30 s 后上网成形，经压榨、干燥后制得手抄片。为了进行对比，常规加填纸中，FACS 填料的用量、CPAM 的用量、细小纤维的用量与共絮聚加填一致。手抄片的定量为 70 g/m^2，并使加填纸填料含量控制在 17%±0.5%。

7.4.1　共絮聚加填对纸张性能的影响

1. 松厚度

如图 7-30 所示，与常规加填相比，采用共絮聚加填方式获得的纸张松厚度低于常规加填方式制备的纸张，但随着细小纤维含量的增加，两种加填方式所得纸张的松厚度的差距逐渐减少。采用常规加填方式时，纸张松厚度随着细小纤维用量的升高而降低；而对于共絮聚加填方法，当细小纤维用量为 8%时，纸张的松厚度最高。加填方式对纸张松厚度的影响反映出细小纤维在加填纸张各组分表面分布的变化。采用常规加填方式时，细小纤维会随机分布在纤维和填料表面，分布在纤维表面的细小纤维可填充纸张结构中的孔隙，并通过氢键作用，使得纤维之间的结合更加紧密，导致松厚度降低；而分布在填料表面的细小纤维，会使填料与细小纤维形成复合体，这一方面使得填料与填料之间的包裹能力增强，粒子之间的孔隙减少，另一方面使得填料与纤维之间产生了结合，提高了纸张紧度，降低了纸张的松厚度。前期研究表明，与增加纤维结合所造成松厚度降低相比，FACS 对纸张松厚度影响更显著。因此，采用共絮聚方法时，细小纤维会主要分布在填料表面，使填料粒子与细小纤维形成更多的复合体，通过减少纸张结构中的孔隙而降低纸张的松厚度。

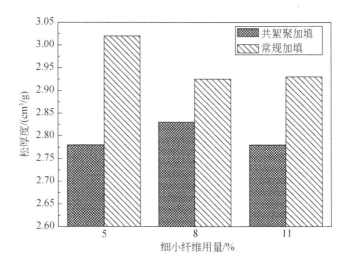

图 7-30　细小纤维用量对纸张松厚度的影响

2. 强度性能

　　纸张的强度主要来源于纤维氢键的结合，细小纤维比表面积大，表面暴露出大量羟基，有利于增加纤维间氢键结合，有利于提高纸张的抗张强度。与常规方法相比，采用共絮聚加填方法时，根据细小纤维用量不同，其成纸抗张指数可提高 8%～23.5%，如图 7-31 所示。当细小纤维含量为 5% 时，两种加填纸张的抗张指数相差最大，这说明细小纤维分布在填料粒子上更有利于改善纸张的抗张指数。然而，该用量下两种加填方法所得纸张的内结合强度差别不大，如图 7-32 所示。随着细小纤维用量进一步增加，内结合强度均增加，且共絮聚加填纸张的优势逐渐显现。这主要是因为共絮聚有利于提高细小纤维的留着，并且，该方法可使填料颗粒吸附于细小纤维上，或使细小纤维包覆在填料表面而形成复合结构，最终使粗大纤维与填料可通过细小纤维形成氢键连接，提高成纸的抗张指数和内结合强度。

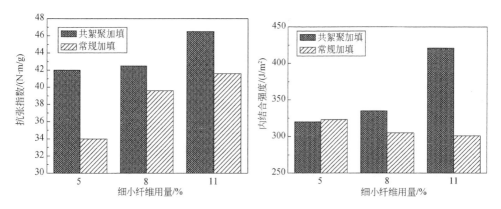

图 7-31　细小纤维用量对纸张抗张指数的　　　图 7-32　细小纤维用量对加填纸内结合强度的
　　　　　影响　　　　　　　　　　　　　　　　　　影响

3. 不透明度

　　除强度性能外，纸张的光学性能也是重要的质量指标。共絮聚加填方法制备的纸张不透明度略高于常规加填纸张，如图 7-33 所示。随着细小纤维用量增加，加填纸不透明度均降低。这主要是因为细小纤维用量较高时，填料与纤维形成的复合体尺寸大，且填料表面被细小纤维覆盖的面积增大，降低了填料的光散射系数，进而导致光学性能下降。采用常规加填方法时，细小纤维的加入增强了纤维与纤维的结合，增加了纸张中的光学接触面积，最终导致其光学性能低于共絮聚加填纸张。

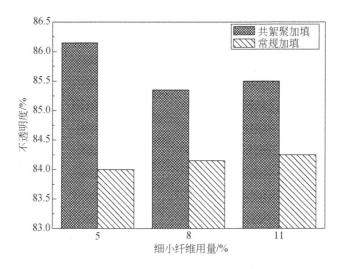

图 7-33　细小纤维用量对加填纸不透明度的影响

　　因此，共絮聚与传统加填方式相比，可提高加填纸的强度性能。当细小纤维用量为11%时，共絮聚加填纸的抗张指数和内结合强度明显高于5%和8%的细小纤维用量的共絮聚加填纸，因此，细小纤维含量对共絮聚结构和成纸性能有显著影响。下面将进一步探讨细小纤维含量对共絮聚复合填料结构与成纸性能的影响。

7.4.2　细小纤维含量对共絮聚体结构与成纸性能的影响

1. FACS/CPAM/细小纤维复合体结构

　　采用光学显微镜观察了在不同的细小纤维用量下细小纤维与 FACS 预絮聚所形成的复合结构，如图 7-34 所示。不添加细小纤维时，FACS 填料与 CPAM 预絮聚，絮聚体粒径约为 50 μm，为原始填料的两倍左右。当细小纤维用量为3%，絮聚团中的 FACS 填料颗粒较多，部分填料暴露在絮聚团外。随着细小纤维用量从3%增加到15%，絮聚团中的细小纤维包裹的 FACS 填料颗粒减少。用量为15%时，存在许多未絮聚包裹填料的细小纤维，且絮聚团中填料粒子少，更多的是细小纤

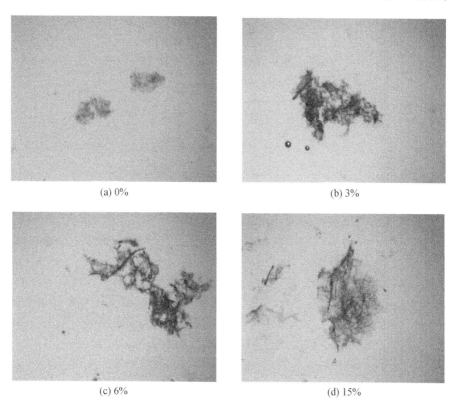

(a) 0%　　　　　　　　　　　　　　　　　　　(b) 3%

(c) 6%　　　　　　　　　　　　　　　　　　　(d) 15%

图 7-34　不同细小纤维用量所形成的复合结构（×100）

维之间的絮聚。从絮聚所产生的细小纤维/FACS 填料复合结构的数量及质量的角度分析，适宜的细小纤维用量在 6%左右。

2.细小纤维用量对成纸性能的影响

如图 7-35 所示，当细小纤维与 FACS 的比值小于 0.3 时，随着细小纤维比例的增大，所形成复合体的尺寸增大，使得加填纸张孔隙增多，导致成纸松厚度得到改善。当细小纤维与 FACS 比值为 0.15 时，复合填料尺寸达到最大，因此成纸松厚度也最高。然后，当该比例进一步增大，虽然复合填料的尺寸有所增加，但过量的细小纤维填充在纸张孔隙结构中，反而有利于增加纤维结合，导致成纸松厚度的下降。

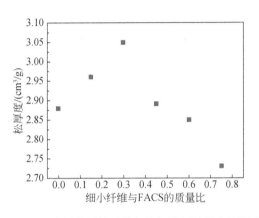

图 7-35　细小纤维用量对共絮聚加填纸松厚度的影响

由图 7-36 所示，随着细小纤维含量的提高，成纸抗张指数相应增加。与粗大纤维相比，细小纤维比表面积更高，因而其表面存在更多的游离羟基促进加填纸张抗张强度的提高。因此，细小纤维也看作是一类增强剂。此外，当加填量相同时，由于复合填料尺寸有所增加，因而有利于降低填料对纤维结合的破坏作用。

纸张撕裂强度受到纤维间结合强度及纤维平均长度的影响，而后者占主导地位。如图 7-36 所示，随着细小纤维用量的增加，以细小纤维与 FACS 质量比以 0.3 为分界点，纸张撕裂强度呈现先增大后降低的趋势。当细小纤维的用量较低时，几乎全部的细小纤维与 FACS 填料絮聚形成复合结构，细小纤维包裹填料，降低了填料对纤维间结合的解键作用，同时浆料体系的纤维平均长度不受影响，因此撕裂度随着细小纤维用量的增加而提高。当该比例超过 0.3 时，没有参与絮聚的细小纤维由于粒度远小于主体浆料纤维，浆料的纤维平均长度下降，成纸的撕裂指数迅速降低。

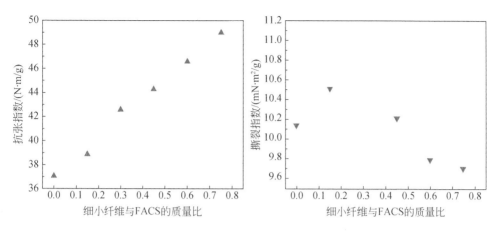

图 7-36　细小纤维用量对共絮聚加填纸强度性能的影响

3. 复合填料形貌及其复合机理

为了进一步确定细小纤维与填料形成的复合结构，采用 SEM 对纸张表面进行观察，如图 7-37 所示。可以看出，细小纤维可包裹在填料表面，在填料与粗大纤维之间起到"桥梁"作用，进而有利于削弱填料粒子对纤维结合的破坏作用。图 7-38 为共絮聚作用下复合填料的形成机理示意图。当体系引入 CPAM 后，其分子链随机吸附在填料和细小纤维的表面，并与其他填料颗粒相互作用形成开放的复合结构。当细小纤维与填料的质量比在 0.15～0.3 之间时，填料与细小纤维可充分地形成复合结构，当该比例为 0.3 时，所形成的复合填料尺寸较比例为 0.15 时所形成的复合填料要大。然而，当细小纤维比例进一步增加时，过量的细小纤维可能会填充在纤维网络中，提高纤维键合能力，进而使得纤维间距离减小，导致成纸的松厚度下降。

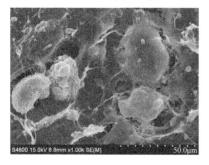
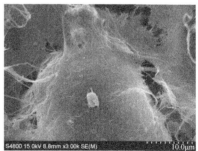

图 7-37　FACS/纤维复合结构微观形貌（细小纤维/填料=0.3）

在传统加填过程中，分布在纤维表面的填料粒子会破坏纤维键合。在采用共絮聚方法时，FACS 填料被细小纤维包裹，降低了粗大纤维和填料的接触面。细小纤维的架桥作用一方面增强了填料与纤维的相互作用，但另一方面也存在降低成纸松厚度的趋势。然而，由于所形成的复合结构尺寸比原始 FACS 大，从而补偿了添加细小纤维导致松厚度降低的损失。因此，采用共絮聚方法时，合理确定细小纤维配比，调控复合填料结构，可使 FACS 加填纸松厚度和强度性能得到双重改善。

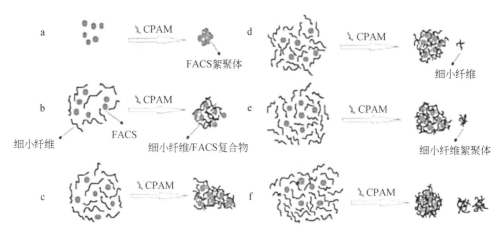

图 7-38　细小纤维含量对 FACS/CPAM/细小纤维共絮聚复合结构的影响

7.5　FACS/纤维共磨复合对纸张结构与性能的影响

FACS 填料与纤维共磨是指在磨浆过程中加入 FACS 填料，使填料与纤维在磨浆机内共同磨浆。实验所采用针叶木浆与阔叶木浆比例为 1：4，将固含量为 15% 的 FACS 填料悬浮液按 15%、30%、40%、50% 和 60% 的填料/纤维质量比加入到浆料中，将填料纤维混合物稀释至 10% 后，在 PFI 磨浆机中共磨一定转数，获得共磨复合浆料。将共磨后浆料或磨后空白浆（无填料）经过标准纤维疏解机中疏解后，稀释到 0.3% 抄造手抄片。对于传统浆内加填方法，向浆料中加入不同比例（10%、20%、30%、40% 和 50%）的填料悬浮液，搅拌 1 min，然后加入 CPAM（用量为 0~0.07%），再搅拌 30 s 后，上网成形，抄造定量为 70 g/m² 的手抄片。对于共磨加填，没有加入填料步骤，其他与传统加填相同。

7.5.1　FACS/纤维共磨复合对加填纸张性能的影响

如图 7-39 所示，与传统浆内加填方式相比，共同磨浆加填会降低成纸松厚度。但随着填料含量的增加，两种加填方式下成纸松厚度的差值减小。研究表明，降低填料粒径可导致成纸松厚度下降[30]。共磨过程中，填料在磨齿的作用下，其粒径减小，导致成纸紧度增加，松厚度降低。在相同磨浆转数下，随着填料加填量的增加，使得磨齿对单个填料的研磨作用下降，因而填料粒径下降幅度与较低加填量相比较小，因此随着填料含量增加，两种加填方式下成纸厚度差有所减小。

　　通常，填料粒径越小，加填纸的强度性能受到的负面影响越大。然而，尽管在共磨过程中填料粒径降低，但是采用共磨加填方式，加填纸的抗张指数仍有一定改善，如图 7-40 所示。这是因为相对于传统加填，共磨加填纸具有较低松厚度，从而使纸张中纤维间氢键结合增加。另外填料粒径越小，粒径分布越宽，填料颗粒的包裹能力越强，减少了填料在纸页中所产生的空隙及对纤维的遮盖面积，增加纤维间结合点。

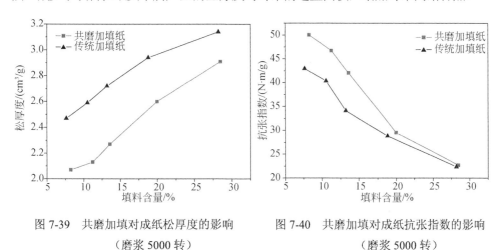

图 7-39　共磨加填对成纸松厚度的影响　　　图 7-40　共磨加填对成纸抗张指数的影响
（磨浆 5000 转）　　　　　　　　　　　　　　（磨浆 5000 转）

　　如图 7-41 所示，采用共同磨浆的加填方式可以显著提高 FACS 加填纸的白度和不透明度，这要归因于共磨过程填料粒径减小，使填料比表面积增加，获得更高的光散射系数。因此，共磨加填工艺有利于提高加填纸的强度性能及光学性能。

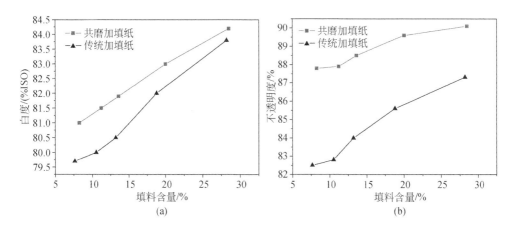

图 7-41　共磨加填对成纸白度（a）和不透明度（b）的影响（磨浆 5000 转）

7.5.2　磨浆转数对共磨复合浆料特性及加填纸张性能的影响

1.不同磨浆转数下对共磨浆料打浆度的影响

共磨浆料（填料：纤维=0.3）与空白浆（不含填料）的打浆度如图 7-42 和图 7-43 所示。图 7-42 中，磨浆转数的增加提高了空白浆和共磨浆料的打浆度。磨浆转数相同时，添加了 FACS 填料的浆料的打浆度高于空白浆。图 7-43 表明，当磨浆转数高于 5000 转，共磨浆料与空白浆料的打浆度差值随着转数提高而逐渐增大。

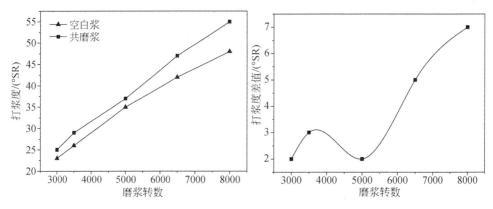

图 7-42　磨浆转数对浆料打浆度的影响　　　图 7-43　磨浆转数对浆料打浆度的影响

2.不同磨浆转数对共磨加填纸性能的影响

经过不同磨浆转数共磨之后，制备手抄片，控制成纸的填料含量为 20%。如图 7-44 所示，磨浆转数从 3000 转到 5000 转，抗张指数迅速提高，大于 5000 转之后速度变缓，松厚度的降低速度也是先快后缓。磨浆转数增加，有利于提高共磨加填纸的光学性能，且上升速度先快后变缓，如图 7-45 所示。最佳磨浆转数为

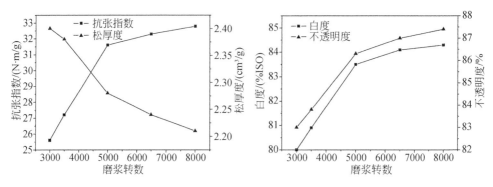

图 7-44　共磨转数对成纸抗张强度、松厚度的影响　　图 7-45　共磨转数成纸光学性能的影响

5000 转，抗张指数为 31.6 N·m/g，松厚度为 2.28 cm³/g，白度为 83.5% ISO，不透明度为 86.3%。

3. 共磨过程中填料粒径变化

1）煅烧对 FACS 填料物性的影响

将 FACS 与纤维进行共磨后，难以将共磨后的填料与纤维进行有效分离，为了能够对共磨后的填料的粒径、形貌进行表征，拟采用以煅烧后灰分代替共磨后填料进行检测。将硅酸钙填料在 525℃ 的温度下煅烧，其填料粒径变化如表 7-2 所示。对比煅烧前后 FACS 粒径分布可知，煅烧后填料的各累积百分含量点填料粒径比未处理的填料略高，填料尺寸跨度略大，可能是因为煅烧产生一定固结，但变化较小。相似的，常规加填纸灰分粒径分布的各累积百分含量点下填料粒径比未处理的填料略高，粒径分布的跨度略大。

表 7-2　煅烧前后填料的粒径变化对比

样品	D_{25}/µm	D_{50}/µm	D_{75}/µm	D_{90}/µm	跨度
未烧 FACS	13.43	22.21	32.64	44.15	1.69
煅烧 FACS	13.65	22.31	34.25	48.97	1.89
常规加填纸灰分	13.44	23.01	35.07	49.51	1.88

图 7-46 对比了未处理的 FACS、煅烧后 FACS 及 FACS 常规加填纸煅烧后所得的灰分的微观形貌，可知 FACS 经受煅烧后，颗粒表面蜂窝状的多孔结构依旧存在，表面形貌特性没有显著改变。因此，FACS 填料经过高温煅烧后，粒径及分布变化不大，表面形貌没有显著变化，可以较好地表征煅烧前的性能。

 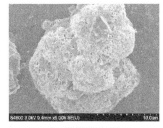 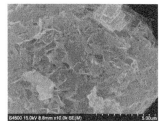

(a) 未处理FACS　　　　　　(b) 煅烧后FACS　　　　　　(c) 常规加填纸灰分

图 7-46　三种 FACS 颗粒微观形貌对比

2）共磨前后填料粒径及形貌变化

随着磨浆转数增加，填料粒径减小的速度呈现先快后慢的趋势，如图 7-47 所示。FACS 填料表面为多孔蜂窝状结构，在共磨过程中，填料颗粒表面的薄壁结构被破坏，如图 7-48 所示。所以，当磨浆转数小于 5000 转时，填料粒径迅速降低；在 5000 转左右时，填料的表面结构基本被完全破坏，暴露出不容易磨的实心球体，在更高磨浆转数下，其粒径很难进一步减小。

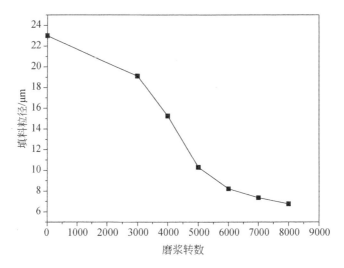

图 7-47　共磨转数对 FACS 填料平均粒径的影响

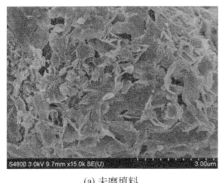
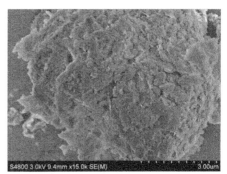

(a) 未磨填料　　　　　　　　　　(b) 共磨5000转后的填料(灰分)

图 7-48　共磨前后 FACS 填料表面形貌

　　常规加填纸和共磨加填纸的填料粒径分布、区间百分比含量随粒径范围的变化如图 7-49 所示。

　　共磨加填纸中的填料比常规加填纸中的填料低 2～15 μm，变化趋势见图 7-50。共磨后，填料粒径降低，各粒径区间的百分比含量均降低。由跨度及百分比含量最高的区间的百分比含量可知，常规加填纸中的填料粒径分布相对集中，而共磨加填纸中的填料粒径分布广，小粒径的分布区间粒径更小。将图中粒径范围分为三个区间进行分析，结果见表 7-3。

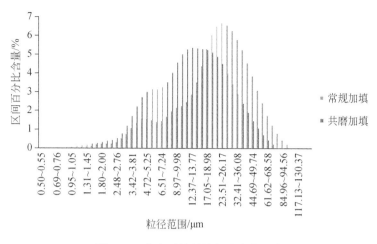

图 7-49　共磨对填料粒径分布的影响

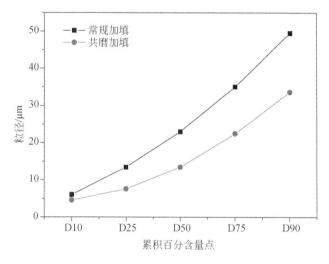

图 7-50　各累积百分含量点的粒径对比

表 7-3　两种加填纸中填料的对比

项目	填料粒径分布/μm	最高区间百分比含量		各粒径区间的累积百分含量/%		
		粒径区间/μm	百分比含量/%	3.08 μm	3.08～18.98 μm	18.98～76.33 μm
常规加填	3.42～76.33	23.51～26.17	6.66	1.91	36.93	59.77
共磨加填	3.08～55.36	12.37～13.37	5.35	3.26	63.91	32.83
对比	—	—	-1.31	+1.35	+26.98	-26.94

在粒径小的区间范围，共磨后填料的累积百分含量比常规加填的填料约高28%，小粒径填料含量更高，且粒径分布跨度大，细小颗粒填料与大粒径填料更易相互包裹，如图 7-51 所示，颗粒相互"包裹"导致颗粒结构更紧密，在相同填料含量下，同质量颗粒所占体积小，因而对纤维结合破坏少，对强度性能有利。

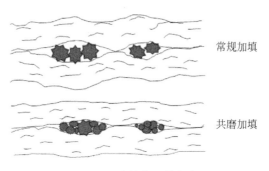

图 7-51　填料粒子的包裹

7.5.3　填料/纤维质量比对成纸性能的影响

共磨过程中，当填料/纤维比较高时，共磨浆料固含量大，因而在一定的磨浆转数及磨浆面积下，单位量的填料和纤维所受到的磨浆作用减小。较小的磨浆作用使得填料粒径降低较少，纤维的磨浆程度降低。

由图 7-52 可知，随着共磨浆料的填料纤维比增大，共磨后填料粒径逐渐增大，降低填料/纤维比有利于减小 FACS 填料的颗粒粒径。填料粒径越小，在纸页中所

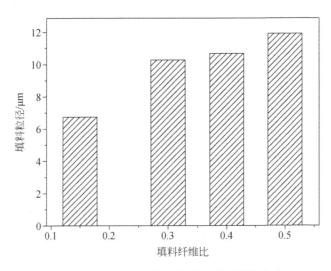

图 7-52　不同填料纤维比共磨后填料粒径变化

导致的纤维间空隙就越小，从而成纸的松厚度降低。随着 FACS 粒径减小，FACS 的光散射系数增加，使得纸张光学性能得到改善。

　　在相同纸张填料含量下，填料纤维比为 0.5 的共磨浆料所制备手抄片的松厚度比填料纤维比为 0.15 的手抄片的松厚度约高 8.8%，但光学性能有所下降。然而填料纤维比为 0.15 的共磨浆料所制备手抄片的抗张指数比填料纤维比为 0.5 的手抄片的抗张指数约高 16.6%，减小填料纤维比，有利于提高成纸的抗张强度及光学性能，如图 7-53 至图 7-56 所示。

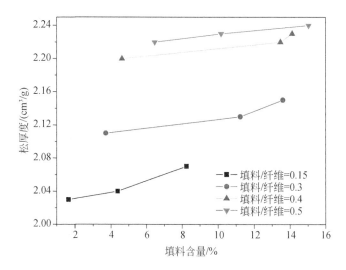

图 7-53　填料/纤维比例对共磨加填纸松厚度的影响

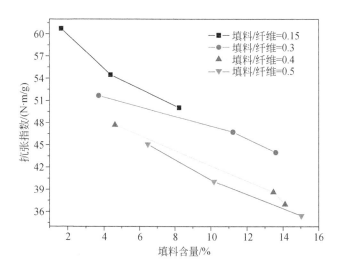

图 7-54　填料/纤维比例对共磨加填纸抗张指数的影响

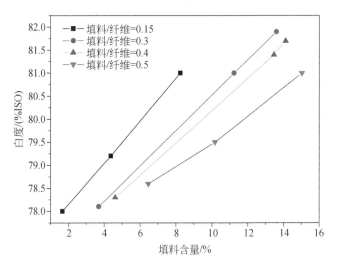

图 7-55 填料/纤维比例对共磨加填纸白度的影响

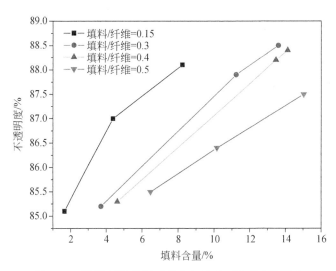

图 7-56 填料/纤维比例对共磨加填纸不透明度的影响

7.5.4 FACS 填料/纤维共磨机理

在传统加填纸中，填料仅存在于纤维表面，未发现纤维/FACS 填料复合结构，如图 7-57 所示。因此，传统的浆内加填，大部分填料覆盖纤维表面，会阻碍纤维间结合。当填料与纤维共磨后，纸张微观结构中普遍存在细小纤维与填料交织、包裹的复合结构。在共磨过程中，填料被细小纤维缠绕，经过压榨及干燥过程，在填料吸附点，长纤维就与缠绕填料的细小纤维以氢键连接，减轻 FACS 填料对纸张强度的负面影响（图 7-58）。从该角度可进一步解释在相同纸张填料含量下，共磨加填纸的抗张强度高于传统加填纸。

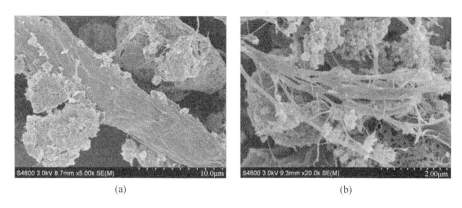

(a)　　　　　　　　　　　　　　　　　(b)

图 7-57　浆内加填纸（a）和共磨加填纸（b）表面形貌 SEM 图

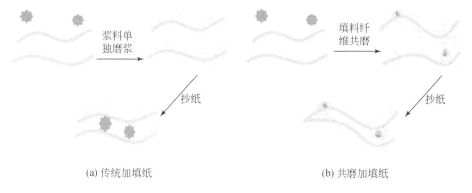

(a) 传统加填纸　　　　　　　　　　　　　(b) 共磨加填纸

图 7-58　不同加填方式对纤维结合的影响机理

图 7-59（a）为 FACS 与纤维共磨 3000 转后，成纸的微观形貌，图中球形颗粒为 FACS 填料。采用能谱元素分析的方法以确定图中颜色偏浅的针状体是否为植物纤维。如图 7-60 所示，取点位置为与 FACS 填料连接的针状体，其中元素 C、O 含量大于 98%。因此，颜色略浅的针状体主要含 C、O 元素，是共磨过程中纤维分丝帚化产生的微细纤维，部分穿插在多孔硅酸钙填料颗粒中，部分包裹在颗粒外部，形成 FACS/纤维复合结构。图 7-59（b）为 FACS 与纤维共磨 8000 转后，成纸的微观形貌。纤维穿插填料的复合结构仍然存在，并且更多的微细纤维与填料穿插交织及包裹。

FACS 填料具有疏松多孔的特点，在共同磨浆过程中，填料与纤维均受到 PFI 磨浆机的机械剪切作用，填料颗粒受到破坏，纤维分丝帚化产生的微细纤维的直径小于 1 μm。同时，在磨浆过程中，填料与纤维相互之间存在摩擦、碰撞，微细纤维可以包裹在填料表面，以及穿插于填料颗粒中，形成紧密的纤维穿插填料的

FACS/纤维复合结构。纤维穿插有利于填料留在浆料中，并且穿插在颗粒中的微纤丝露在填料表面，通过羟基与长纤维产生连接，增加了纸张结合强度，降低了填料产生的负面影响。

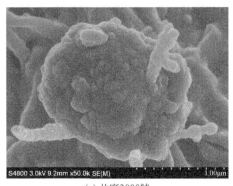 

(a) 共磨3000转　　　　　　　　　　　　　　(b) 共磨8000转

图 7-59　共磨加填纸填料与纤维形成的复合结构

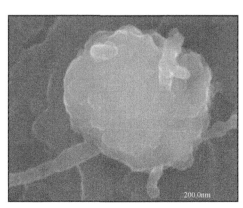 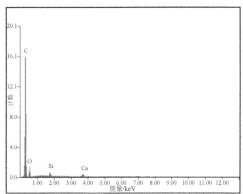

针状体的元素含量

元素	质量分数/%	原子分数/%
C	77.54	83.22
O	19.34	15.59
Si	01.39	00.64
Ca	01.73	00.56

图7-60　共磨填料能谱元素分析

7.6　填料复合/改性的其他方法

7.6.1　原位生长制备 FACS/纤维复合填料

有文献[31]报道了在硅酸钙合成过程中加入植物纤维从而使硅酸钙在纤维表面原位生长制备复合填料[10]的方法。研究表明，当实验采用打浆度为 40°SR 的针叶木浆纤维时，反应体系中 SiO_2 的浓度为 50 g/L，有效钙浓度为 18 g/L，合成硅酸钙的搅拌速度为 400 r/min，合成温度为 90℃，时间为 60 min 时，可获得最佳复合效果。所制备的复合填料形貌如 7-61 所示。在此条件下，所抄造的硅酸钙含量高达 45%，经小型实验纸机制备出的纸张性能如表 7-4 所示，可基本满足复印纸的性能要求。

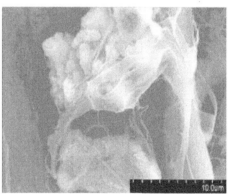

图 7-61　复合填料加填纸的表面形貌[31]

表 7-4　硅酸钙原位生长加填纸的性能[31]

性质		测试结果	性质		测试结果
定量/（g/m²）		70.4	白度/（%ISO）		86.0
表观密度/（g/cm³）		0.472	不透明度/%		90.1
成形性能	正面	88.3	抗张指数/（N·m/g）	纵向	20.1
	反面	88.7		横向	8.96
粗糙度/（mL/min⁻¹）	正面	1326	撕裂指数/（mN·m²/g）	纵向	6.70
	反面	1435		横向	6.59
Cobb 值/（g/m²）	正面	96.1	挺度/（mN·m）	纵向	0.221
	反面	92.7		横向	0.062
纸张灰分/%		45.3			

7.6.2 阳离子淀粉预絮聚 FACS 填料

阳离子淀粉是淀粉与胺类化合物反应生成的含有氯原子上带有正电荷氨基或胺基的醚衍生物[32]。在造纸工业中，由于阳离子淀粉价格相对较低，可用作增强剂、助留助滤剂及表面施胶剂等，应用非常广泛。通过阳离子淀粉预絮聚 FACS 对硅酸钙填料进行改性，也可有效改善其湿部化学特性及成纸特性，同时利用 FACS 预先吸附相对廉价的阳离子淀粉，也可以降低对其他湿部化学品的吸附作用。

1. 阳离子淀粉预絮聚对纸张性能的影响

阳离子淀粉用量对成纸抗张指数的影响如图 7-62 所示。由图可知，当阳离子淀粉用量在 1.5% 内时，预絮聚可有效改善纸张强度性能。然而，对于浆内加填纸张，随着阳离子淀粉用量的增加，成纸抗张指数有降低趋势。这可能是因为阳离子淀粉用量较低时主要起助留作用，FACS 在纸张中的灰分有所增加，导致纸张抗张指数下降。当阳离子淀粉用量超过 1.5% 以后，纸张中 FACS 留着率提高已不大，阳离子淀粉主要用于增加纤维之间的结合，因而强度大幅增加。总体来看，预絮聚加填的成纸抗张指数高于常规加填的。常规加填的成纸抗张指数的最低值出现在阳离子淀粉用量为 1.5% 时，而预絮聚加填的成纸抗张指数的最低值出现在阳离子淀粉用量为 0.5% 时，这说明与常规加填相比，预絮聚加填可以降低阳离子淀粉的用量。

阳离子淀粉用量对成纸撕裂指数的影响如图 7-63 所示。对于常规加填，当阳离子淀粉用量低于 1.0% 时，成纸撕裂指数随着阳离子淀粉用量的增加而降低。这是因为此时阳离子淀粉用量较低，阳离子淀粉一部分被具有较大比表面积的 FACS 填料吸附，另一部分用于改善 FACS 的留着，FACS 在纸张中的留着率提高，阻碍了纤维之间的结合，对成纸撕裂指数产生不利的影响。但随着阳离子淀粉用量的增加，FACS 表面吸附的阳离子淀粉也接近饱和，多余的阳离子淀粉吸附在纤

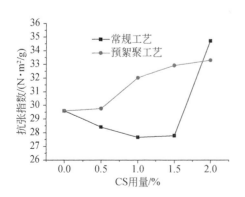
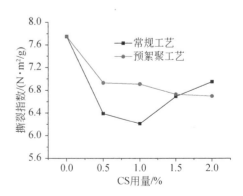

图 7-62　阳离子淀粉用量对抗张指数的影响　　图 7-63　阳离子淀粉用量对成纸撕裂指数的影响

维上起增强作用，成纸撕裂指数呈增大的趋势。对于预絮聚加填，随着阳离子淀粉用量的增加，成纸撕裂指数呈缓慢下降的趋势。这可能是由于随着阳离子淀粉用量的增加，一方面 FACS 的留着率增大，另一方面，FACS 可能产生了絮聚，导致成纸匀度降低，因此撕裂指数下降。总体上，当阳离子淀粉用量低于 1.5%时，预絮聚加填的成纸撕裂指数优于常规加填纸张。

　　阳离子淀粉用量对成纸松厚度的影响如图 7-64 所示。当阳离子淀粉用量低于 1.5%时，预絮聚加填的成纸松厚度与常规加填纸张相差不大。当阳离子淀粉用量超过 1.5%时，预絮聚加填纸张的松厚度优势更加明显。

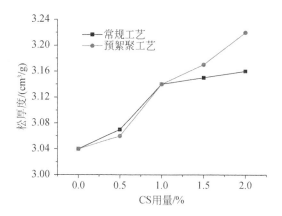

图 7-64　阳离子淀粉用量对成纸松厚度的影响

2. 纸张微观形貌

　　预絮聚加填和常规加填（阳离子淀粉用量均为 1%）的纸张表面的扫描电镜图如图 7-65 所示。对比可知，常规加填时，填料在纤维之间的分布相对不均匀，填

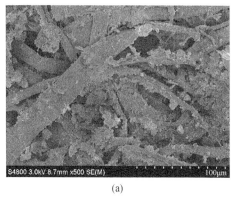

(a)　　　　　　　　　　　　　　　　　(b)

图 7-65　预絮聚加填纸张（a）和常规加填纸张（b）表面的 SEM 图像

料颗粒之间有絮聚现象，因此纸张表面较粗糙。而预絮聚加填时，淀粉更多地与FACS 形成松散且单薄的絮聚体，FACS 填料在纤维间分布均匀，填料与纤维有较好的吸附，并且淀粉与纤维之间存在氢键结合，这对纸张的匀度和强度性能有利。所以，即使预絮聚加填方式下填料含量相对较高，仍比普通浆内加填方式具有更好的强度性能。

参 考 文 献

[1] 沈静. 沉淀碳酸钙填料的改性及其在造纸中的应用研究 [D]. 哈尔滨：东北林业大学，2010.

[2] Shen J，Song Z，Qian X，et al. A review on use of fillers in cellulosic paper for functional applications [J]. Industrial & Engineering Chemistry Research，2011，50(2)：661-666.

[3] Shen J，Song Z，Qian X，et al. Carbohydrate-based fillers and pigments for papermaking：A review [J]. Carbohydrate Polymer，2011，85(1)：17-22.

[4] Fatemeh N，Hamidreza R，Hossein R，et al. Application of bio-based modified kaolin clay engineered as papermaking additive for improving the properties of filled recycled papers [J]. Applied Clay Science，2019，182：105258.

[5] 陈南男，王立军，姚献平，等. 填料包覆预絮聚改性技术及其对纸张性能的影响 [J]. 中国造纸，2018，37(12)：8-13.

[6] Li L，Zhang M，Song S，et al. Preparation of core/shell structured silicate composite filler and its reinforcing property [J]. Powder Technology，2018，332：27-32.

[7] 李琳. 填料聚集体形态与分布特征对纸张性能的影响及其调控机制 [D]. 西安：陕西科技大学，2019.

[8] 郝宁. 多孔硅酸钙/纤维复合结构的形成及其对纸张强度的影响 [D]. 西安：陕西科技大学，2015.

[9] 宋顺喜. 多孔硅酸钙填料的造纸特性及其加填纸结构与性能的研究 [D]. 西安：陕西科技大学，2014.

[10] Murray H H，Kogel J E. Engineered clay products for the paper industry [J]. Applied Clay Science，2005，29：199-206.

[11] 潘国耀，毛若卿，袁坚. 低温型水化硅酸钙脱水相及其特性 [J]. 武汉工业大学学报，1997，19（3）：21-24.

[12] Ferreira P，Velho J，Figueiredo M，et al. Effect of thermal treatment on the structure of PCC particles [J]. Tappi Journal，2005，11(4)：18-22.

[13] 陈有庆，石淑兰，陈佩容. 纸的性能 [M]. 北京：中国轻工业出版社，1985：305-307.

[14] Hubbe M A，Gil R A. Filler particle shape vs. paper properties：A review [C]. 2004 TAPPI Paper Summit - Spring Technical and International Environmental Conference，2004：141-150.

[15] 刘温霞，张凤山. 造纸填料的包覆改性——提高加填纸张的强度性能 [J]. 中华纸业，2014，31（24）：6-11.

[16] 朱陆婷，王宝，胡懂皓，等. 造纸填料改性技术的研究与发展趋势 [J]. 纸和造纸，
2014，33（6）：40-45.

[17] Yoon S，Deng Y. Starch-fatty complex modified filler for papermaking [C]. 2006 PAN
PACIFIC CONFERENCE Proceedings Vol.1，2006：79-84.

[18] 王亮，侯清玉. 淀粉-脂肪酸复合物改性填料在造纸中的应用 [J]. 国际造纸，2008，27（3）：
47-52.

[19] Cao S，Song D，Deng Y，et al. Preparation of starch-fatty acid modified clay and its application
in packaging papers [J]. Industrial & Engineering Chemistry Research，2011，50(9)：
5628-5633.

[20] Li L，Zhang M，Song S，et al. Starch/sodium stearate modified fly-ash based calcium silicate：
Effect of different modification routes on paper properties [J]. Bioresources，2016，11(1)：
2166-2173.

[21] Fan H，Wang D，Bai W，et al. Starch-sodium stearate complex modified PCC filler and its
application in papermaking [J]. BioResources，2012，7(3)：3317-3326.

[22] Huang X，Sun Z，Qian X，et al. Starch/sodium oleate/calcium chloride modified filler for
papermaking：Impact of filler modification process conditions and retention systems as
evaluated by filler bondability factor in combination with other parameters [J]. Industrial &
Engineering Chemistry Research，2014，53：6426-6432.

[23] Huang X，Qian X，Li J，et al. Starch/rosin complexes for improving the interaction of mineral
filler particles with cellulosic fibers [J]. Carbohydrate Polymers，2015，117：78-82.

[24] Brigante M，Parolo M E，Schulz P C，et al. Synthesis，characterization of mesoporous silica
powders and application to antibiotic remotion from aqueous solution. Effect of supported
Fe-oxide on the SiO_2 adsorption properties [J]. Powder Technology，2014，253：178-186.

[25] Zhong B，Sai T，Xia L，et al. High-efficient production of SiC/SiO_2 core-shell nanowires for
effective microwave absorption [J]. Materials & Design，2017，121：185-193.

[26] Wang S，Peng X，Tao Z，et al. Influence of drying conditions on the contact-hardening
behaviours of calcium silicate hydrate powder [J]. Construction and Building Materials，
2017，136：465-473.

[27] Gao X，Yu Q L，Brouwers H J H. Characterization of alkali activated slag-fly ash blends
containing nano-silica [J]. Construction and Building Materials，2015，98：397-406.

[28] Yu P，Kirkpatrick R J，Poe B，et al. Structure of calcium silicate hydrate (C-S-H)：Near-，
mid-，and far-infrared spectroscopy [J]. Journal of the American Ceramic Society，1999，
82(3)：742-748.

[29] He Y，Zhao X，Lu L，et al. Effect of C/S ratio on morphology and structure of hydrothermally
synthesized calcium silicate hydrate [J]. Journal of Wuhan University of Technology-Mater.
Sci. Ed.，2011，26(4)：770-773.

［30］Brown R. Particle size，shape and structure of paper fillers and their effect on paper properties［J］. Paper Technology，1998，39(2)：44-48.

［31］Xu P，Liu Z，Sun J，et al. In-fibre synthesis of calcium silicate for fine paper ［J］. Appita Journal，2016，69(4)：339-343.

［32］张宏伟，朱志坚，唐爱民，等. 阳离子淀粉的合成及对纸张的增强作用［J］. 中国造纸，2004，23（10）：21-23.

第8章 加填纸张灰分的快速测定方法

纸张填料含量对成纸的松厚度、强度性能、光学性能以及印刷适性影响显著。在纸机高速运转或者进行生产中试以及实验室条件下开展相关研究工作时，实现纸张灰分的快速检测显得尤为必要。

目前测定纸张灰分含量的方法主要有在线灰分检测和人工灰分检测两种方法。在线灰分检测装置具有响应时间快、数据稳定性和精确度高的特点，但是此种包含灰分在线检测功能的 DCS 扫描架在国内多集中在大型造纸企业和外资企业，而中小造纸企业扫描架通常只具备定量和水分在线检测功能，多采用线下人工检测的方法。人工灰分检测方法主要分为标准测定方法和快速测定方法。中小型造纸企业对成纸灰分的检测往往需要一轴一测，测定时消耗的时间较长，往往不能及时反馈结果。在进行产品开发或者工艺优化实验过程中，尤其是需对手抄片灰分含量进行调整时，采用灰分标准测定方法会消耗大量的时间，降低实验效率。

为解决上述问题，纸厂中通常采用纸条燃烧法来快速获得灰分数据并用于指导生产，但通过该种燃烧方法对成纸中的有机物燃烧，存在燃烧分解不完全，有时会造成填料的部分分解的问题，同时测定结果受人为因素和外界环境因素影响较大，从而造成所测灰分数据稳定性和精确度较差。纸张灰分测定的实质是有机物的分解、挥发、燃烧以及填料的脱水、热分解过程，马弗炉的作用是提供一个稳定的温度环境，防止外界因素的干扰。而纸条在空气中燃烧，受外界环境和人为因素的影响较大，另外这种燃烧方式热量大部分散失到空气中，不能完全作用于纸张中有机物的分解、燃烧等过程。这样测定的灰分数值与标准灰分存在较大差别，数据再现性差。因此，开发出低成本、操作简单、数据稳定性和精确度较高的灰分测定装置和方法[1]，对指导生产和科研具有一定实用价值。

8.1 卡式炉作为热源的快速测定成纸灰分方法研究

8.1.1 测定原理

降低火焰温度或者改换低温燃烧方式并保证温度的稳定性是改进纸条燃烧法的关键。阴燃是一种低温无火焰缓慢燃烧的现象，物质发生阴燃的内部条件是该物质必须是一种可燃的固体，受热分解后形成的残余物是一种具有刚性结构的多孔炭。发生阴燃的外部条件一般是该物质处于缺氧环境中并有一个能提供合适供热强度的热源，即能够引发该物质进行阴燃的合适温度以及能够保证持续进行的供热速率。卡式炉火焰燃烧时会消耗环境中的氧气并对周围空气进行加热。在卡式炉合适的垂直距离处放置一有高目数的耐高温合金过滤网制成的燃烧装置，可以满足瞬时升温的要求并保持温度的相对稳定，通过热电偶探测燃烧装置温度来调整燃烧装置和分火器的距离进而控制温度，可以有效解决纸样难以点燃的问题以及解决纸条直接燃烧法中存在的填料脱水不完全和有机物燃烧不彻底的缺陷。燃烧装置选用可以在高温条件下保持强度和质量稳定的合金过滤网制成，纸样燃烧过程在高目数合金过滤网组成的燃烧装置内进行，纸样燃烧是一种阴燃过程，可以有效避免纸条明火燃烧时飞灰产烟现象，对周围环境低污染的同时保证了实验数据的准确性。测定一个纸样的完整时间可以控制在 10 min 以内，完全可以满足纸张灰分快速测定的需求。标准方法需要采用电炉炭化和马弗炉高温灼烧等过程，测试时间长，但使用该种灰分快速测定方法，可以有效缩短灰分测定时间。采用由卡式炉作为热源的灰分测定装置进行纸张灰分快速测定的关键点就是满足上述两个阴燃条件，纸张受热分解后能产生刚性多孔炭的固体结构，不发生塌陷；燃烧火焰保证耐高温合金燃烧装置处于缺氧环境中，并提供一个适合供热强度的热源。

8.1.2　装置设计与选材

1. 燃烧装置材料选择

为了避免纸样在燃烧过程中的飞灰现象，将纸样燃烧过程转移到高目数的耐高温过滤网中是一种行之有效的方法。不锈钢过滤网是最常见的材料，其种类繁多，其中机械强度和高温性能最好的是 310S，其化学组分如表 8-1。由于 Ni 会在纯 O_2 中燃烧，不能用作富氧条件下的灰分快速装置的组件。另外金属 Ni 虽然没有急性毒性，Ni 盐毒性也较低，但羰基镍却能产生很强的毒性，纸张中纤维在热分解时会产生羰基类物质与 Ni 反应，生成的羰基镍会以蒸气形式迅速被生物体呼吸道吸收，也能经由皮肤进行少量吸收，在 3.5 μg/m³ 低浓度下就会引起人体中毒，高浓度下会导致人体器官功能衰竭甚至死亡。所以 310S 不锈钢材质过滤网不能作为燃烧装置的主体材料。因此，选择一种耐高温又低毒性的并在高温过滤行业中目前广泛使用的金属元素来代替 Ni 也许是一种可行的方案。钛的熔点为 1720℃，密度为 4.54 g/cm³，钛合金过滤网在高温条件会与空气中的氧气反应形成 Cr_2O_3、TiO_2、SiO_2 氧化膜来延缓材料氧化速度，故在 1200℃ 以下具有明显抗氧化能力，同时也可保证材料在高温环境中的强度和质量的稳定性。

表 8-1　310S 不锈钢化学组分

牌号	Ni	Cr	Si	Mn	C	S	P
310S	19.00~22.00	24.00~26.00	≤1.50	≤2.00	≤0.08	≤0.030	≤0.045

2. 热源装置选择

市场上有家庭户外两用加热装置——丁烷卡式炉，其工作原理主要是将丁烷气体从丁烷气瓶内通入调节器，经过调节器的调节控制一定量的丁烷气体（使用者通过旋钮进行调节）进入炉头中，同时混合一部分一次空气，混合气体从分火器的火孔中喷出，通过启动点火装置点燃混合气体形成火焰（燃烧时所需的空气称之为二次空气）。燃烧火焰的高度在 60 mm 以下，外焰温度可以高达 1000℃，具有升温速度快、火焰面积大、安全方便的优点。

3. 结构设计

灰分快速测定装置（图 8-1）主要由卡式炉、燃烧装置、热电偶温度计以及支撑装置组成。卡式炉以丁烷作为燃烧气体，调节阀有三个档位。燃烧装置采用 200目钛合金过滤网制成，燃烧装置上半部分为单层钛合金网，下半部分为交错设置的双层钛合金网，燃烧腔内部固定有弧形的支撑架，所述支撑架为单层钛合金网。热电偶温度计最高测试温度为 800℃。燃烧装置与卡式炉的分火器间距离调节通过调整支撑装置来完成。

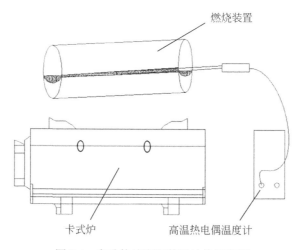

燃烧装置

卡式炉　　　　　　　高温热电偶温度计

图 8-1　灰分快速测定装置结构示意图

8.1.3　测定步骤

步骤一：将加填纸张裁成若干宽 40 mm、长 50～90 mm 的纸条，然后把纸条重叠放置后沿长度方向对折得到对折纸样，对折后的角度控制在 70°～145°；

步骤二：称量对折纸样和用于放置对折纸样的燃烧装置的质量；

步骤三：对折纸样放入燃烧装置后，将整个燃烧装置置于卡式炉上灼烧一定时间，然后取下燃烧装置在空气中冷却一定时间后放入干燥器中冷却，冷却完全后称量燃烧装置的质量；

步骤四：计算加填纸张灰分，计算公式如下：

$$X = \frac{(G_2 - G_1)/(1 - M)}{G_0} \times 100\% \tag{8-1}$$

式中，X 为加填纸张灰分，%；G_0 为对折纸样的绝干质量，g；G_1 为燃烧前燃烧装置的质量，g；G_2 为冷却后燃烧装置的质量，g；M 为填料在马弗炉内于（525±25）℃条件下灼烧 4 h 的烧失量，%。

8.1.4　测定结果精确度和稳定性分析

1. 灼烧距离和调节阀档位对灰分测定结果影响

由图 8-2 可知，随着燃烧装置和分火器垂直距离的增加，燃烧装置温度有所降低。当燃烧距离处于 1～3 cm 时，无论卡式炉的调气阀处于哪个档位，燃烧装

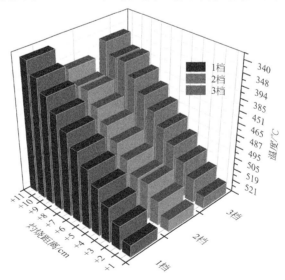

图 8-2　燃烧装置和分火器距离对反应温度的影响

置内部温度都高于 500℃，满足灰分快速测定的温度要求，考虑调节阀档位的大小与耗气量有着直接的关系，所以决定将 1 cm 的垂直距离和 2 档位作为实验操作的固定操作位点。

在探讨燃烧装置与分火器的垂直距离（H）对成纸灰分的快速测定结果的影响时，选用了涂布纸和碳酸钙加填静电复印纸，其结果见图 8-3。当燃烧装置与分火器的垂直距离处于 1 cm 和 5 cm 时，得到的灰分数据都在误差允许的范围内，满足使用要求。当 H 大于 10 cm 时，测定的灰分数值超出标准灰分±0.5%范围，燃烧残余物颜色偏黑，纤维分解不完全。在距离选择上考虑到纤维在 356.3℃时有最大失重速率，纤维热分解温度主要是在 300～370℃这个温度段，所以距离选择尽量控制在 1～5 cm 以保证燃烧装置在测试时温度高出纤维热分解的温度范围，燃烧装置与分火器的垂直距离越小，丁烷火焰燃烧过程中对空气的加热效果越好，火焰范围内形成的高温低氧气氛环境能够有效避免纸样在燃烧过程中明火的出现。由图 8-3 可知，当距离选择尽量控制在 1～5 cm 范围内时，调节阀档位对于灰分数据测定结果影响较小。综合考虑，在进行纸样灰分测定时，燃烧装置与分火器的垂直距离为 1 cm，档位 2 档。

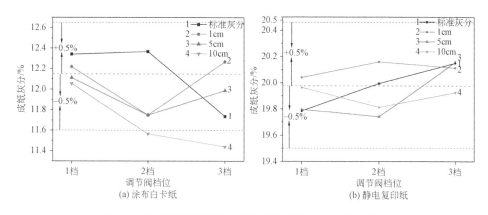

图 8-3　灼烧距离和调节阀档位对快速测定灰分结果影响

2. 纸样取样量和灼烧时间对灰分测定结果影响

在进行纸样取样时，选择将纸样裁成宽 40 mm、长 50～90 mm 的规格一是受限于燃烧装置的尺寸，二是有利于减少人工误差，最重要的是，宽的纸条规格可以扩大纸样受热面积，有效利用火焰燃烧产生的热量并保持纸样处于稳定的温度环境。灰分测定时，纸条堆积不仅可导致纸样内部阴燃时产生过高的温度造成填料分解，而且不利于热量向内部纸样的传递，延长灼烧时间。采用灰分快速测定装置进行纸样灰分测定时，纸样取样量和灼烧时间是两个重要的实验因素，两者之间存在一定的相关性，当取样量增大时，灼烧时间会相应地延长。当纸样取样量采用标准方法控制在 2 g 左右进行测定时,灼烧时间低于 4 min 时撤去丁烷火焰会出现图 8-4 的阴燃现象,纸样灼烧残余物内部出现明显火星。这种灼烧不完全的现象会影响灰分数据的准确性,导致实验存在较大误差。标准灰分测定方法中规定纸张在灼烧后残余物的质量不能低于 10 mg,当前加填纸张的填料含量一般不会低于 10%,所以减少取样量至 0.5~1 g 完全满足实验要求。

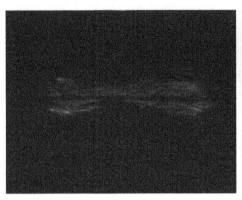 

图 8-4　高取样量下纸样阴燃现象　　　　图 8-6　堆积条件下纸条后阴燃现象

图 8-5 为纸样取样量和灼烧时间对表面施胶类文化用纸和涂布类纸灰分测定结果。当取样量控制在 1 g 左右时,灼烧时间 2 min 后灰分残余物会出现明显的阴燃向明火转变的现象,如图 8-6 所示。这说明纸样内部存在未完全分解的有机类物质。当灼烧 3 min 时,灰分残余物颜色接近灰白,无阴燃向明火转变的趋势出现,当灼烧时间延长至 4~10 min 时,灰分残余物在灰分数值上差别不大。为保证灰分数据的稳定性和检测的快速性,当取样量在 1 g 左右时,灼烧时间为 3~4 min。

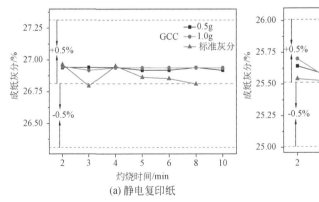 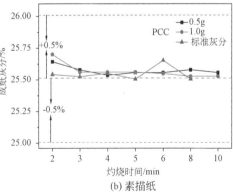

(a) 静电复印纸　　　　　　　　　　　(b) 素描纸

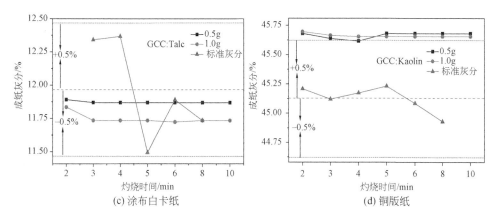

图 8-5 取样量和灼烧时间对快速测定灰分结果影响

在快速检测涂布类纸种灰分时，发现涂布纸的快速检测灰分数值要高于标准灰分。涂布纸定量越大，两者间的差值越大。高定量涂布纸在生产时会要进行多次涂布加工，这必然会使纸张含有更多的颜料。不同类型的填料水分脱除的温度范围有着较大区别，尤其是高岭土中水分初始脱除温度低于 525℃，而水分完全脱除温度又高于 525℃，这样就会给灰分测定结果带来很大的误差。

3. 填料种类和填料含量对灰分测定结果影响

考虑到目前文化用纸主要采用的是碳酸钙填料，涂布纸以碳酸钙和瓷土、滑石粉为主要填料，所以有必要探讨填料种类和填料含量对灰分测定结果影响，以评估该种快速测定方法对不同类型填料的适用性。在快速测定成纸灰分时，将取样量控制在 0.5～1 g 之间，燃烧装置与分火器的垂直距离控制为 1 cm，灼烧时间 3～4 min。

1）GCC 加填纸

图 8-7 对比了 GCC 加填纸张快速灰分与标准灰分形貌及组分变化，两种灰分测试方法所得到的灰分残余物在外观颜色上接近，均呈现灰白色。两种方法得到的 GCC 填料粒子在形貌方面上都保持其单个粒子离散、不规则的实心块状结构。对比发现，成纸中填料含量在 10%～40%的范围时，填料含量对于灰分结果影响不大，灰分快速测定方法所得到的灰分数值与标准灰分数值之间误差在±0.5%之内，在误差允许的范围内，完全满足使用要求。

2）PCC 填料加填纸

图 8-8 对比了 PCC 加填纸张快速灰分与标准灰分形貌变化，两种灰分测试方法所得到的灰分残余物在外观颜色上很接近，只是快速方法得到的灰分在颜色上略微偏灰一些。标准方法和快速方法得到的 PCC 填料粒子在形貌方面都保持其相应的纺锤状聚集体结构。图 8-9 表明，当纸张填料含量在 10%～40%时，随着成

纸中填料含量的增加，灰分快速测定方法所得到的灰分数值与标准灰分数值之间误差呈现增加的趋势。但是，灰分误差仍在±0.5%之内，满足使用要求。这主要是因为 PCC 较之 GCC 具有更大的比表面积，更易于包含大量静止状态的空气，当成纸中填料含量处于40%左右时，成纸厚度明显下降，PCC 填料在成纸中堆积接触，在进行灼烧处理时，填料之间、填料和纤维之间会在成纸中形成导热网络，PCC 填料之间由于存在空气而形成的导热通道，相比固体物质空气的导热系数是最低的，因而降低了 PCC 加填纸张的导热性能。

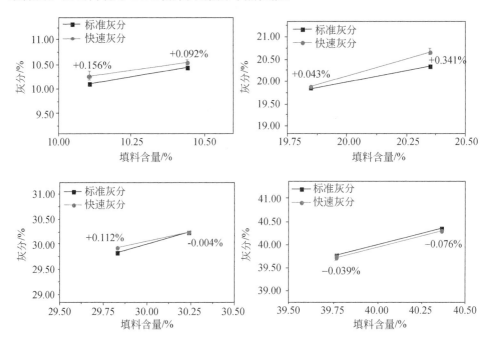

图8-7　GCC加填纸张快速灰分与标准灰分数值对比

(a) 左：快速 右：标准　　　(b) 525℃灰分PCC形貌　　　(c) 快速灰分的PCC形貌

图 8-8　PCC 加填纸张快速灰分与标准灰分形貌

3）FACS 填料加填纸

图 8-10 对比了硅酸钙加填纸张快速灰分与标准灰分形貌变化：两种灰分测试方法所得到的灰分残余物在外观颜色上存在较大差别，快速灰分残余物色泽明显偏灰；两种方法得到的硅酸钙填料粒子在形貌上差别不大，表面多孔结构都明显减少；红外图谱观察发现，两种方法得到的残余物红外特征吸收峰峰位置一致。图 8-11 表明，两种方法测定的灰分数值相差较其他填料较高，当填料含量较高时，误差会超过±0.5%但还在±1%范围之内，这主要与硅酸钙表面的多孔结构以及含有的结合水有关。

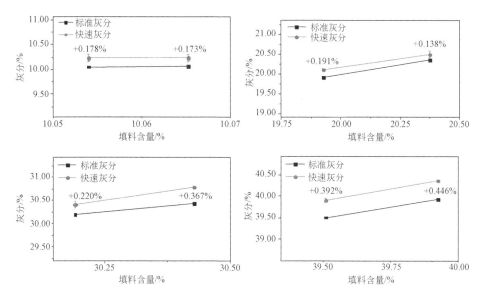

图 8-9　PCC 加填纸张快速灰分与标准灰分数值对比

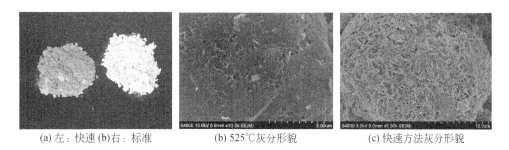

(a) 左：快速 (b) 右：标准　　　(b) 525℃灰分形貌　　　(c) 快速方法灰分形貌

图 8-10　FACS 加填纸张快速灰分与标准灰分形貌

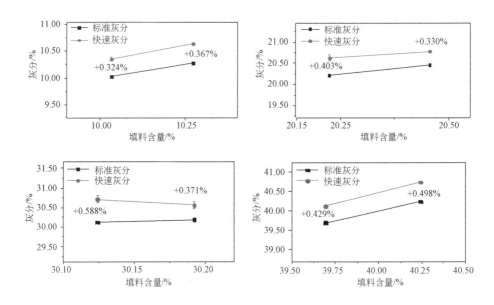

图 8-11　FACS 加填纸张快速灰分与标准灰分测定结果对比

8.2　富氧燃烧快速测定加填纸张灰分方法研究

8.2.1　测定原理

　　增加周围空气中氧气含量可以促进燃烧过程，增加燃烧火焰温度可以降低物质在燃烧过程中产生的飞灰烟量。另外，提高氧气含量可以降低物质着火温度以及残余碳燃尽时的温度，加快燃烧时速度，缩短燃烧时间[2]。因此在富氧条件下进行纸样燃烧来快速测定成纸灰分，点燃纸样后可以使燃烧温度瞬时达到 900～1100℃，纸样在燃烧时火焰明亮，燃烧更充分，可以有效保证灰分数据的准确性。

8.2.2　装置设计与选材

　　1）燃烧装置材料选择

　　氧气助燃纸样燃烧时，纸样燃烧温度较高，考虑钛的熔点为 1720℃，在高温条件其会与氧气反应形成 Cr_2O_3、TiO_2、SiO_2 氧化膜来延缓材料氧化速度[3]，故在 1200℃以下具有明显抗氧化能力，保证了材料在高温环境中的强度和质量的稳定性。钛合金过滤网目数为 200 目，该燃烧装置可以更加有效地避免纸样在燃烧过程中的飞灰现象，保证实验数据的准确性。

2）燃烧膛材料选择

燃烧膛作为存储氧气并承接反应热量的装置必须保证足够的耐高温特性和尽量低的热膨胀系数，在高温条件下不发生爆裂并能尽快将燃烧产生的热量散除。为便于观察纸样燃烧时的完全程度，燃烧膛应该是透明的，所以燃烧膛材质最好选用透明的耐高温玻璃。石英玻璃是一种相对便宜又具有绝佳耐高温性能的材料，其经过 1200℃高温处理后放入冷水中不会炸裂，连续高温条件下非但不会造成材料性能的下降，相反还会延长材料寿命和耐高温性能。最重要的一点是，纸样在氧气中快速燃烧是一个剧烈发光放热反应，温度会瞬时升到 1000℃以上，温度骤变会导致材料炸裂或者性能衰退，而石英玻璃恰恰是一种可经受剧烈的温差骤变的耐高温材料。

3）测定

富氧燃烧快速测定加填纸张灰分的装置如图 8-12 所示。

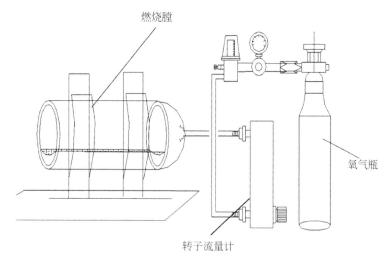

图 8-12　灰分快速测定装置结构示意图

8.2.3　测定步骤

步骤一：用裁纸刀将测试纸张裁成若干长为 50～90 mm、宽为 40 mm 的纸条，沿长度方向对折得到对折纸样，对折角度控制在 70°～145°。

步骤二：称量纸样和燃烧装置的质量。

步骤三：将对折纸样置于燃烧装置的支撑架上，然后将整个燃烧装置送入燃烧膛。

步骤四：依次打开氧气瓶安全阀和流量调节阀，将氧气瓶中 O_2 通过另外一个转子流量计向燃烧膛提前通气体 5～20 s 后以排净燃烧膛内部的空气，氧气流量控制在 100～400 L/h。

步骤五：点燃对折纸样，使纸样在氧气助燃的条件下快速燃烧，待纸样燃烧结束后关闭氧气罐，然后取出燃烧装置在空气中冷却 10～30 s 后放入干燥器中冷却 2～6 min，冷却后采用分析天平称量燃烧装置的质量。

步骤六：计算加填纸张灰分，计算公式如下：

$$X = \frac{(G_2 - G_1)}{G_0} \times 100\% \tag{8-2}$$

式中，X 为加填纸张灰分，%；G_0 为对折纸样的绝干质量，g；G_1 为燃烧前燃烧装置的质量，g；G_2 为冷却后燃烧装置的质量，g。

8.2.4　测定结果精确度和稳定性分析

1. 不同类型填料对富氧燃烧灰分快速测定方法适用性分析

加填纸张或者涂布纸在富氧条件下燃烧时温度可以瞬时达到 1000℃以上，在该过程中填料能否完全分解以及吸附水和结合水能否完全脱除，将会直接影响到快速测定的灰分数值同标准灰分数值间的误差大小。另外，对于复配填料以及涂布填料中含有两种及以上矿物粉体时，填料彼此之间是否会发生反应，反应对燃烧装置是否有破坏性，在进行快速测定灰分数值时都需要考虑。

1）硅酸盐类填料加填纸

实验过程针对滑石粉、硅酸钙和高岭土手抄加填纸张选取了 0.5～1 g 纸样来快速测定其灰分含量，氧气流量控制为 300 L/h。标准灰分采用马弗炉在 925℃条件下灼烧 1 h。结果在进行灰分快速测定时，三种加填纸样在燃烧结束后于燃烧装置上出现颗粒状球形固体，如图 8-13 所示。固体颗粒多数为圆球状，色泽鲜亮透明，规格大小不一，该球状颗粒主要为水合二氧化硅。部分颗粒会牢固地结合在燃烧装置表面，外力条件下难以清除，对燃烧装置造成损坏，影响再次使用性能。所以，滑石粉、硅酸钙和高岭土加填纸张不适合使用该测定方法进行灰分测定，至于含有上述三种矿物粉体的涂布纸适用情况有待后续测试。

2）涂布纸

实验选取两种类型的涂布纸进行测试，其中涂布纸 1 填料主要包括滑石粉和碳酸钙，涂布纸 2 填料主要包括高岭土和碳酸钙，实验过程针对滑石粉、硅酸钙和高岭土手抄加填纸张选取了 0.5～1 g 纸样来快速测定其灰分含量，氧气流量控制在 300 L/h。标准灰分采用马弗炉在 925℃条件下灼烧 1 h。在进行灰分快速测定时，三种加填纸样在燃烧结束后于燃烧装置上没有出现颗粒状球形固体，燃烧残余物没有黏附到燃烧装置上，这可能与涂布纸的单面涂布工艺有关，燃烧残余物后期清理容易，残余物外观形貌见图 8-14。两种类型涂布纸在富氧条件下燃烧残余物硬度高，能保持聚集状态，在燃燃烧时不会出现飞灰现象，后期清理时能够保持整体连接结构。

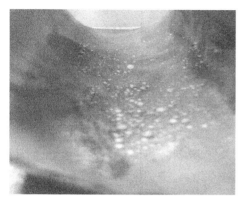
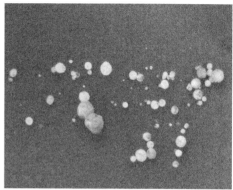

图 8-13　硅酸盐类填料富氧燃烧后残余物

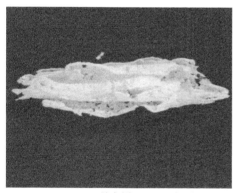
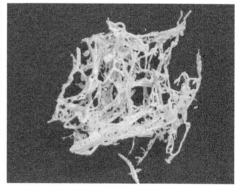

涂布纸1　　　　　　　　　　　　　　　涂布纸2

图 8-14　涂布纸富氧燃烧残余物

3）碳酸钙加填纸

选取 GCC 和 PCC 加填机制纸进行测试，其中复印纸 1 加填 GCC，复印纸 2 加填 PCC，实验过程针对 GCC、PCC 加填纸张选取了 0.5～1 g 纸样来快速测定其灰分含量，氧气流量控制在 300 L/h。在进行灰分快速测定时，残余物对燃烧装置没有损坏，燃烧残余物处于分散状态，残余物外观形貌如图 8-15 所示。

GCC 加填纸张燃烧残余物后期清理容易，残余物外观颜色接近白色，不像涂布纸燃烧残余物那样具有高硬度并连接在一起，而是较为分散地散布在燃烧装置内。PCC 加填纸张燃烧残余物同 GCC 加填纸张，只是外观颜色上白度较差。燃烧残余物不具备高硬度，在氧气流量过大时容易出现飞灰现象，影响数据的准确性，后期实验操作时需要着重考虑取样量和氧气流量的平衡关系。

复印纸1   复印纸2

图 8-15　碳酸钙加填纸张富氧燃烧残余物

对比图 8-16 可以发现，GCC 填料在富氧燃烧条件下分解产物是一种呈现过烧状态的氧化钙，表面致密，体积收缩明显，晶粒黏结在一块，与 925℃条件下灼烧得到的活性氧化钙的孔隙结构形成鲜明对比。PCC 填料在富氧燃烧条件下分解产物与 PCC 填料在925℃条件下灼烧得到的氧化钙类似，纺锤状结构变为圆球状结构。

 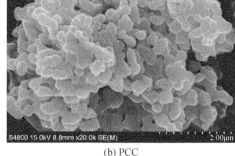

(a) GCC   (b) PCC

图 8-16　GCC 和 PCC 富氧燃烧残余物 SEM 图

4）复配填料加填纸

针对 GCC：高岭土和 GCC：滑石粉复配填料加填纸张选取了 0.5～1 g 纸样来快速测定其灰分含量，氧气流量控制在 300 L/h。标准灰分采用马弗炉在 925℃条件下灼烧 1 h。结果在进行灰分快速测定时，GCC：高岭土复配填料加填纸样在燃烧过程中对燃烧装置进行了高温腐蚀，如图 8-17 所示。

图 8-17　装置腐蚀现象

这种高温腐蚀是多种因素造成的，其中纸样燃烧释放的热量以及化合反应热是最主要的原因。高岭土填料在高温条件下会分解产生 SiO_2、Al_2O_3，碳酸钙会分解产生氧化钙，Al_2O_3 与燃烧装置主体材料表面的氧化膜 TiO_2 自由能相近[4]，在高温条件下氧化钙、Al_2O_3 与 SiO_2 发生反应生成 $CaSiO_3$ 和 $Al_2(SiO_3)_3$，上述反应都是放热反应。纸样燃烧时，TiO_2 与 SiO_2 反应，结合纸样燃烧产生的热量导致了燃烧装置的高温腐蚀破坏。因此，富氧条件下该灰分快速测定装置不适用于 GCC 与高岭土复配填料加填纸。

2.取样量和氧气流量对富氧燃烧灰分快速测定方法的影响

快速测定成纸灰分时，受限于燃烧装置规格容积，样品量和氧气流量存在一定的相关性。当取样量参考标准灰分的样品量来取样时，在测定时需要增大氧气的通入量，而碳酸钙加填纸张在富氧条件下燃烧残余物呈分散状态，过高的氧气流量会导致燃烧残余物出现飞灰现象，影响数据的准确性；当氧气流量过小时，碳酸钙加填纸张在富氧条件下会燃烧不完全，出现图 8-18 中所示的现象，残余物中夹杂部分灰色未完全燃烧纸样，导致最终测定数据偏离标准灰分数值。氧气流量对灰分测定结果的影响如图 8-19 所示。

当氧气流量处于 100 L/h 时，GCC 和 PCC 加填纸样会出现燃烧不完全的现象，灰分数据较标准灰分数值存在较大误差，并且每次测定的快速灰分数值间都存在较大差别；当氧气流量增大到 200 L/h 时，取样量在 0.5～1 g 之间时，纸样燃烧不稳定，不能保证每次纸样都能完全燃烧；当氧气流量增大到 300 L/h 时，取样量在 0.5～1 g 可以完全燃烧。不同取样量对于灰分数值的影响较小，多次灰分测定值间差别不大，在标准灰分±0.5%范围内，满足使用要求。当氧气流量增大到 400 L/h 时，燃烧过程中燃烧残余物有时会出现飞灰现象，导致测定数值与标准灰分间存在较大误差。因此，取样量最好控制在 0.5～1 g 之间，氧气流量控制（300±10）L/h 范围内。

 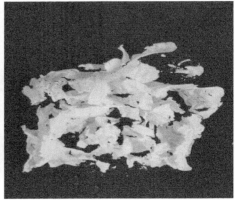

(a) 未完全燃烧   (b) 完全燃烧

图 8-18　纸样燃烧状态

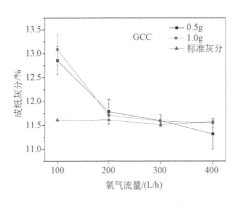 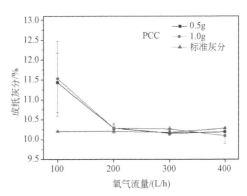

图 8-19　取样量和氧气流量对快速测定灰分的影响

参 考 文 献

[1] 李钦宇. 造纸填料热学性能及纸张灰分快速测定方法的研究 [D]. 西安：陕西科技大学，2015.

[2] 陈亮. 有氧气氛下生物质热解特性的实验研究 [D]. 上海：上海交通大学，2015.

[3] 顾秀梅，刘永顺. 灰分快速测定法在生产中的应用 [J]. 造纸化学品，2011，(23)：29-31.

[4] 王福会，吴维. 金属间化合物的高温腐蚀与防护 [J]. 材料科学与工程，1995，13(2)：14-18.

第9章 粉煤灰基硅酸钙高填料造纸
生产实践

粉煤灰基硅酸钙作为一种新型填料，与目前造纸工业广泛使用的碳酸钙、滑石粉、高岭土填料相比，其质软、密度小、多孔等特性使其在提高纸张松厚度、改善纸张强度、提高遮光率等方面具有优势。在国家高技术研究发展计划（"863"计划）和国家自然科学基金的支持下，由多家单位协同攻关，开展了粉煤灰基硅酸钙高填料文化用纸加填技术及其相关机理的研究，并开展了规模生产，取得了满意的效果。本章对粉煤灰基硅酸钙生产高填料纸在不同企业进行的小试、中试、规模化生产的基本情况进行介绍，以期推动硅酸钙造纸填料在不同纸种领域的应用。

9.1　高填料文化用纸中试

项目中试的主要工艺流程包括粉煤灰基硅酸钙造纸填料的分散及除杂、定量输送、打浆、配浆、添加助剂、抄纸、压榨、烘干、卷纸、切边、装箱等。其中，新型硅酸钙造纸填料杂质去除效果的好坏直接影响纸张的白度及疵点数目，而助留剂、增强剂、施胶剂等外加剂选择对纸张中填料添加量以及纸张力学性能、光学性能等也有直接影响，并直接决定造纸的经济效益。因此，针对该新型硅酸钙造纸填料多孔性、吸油值高、密度低、含水率高等特点选择合适的造纸工艺以及外加剂类型将是制备高填料纸的关键。

为考察硅酸钙高加填纸生产工艺和过程，明确生产过程中的问题，项目组人员先后多次开展了中试生产。采用的纸机宽幅为 1575 mm，纸机车速为 80 m/min，烘干部采用双大缸 4 小缸机构。该纸机配有表面施胶、压光等处理设备，为后续进行大规模生产提供有价值的技术和工艺参数。

9.1.1　高填料纸中试原料

纸浆原料采用进口针叶木浆板、阔叶木浆板、废白边纸及苇浆板等不同类型纸浆，其中废白边纸灰分为 12.47%，填料主要成分为滑石粉和重质碳酸钙。填料采用内蒙古大唐国际再生资源开发有限公司生产的活性硅酸钙，其中钙含量为

42%～45%，SiO$_2$ 含量为 45%～47%，固含量约 40%，其他物理化学性能见表 9-1、表 9-2 和图 9-1。

表 9-1　粉煤灰基硅酸钙的化学成分

化学成分	SiO$_2$	CaO	MgO	Fe$_2$O$_3$	烧失量
含量/%	45～57	42～45	2～3	0.065	10～20

表 9-2　粉煤灰基硅酸钙的性能指标

白度 /%	pH	堆积密度 /（g/cm^3）	真密度 /（g/cm^3）	吸油值 /（mL/100mg）	平均粒径 /μm	比表面积 /（m^2/g）
89～92	8～11	0.17～0.30	1.3～1.4	130～170	15～30	100～300

 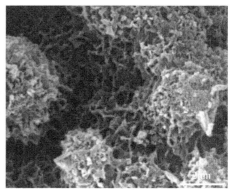

图 9-1　粉煤灰基硅酸钙的微观形貌

9.1.2　中试工艺

（1）填料处理：采用温度约 50～60℃热水制备固含量为 30%的填料分散液，通过 90 目的筛网，按照 40%～50%的含量加入浆料中，搅拌使其均匀混合。搅拌池的搅拌应保证填料的均匀分散。

（2）浆料处理：分别采用针叶木、针叶木与阔叶木（1：1）、针叶木与废白边纸（1：1）、针叶木与苇浆（1：1），浆板经碎浆机处理后，经盘磨机磨浆后进入浆池，随后进入抄前池与填料液和化学品混合。所用化学品包括助留剂、湿强剂、干强剂、挺度剂、离缸剂、AKD。

（3）浆料流送：混合浆料泵送至稳浆箱后，再送至机外白水槽，经稀释后，由冲浆泵泵送至筛选净化系统。最后，浆料由高位箱送至流浆箱。

（4）纸机抄造：纸料经长网（90 目，配置 4 个真空吸水箱），压榨部（1 个压区）、前烘干（2 个烘缸）、表面施胶（表面施胶淀粉、AKD）、后烘干（4 个烘缸）、压光、卷纸后得到成品。

9.1.3　考察指标

中试过程考察了不同纤维种类及填料添加量对纸机网部的滤水性能及成纸性能的影响。通过两方面控制滤水性能：一是通过控制浆料的打浆度和抄前池中填料的添加量；二是观察网部成形和生产运行情况来调整滤水性能，其中重点关注抄前池浆料灰分与网部浆料的留着率。

成纸性能主要对不同原料抄造后的成纸性能进行检测，检测指标包括定量、厚度、抗张强度（横向和纵向）、灰分等。通过分析不同浆料以及不同填料用量下成纸性能指标的变化确定产品的定位。

9.1.4　中试效果

中试生产稳定时，纸浆中灰分与成纸灰分如表 9-3 所示。试验中不同纤维与填料配比抄造获得的成品纸纸样为平板纸，尺寸是 787 mm×1092 mm，经检测后，其性能指标如表 9-4 所示。

表 9-3　浆料及成纸的灰分含量

纤维	针叶木	针叶木	损纸	针+阔	针+白	针+苇
浆料灰分/%	52.41	65.55	62.12	44.95	48.97	61.2
纸张灰分/%	30	36.9	38.7	36.9	39	43.6

表 9-4　成品纸检测结果

测试项目	单位	检测结果					
		针叶木	针叶木料	损纸浆	针叶木：阔叶木	针叶木：白纸边	针叶木：苇浆
纤维占比	—	60	50	50	25：25	20：30	25：25
定量	g/m²	65	69	60	65	62	71
松厚度	cm³/g	1.48	1.45	1.65	1.46		
抗张指数	横向 N·m/g	—	—	7.8	7.5	7.0	8.3
	纵向 N·m/g	23.5	16.2	14.8	13.0	13.4	14.2
水分	%	—	4.75	5.2	3.1	6.97	7.03
灰分	%	30	36.9	38.7	36.9	39	43.6
填料留着率	%	57.2	56.3	62.3	82.1	79.6	71.2

经过多次中试，在纸机稳定运转的情况下，采用不同种类浆板与填料混合后抄纸，填料的留着率基本在 60%～70%，所获得纸张的填料含量可达 40% 左右。其中，在纤维与填料配比均为 1：1 的情况下，针叶木+苇浆+填料的混合浆料抄造的纸张，其填料含量最高，可达 43.6%，且成纸具有较高的抗张强度。

　　在此基础上，项目组通过对填料合成工艺和造纸工艺参数的进一步优化，采用纤维/填料共磨技术进行了中试，纸张目标灰分为 30%～35%。此次试验采用针叶木浆和再生纸浆为纤维原料，经过取样测定，抄前池灰分含量在 48%～50%，网部填料留着率在 68%左右，生产过程中最终成品纸张中灰分基本都达到该目标，纸张的品相较好，白度较高，匀度改善明显，其性能如表 9-5 所示。将数据与静电复印纸和轻型纸标准进行对比发现，大多数指标已达到国标要求，具备合格出厂条件。此次中试采用针叶木浆、再生纸浆以及活性硅酸钙共磨技术后，填料与纤维的结合力更好，化学品等外加剂的分散性更好，表现为纸张的匀度较好、纸张强度较高。

表 9-5　成品纸张检测结果

测试项目	单位	第一批	第二批	第三批
定量	g/m²	78	71	81
松厚度	cm³/g	1.658	1.605	1.618
白度	%	89.6	92.3	91.5
不透明度	%	97.1	95.5	96.8
撕裂指数	mN·m²/g	7.90	8.44	5.96
抗张指数	横向 N·m/g	13.76	15.25	16.21
	纵向 N·m/g	28.25	29.97	32.47
耐折度	次	9	5	6
水分	%	6.93	6.49	6.75
灰分	%	32.75	31.28	38.47

9.2　高填料文化用纸规模化生产

　　基于实验室研究与生产试验积累的大量经验与数据，解决了粉煤灰基硅酸钙高填料造纸的核心技术问题，实现连续生产。项目组随后开展了硅酸钙高填料造纸规模化生产，通过对备料系统的改造，解决了活性硅酸钙分散、筛选、输送、计量等关键技术。通过优化和调整工艺配方及生产运行参数，在中高速纸机实现连续稳定生产。纸机相关参数如下：纸机幅宽 3150 mm，设计车速 800 m/min，实际运行车速 600～650 m/min，流浆箱为全水力式稀释水流浆箱；网部为长网+顶网成形器；压榨部为沟纹辊/石辊/真空辊/盲孔辊四辊三压；烘干部为三段烘干，全部采用双排挂形式，共 55 个；纸机配有两台膜转移涂布机；两个单压区软压光机和卷纸机。

硅酸钙生产复印纸时，纤维原料采用针叶木和阔叶木，配比为 3：7，打浆度为 30～40°SR，浆内添加的助剂有中性施胶剂、淀粉、助留助滤剂、合成乳液、染料、杀菌剂、消泡剂等；表面施胶采用淀粉和合成施胶剂等。所生产的复印纸成纸灰分在 35% 左右，折烧失后纸张硅酸钙含量在 45% 左右，纸张性能达到复印纸 GB/T 24988—2010 要求，检测结果见表 9-6。

表 9-6 粉煤灰基硅酸钙高填料复印纸检测结果

测试项目		复印纸（第一批）	复印纸（第二批）	GB/T 24988—2010
定量/（g/m²）		71.0	71.0	70.0±4%
厚度/μm		107	109	优等品≥90
共振挺度/（mN・m）	纵向	0.593	0.532	优等品≥0.250
	横向	0.290	0.290	优等品≥0.120
平滑度/s	正面	16	14	—
	反面	36	34	—
	两面均	26	24	优等品≥18
不透明度/%		93.3	93.6	优等品≥90.0
亮度/%		93.0	93.1	优等品≤95.0
施胶度/mm		1.00	1.00	优等品≥1.00
尘埃度/（个/m²）	0.3～1.5 mm²	无	无	优等品≤60
	>1.5 mm²	无	无	不应有
灰分/%	575℃	36.4	36.9	—
	875℃	34.6	35.1	—
恒温恒湿水分含量/%		8.17	7.97	—
裂断长/km	纵向	3.40	3.30	—
	横向	1.65	1.66	—
	纵横比	2.53	2.48	—

在试验硅酸钙加填生产胶版纸时，采用了两种加填方案：①采用 100% 硅酸钙加填生产高加填胶版纸试验，通过工艺调整，获得满足国标要求的成品纸，同时降低生产成本；②将硅酸钙与滑石粉（50：50）进行复配填料生产高加填胶版纸，考察硅酸钙与传统填料滑石粉复配使用的效果。所用浆料仍为针叶木和阔叶木的混合浆料，配比为 3：7，浆料打浆度为 30～40°SR。浆内添加的助剂有中性施胶剂、淀粉、助留助滤剂、合成乳液、染料、杀菌剂、消泡剂等；表面施胶采用复

合施胶剂，以提高成纸强度、降低表面吸收性。采用 100%硅酸钙所生产的胶版纸定量为 70 g/m²，成纸灰分约 32.8%，折烧失后硅酸钙含量在 38%左右，高填料纸主要指标均达到胶版纸 QB/T 1012—2010 要求。硅酸钙/滑石粉复配体系的高填料纸成纸灰分在 30%左右，折烧失后填料含量达 36%，达到胶版纸 QB/T 1012—2010 要求，纸张性能指标见表 9-7。与原采用的碳酸钙或滑石加填体系相比，采用硅酸钙加填复印纸与胶版纸的生产成本降低了 10%以上，尤其是硅酸钙加填复印纸生产成本降低达 15%以上。

表 9-7　粉煤灰基硅酸钙高填料胶版纸检测结果

测试项目		胶版纸 （全硅酸钙）	胶版纸 （硅酸钙/滑石粉复配）	QB/T 1012—2010 （优等品）
定量/（g/m²）		68.5	68.4	70.0±3.0
厚度/mm		0.086	0.082	0.088（$d \leqslant \pm 10\%$）
厚度横幅差/%		−2	3	≤6
白度/%		93.7	97.8	≥80
不透明度/%		92.4	92.0	≥84.0
表面吸收/（g/m²）	正	39.1	22.9	30.0±10.0
	反	37.2	24.8	
抗张指数/（N·m/g）	纵向	50.6	56.1	卷筒纸 纵向≥45.0
	横向	—	27.9	平板纸纵横均≥35.0
耐折度/次	横向	11	22	≥15
横向收缩率/%		3.0	2.7	≤3.5
平滑度/s	正/反面	52/37	90/108	正反面均≥35
印刷强度 /（m/s）	正	2.6	2.39	卷筒纸≥1.5
	反	3.1	2.52	平板纸≥1.0
pH 值		—	10.09	≥7.0
尘埃度 /（个/m²）	0.2～0.5 mm²	12	0	≤40
	0.5～1.5 mm²	0	1	≤4
	>1.5 mm²	0	0	—
灰分/%	575℃	32.8	31.1	
	875℃		29.6	
恒温恒湿水分含量/%		5.7	5.0	—

9.3　高填料文化用纸印刷效果

　　采用两种卷筒胶版印刷纸开展印刷效果评价，一种纸样为 100%硅酸钙加填纸，纸张填料含量 30.5%，另一种纸样为活性硅酸钙和滑石粉复配加填纸，纸张填料含量 37.5%。采用日本小森高速商业轮转印刷机，印刷速度 360000 印/h，四色双面印刷，印刷室温 23℃，湿度 45%，油墨为热固型油墨，印刷品采用红外和热风干燥。结果表明，两种纸样印刷运行性能良好，印刷过程中未出现掉毛掉粉、透印、频繁断头等问题。印刷套印准确，网点清晰，印品色泽饱满，色彩还原性好，纸张质量满足高速轮转印刷使用要求。此外发现，硅酸钙高加填纸印刷后油墨干燥速度快，干燥时间比传统填料加填纸印刷品的干燥时间短。